Physikalische Melange

EBOOK INSIDE

Die Zugangsinformationen zum eBook Inside finden Sie am Ende
des Buchs.

Leopold Mathelitsch

Physikalische Melange

Wissenschaft im Kaffeehaus

 Springer

Leopold Mathelitsch
Institut für Physik
Universität Graz
Graz, Österreich

ISBN 978-3-662-59259-5   ISBN 978-3-662-59260-1   (eBook)
https://doi.org/10.1007/978-3-662-59260-1

Die Deutsche Nationalbibliothek verzeichnet diese Publikation in der Deutschen Nationalbibliografie; detaillierte bibliografische Daten sind im Internet über http://dnb.d-nb.de abrufbar.

Einbandabbildung: © piyagoon/stock.adobe.com
Planung/Lektorat: Lisa Edelhäuser

Springer ist ein Imprint der eingetragenen Gesellschaft Springer-Verlag GmbH, DE und ist ein Teil von Springer Nature.
Die Anschrift der Gesellschaft ist: Heidelberger Platz 3, 14197 Berlin, Germany

Dank

Ohne die tatkräftige Unterstützung vor allem meiner Familie, aber auch von vielen Kollegen und Freunden hätte ich dieses Buch nie in dieser Form umsetzen können. Ich bedanke mich aus ganzem Herzen für die selbstlose Mithilfe bei Inhalt und Gestaltung und für aufmunternden Zuspruch.

Im Besonderen danke ich folgenden Personen für die genaue Durchsicht einzelner oder sämtlicher Kapitel: Klaus Beck, Claudia Haagen-Schützenhöfer, Artur Habicher, Franz Hopfer, Christian Lang, Heimo Latal, Sandra Mathelitsch, Ernst Meralla, Gerhard Rath und Claudia Strunz. Eure Rückmeldungen waren äußerst wichtig, sie haben mich in meiner Arbeit bestärkt, aber auch vor etlichen Fehlern bewahrt. Mögliche verbleibende Irrtümer gehen allein auf mein Konto.

Bei der Erstellung der Abbildungen haben maßgeblich mitgewirkt: Hans Eck, Christian Lang, Maximilian Mathelitsch, Sandra Mathelitsch, Josef Pilaj, Gerhard Rath, Wolfgang Schweiger, Claudia Strunz, Christian Strunz, Bernd Thaller und Ivo Verovnik. Vielen Dank für diese wertvolle Hilfe.

Die Idee dieses Buches stammt von Lisa Edelhäuser vom Springer Verlag. Ich bedanke mich für ihr Vertrauen zur Umsetzung sowie für die stete und profunde Unterstützung während der Arbeit an dem Manuskript.

Physikalische Melange

„Melange" steht in diesem Buch für zweierlei. Einerseits für „Wiener Melange", eine österreichische Kaffeespezialität. Damit wird angedeutet, dass ein Kaffeehaus im Mittelpunkt der Handlung steht. Andererseits ist mit Melange die ursprüngliche, französische Bedeutung gemeint, nämlich Mischung. Der Titel *Physikalische Melange* weist also darauf hin, dass in diesem Buch eine breite Mischung von Inhalten geboten wird, die einen physikalischen Bezug haben, die aber zusätzlich – und damit kommen wir wieder zur ersten Bedeutung des Wortes „Melange" zurück – auch eine Verbindung zum Kaffeehaus aufweisen: zu typischen Getränken und Speisen, zu speziellen Personen, zu einschlägigen Tätigkeiten, zu Gästen und ihren Gesprächen in einem Wiener Kaffeehaus.

Kaffeehäuser, Cafés, gibt es in aller Welt. Allerdings war Stefan Zweig der Meinung

„[…], dass das Wiener Kaffeehaus eine Institution besonderer Art darstellt, die mit keiner ähnlichen der Welt zu vergleichen ist."

Was ist das Besondere eines Wiener Kaffeehauses? In anderen Ländern geht man in ein Café, um schnell einen Kaffee zu trinken oder einen Aperitif oder ein Glas Wein. Man vereinbart eine Verabredung mit einem Bekannten in einem benachbarten Café. Man kehrt ein, um etwas zu essen – vom kleinsten Häppchen bis zu einem vollständigen Menü.

All dies trifft auch auf ein Wiener Kaffeehaus zu. Allerdings ist das oft nur Mittel zum Zweck des Besuchs.

Warum geht man denn dann in ein Wiener Kaffeehaus?

Um sich wohl zu fühlen! Um eine bestimmte Zeit in angenehmer Atmosphäre zu verbringen! Wenn man öfters zur selben Tageszeit in ein Kaffeehaus kommt, so sieht man häufig dieselben Personen. Das zeigt, dass sich diese regelmäßig dort einfinden. Es heißt aber nicht, dass diese Leute dorthin gehen, um einander zu treffen. Sie sitzen auch nicht miteinander dort, sondern eigentlich nebeneinander. Am treffendsten hat dies der Wiener Literat Alfred Polgar ausgedrückt:

„Im Kaffeehaus sitzen Leute, die allein sein wollen, aber dazu Gesellschaft brauchen."

In dem Sinne wird im Kaffeehaus nicht ein Gespräch gesucht, es wird gefunden – mit bekannten und unbekannten Nachbarn. Man unterhält sich über Gott und die Welt.

In diesem Buch werden solche Gespräche nachvollzogen. Allerdings wird nur ein Teil der Welt näher betrachtet, nämlich der naturwissenschaftliche, noch genauer der physikalische. Warum? Ganz einfach, weil der Autor Physiker ist. Weil es ihm seit Jahren Vergnügen bereitet, anderen zeigen zu dürfen, wie faszinierend und spannend der physikalische Blickwinkel sein kann. Und dass es nicht langweiliger, sondern noch faszinierender wird, wenn man Zusammenhänge versteht. Unverstandene Phänomene führen zu einem Staunen, Bestaunen und Wundern, verstandene jedoch zu einem Bewundern.

Ein Verstehen soll auch mit einer Weitergabe des Verstandenen verbunden sein, einem Erklären für andere. Ein solches Erklären physikalischer Abläufe kann auf mehreren Ebenen erfolgen:

- Die Zusammenhänge können in der Sprache der Physik ausgedrückt werden, das heißt in mathematischen Symbolen und Formeln. Diese Form ist die kürzeste und für die Experten (aber häufig nur für diese) auch die verständlichste.
- Die Anwendung von Formeln führt zu Ergebnissen, meist in Form von Zahlenwerten. Diese können in grafischer Form anschaulich dargestellt werden, als Diagramme und Schaubilder. Eine solche Visualisierung wird sowohl in wissenschaftlichen Abhandlungen als auch in Zeitschriften und im TV genutzt und geschätzt.
- Man kann einen Zusammenhang aber auch einfach mit Worten umgangssprachlich erörtern. Das Wort „einfach" trügt jedoch. Häufig ist diese Art der Darstellung die schwierigere. Etwas Komplexes allgemein verständlich, aber dennoch richtig zu erklären, wird selbst von Wissenschaftlern manchmal als Herausforderung gesehen.

Idee und Inhalt dieses Buches ist die Darstellung verschiedenster Phäno-mene auf allen drei Ebenen. Die verbale Erklärung erfolgt in Diskussions-form, in einem Gespräch, wie es sich in einem Kaffeehaus ergeben kann. Dabei kommen verschiedene Meinungen zum Ausdruck, auch solche, die sich letztlich als nicht richtig herausstellen. Die Gesprächspartner sind eine bunt zusammen gewürfelte Gruppe, mit gleicher oder variabler Zusammen-setzung – typische Kaffeehausbesucher.

Dieser Diskurs soll bei der Leserin und dem Leser darüber hinaus die Neugier wecken, die Zusammenhänge tiefer, genauer erfahren zu wollen. Zusätzliche Informationen werden im Anschluss an die Diskussion geboten. Darin werden Daten auch in Form von Diagrammen gegeben, und es kann überprüft werden, inwieweit eine Formelsprache das wirklich klarer zeigt, was auch im gemeinsamen Diskurs bereits ausgedrückt worden ist. Am Ende mancher Kapitel ist eine weitere mathematische Vertiefung in Kästen eingegrenzt.

Der bereits zitierte Alfred Polgar hat über ein bestimmtes Wiener Kaffee-haus geschrieben:

„Das Café Central ist nämlich kein Caféhaus wie andere Caféhäuser, sondern eine Weltanschauung, und zwar eine, deren innerster Inhalt es ist, die Welt nicht anzuschauen. Was sieht man schon?"

In unserem Kaffeehaus geht es weniger pessimistisch zu. Die Gäste schauen die Welt um uns an und sehen Bedeutendes und Unwichtiges, Lus-tiges und Ernstes, Persönliches und allgemein Gültiges. Sie bringen ihre Meinung und ihr Wissen ein und versuchen, gemeinsam das Dahinter-liegende zu sehen.

Zum Abschluss noch zwei Zitate von Bertolt Brecht zu den beiden The-men dieses Buches. Zu Wien und seinen Kaffeehäusern schreibt er:

„Wien ist eine Stadt, die um einige Kaffeehäuser herum errichtet ist, in wel-chen die Bevölkerung sitzt und Kaffee trinkt."

Und bezüglich der Faszination zur Physik lässt er Galileo Galilei im Theaterstück *Leben des Galilei* sagen:

„Und es ist eine große Lust aufgekommen, die Ursachen aller Dinge zu erforschen: warum der Stein fällt, den man loslässt, und wie er steigt, wenn man ihn hochwirft."

Wie bereits gesagt, geht man in ein Wiener Kaffeehaus, um eine bestimmte Zeit in angenehmer Atmosphäre zu verbringen. Ich würde mich freuen, wenn Sie bei der Lektüre dieses Buches dasselbe empfinden.

Im Kaffeehaus

In einem Kaffeehaus treffen unterschiedliche Personen zusammen. Auch in unserem Kaffeehaus begegnen wir solchen, die sich dort häufig oder selten, regelmäßig oder gelegentlich, freiwillig oder berufsmäßig, von verschiedensten Interessen inspiriert, einfinden. Da diese Personen in den einzelnen Kapiteln nicht immer präsent sind, werden sie hier in alphabetischer Reihenfolge kurz vorgestellt.

Carmen: Die Journalistin einer lokalen Zeitung widmet viel Zeit ihrem Hobby, der Beschäftigung mit geschichtlichen Themen, von der Antike bis in die Neuzeit.

Die Chefin: Der Besitzerin des Kaffeehauses ist neben geschäftlichen Interessen auch die Tradition des Hauses ein großes Anliegen.

Frau Hofrat: Ihre spitzen Bemerkungen beleben die Gespräche. Ihre Ungeduld führt dazu, dass sie immer auf kürzestem Weg zum Kern eines Themas kommen will.

Frau Karla: Sie ist eingebettet in eine sehr weitverzweigte Verwandtschaft. Familienmitglieder besuchen sie häufig und begleiten sie auch manchmal ins Kaffeehaus.

Herr Kuno: Als Handlungsreisender hat er es immer eilig, obwohl der Gegenstand seiner Handlungen den anderen Gästen nicht klar ersichtlich ist.

Maurice: Der Küchenchef des Kaffeehauses spricht gerne über seine Erfahrungen in fernen Ländern.

Der Maestro:	Er beglückt die Gäste mit begleitender Klaviermusik, wobei seine Improvisationen besondere Zustimmung finden.
Norbert:	Obwohl er bereits seit Jahrzehnten in Wien wohnt, zeigt er in Wort und Tracht, dass er immer noch stark mit seiner ländlichen Heimat verbunden ist.
Herr Oskar:	Er ist als Ober für den Teil des Kaffeehauses zuständig, in dem sich unsere Gruppe zusammenfindet. Aufgrund seiner langjährigen Berufserfahrung steht er über den Dingen.
Der Professor:	Er genießt nach seiner Pensionierung als Hochschullehrer für Physik die Annehmlichkeiten des Kaffeehauses und die Gelegenheit, das Interesse von Stammgästen an naturwissenschaftlichen Themen wecken zu können.
Der Prokurist:	Er ist ein wissensdurstiger Gast, der die Gespräche gerne durch eigene Geschichten bereichert.
Renée:	Sie studiert Gesang und bestreitet ihren Lebensunterhalt durch Auftritte bei feierlichen Anlässen.
Der Student:	Er hat bereits eine Reihe von abgebrochenen Studien hinter sich. Es wird gemunkelt, dass die Anzahl der Semester mit seiner Verweildauer im Kaffeehaus zusammenhängt.

Inhaltsverzeichnis

1

Heißer Kaffee

„Immer wenn ich es besonders eilig habe, ist der Kaffee noch heißer als sonst", befindet Herr Kuno. Herr Kuno ist Handlungsreisender, und eigentlich hat er es immer besonders eilig. Frau Hofrat, die am Nebentisch sitzt, will helfen: „Gießen Sie halt rasch die Milch in den Kaffee, dann wird er schneller kalt." Nun mischt sich auch Renée ein: „Ich habe einmal gehört, dass der Kaffee schneller abkühlt, wenn man die Milch nicht sofort reingibt." „Das ist wohl wieder so ein Blödsinn, wie er nur Künstlerinnen einfallen kann", moniert die Frau Hofrat in Richtung Renée. Renée absolviert eine Gesangsausbildung und wird deshalb von Frau Hofrat der Sparte „Künstler" zugeordnet.

© Springer-Verlag GmbH Deutschland, ein Teil von Springer Nature 2019
L. Mathelitsch, *Physikalische Melange*, https://doi.org/10.1007/978-3-662-59260-1_1

Der Prokurist blickt von seiner Zeitung auf. „Ich glaube auch schon gehört zu haben, dass man die Milch erst später dazugeben soll." Diese Bemerkung stachelt Frau Hofrat jedoch weiter auf: „Ein Blödsinn bleibt ein Blödsinn, auch wenn er von mehreren Personen geäußert wird. Heißer Kaffee und kalte Milch ergeben immer dasselbe, egal wann und wie schnell ich mische." „Und dennoch vermeine ich im Gedächtnis zu haben, dass ein Physiker dies behauptet hat", lässt der Prokurist nicht locker. Nun ist es aber dem Studenten zu viel: „Ich kann mir nicht vorstellen, dass sich die Physiker mit so etwas Trivialem wie dem Abkühlen von Kaffee beschäftigen. Die erklären die Abkühlung des Universums."

Hier muss die Unterhaltung mit einer Beobachtung unterbrochen werden. In jedem Kaffeehaus, auch in jenem, in dem wir uns gegenwärtig befinden, gibt es Stammgäste und solche, die nur einmalig in diese Gegend kommen. Letztere werden von den Stammgästen zwar nicht als Eindringlinge gesehen, sie werden jedoch ignoriert, sind eigentlich nicht existent. Anders sieht es aus, wenn ein Neuling mehrmals auftaucht. Ein solcher wird umso intensiver beäugt, je öfter er erscheint. Und genau dies ist in den letzten Wochen geschehen. Ein älterer Herr hatte die Aufmerksamkeit auf sich gezogen, weil er nicht nur bereits mehr als einmal pro Woche das Kaffeehaus besuchte, sondern weil die Verweildauer weit über die eines zufälligen Gastes reichte. Besonders auffällig war, dass er die Zeit nicht nur zum Lesen von im Kaffeehaus aufliegenden Zeitschriften, sondern auch von mitgebrachten Journalen verwendet hat.

Und eben jener Herr wird während der Diskussion immer unruhiger, bis er letztlich einen Entschluss fasst: „Ich bitte um Entschuldigung und möchte Ihre Unterhaltung nicht stören. Aber wenn es gewünscht wird, könnte ich etwas zur Klärung Ihrer Diskussion beitragen." Nach einem generellen Aufschauen gilt das folgende Interesse, besser gesagt die Neugierde, vorerst weniger der Sache als vielmehr der Person.

„Herr …", beginnt Renée mit einer Anrede, der eine auffordernde Pause folgt. „Franz ist mein Name." „Herr Franz, darf ich fragen, welchen Beruf Sie ausüben, dass Sie über das Kühlen von Kaffee Bescheid wissen?" „Ich bin Physiker, bin allerdings seit einigen Monaten in Pension." Das kollektive Nicken zeigt an, dass der neue Gast damit für sein Erscheinen in den letzten Wochen eine zufriedenstellende Erklärung gegeben hat. „Und Sie haben in der Lebensmittelbranche gearbeitet?" „Nein, überhaupt nicht, ich war an der Universität tätig." „Da sind Sie ja Universitätsprofessor." „Ja, ich war viele

Jahre Hochschullehrer." „Herr Universitätsprofessor …", beginnt Renée wiederum, wird aber unterbrochen: „Herr Franz, bitte." „Herr Professor …"

Der letzte Teil des Dialogs zeigt die Macht eines Titels. Das Personelle eines Namens wird erdrückt, schlichtweg vernichtet. Lediglich aus dem sperrigen Universitätsprofessor wurde der handlichere Professor. „Herr Professor" bleibt auch in der Folge die Anrede für Herrn Franz. Ist Herr Franz nicht anwesend, ist er nur „der Professor".

„Herr Professor, können Sie uns jetzt aber doch aufklären, wie das so mit der Milch und dem Kaffee ist?" Diese Frage zeigt, dass Frau Hofrat meist den direkten Weg bevorzugt.

„Gerne. Beginnen möchte ich historisch: Die Gesetzmäßigkeit des Abkühlens eines festen oder flüssigen Stoffs wurde schon vor mehr als 300 Jahren vom großen Physiker Isaac Newton gefunden. Die Grunderkenntnis ist die folgende: Ein Körper kühlt in einer Umgebung umso rascher ab, je höher seine Temperatur im Vergleich zu jener der Umgebung ist. Ist er sehr heiß, geht seine Temperatur schneller runter, ist seine Temperatur nahe der Umgebungstemperatur, geht die Angleichung langsamer vor sich."

„Das scheint mir sehr logisch zu sein, dass Wärme leichter und schneller abfließt, wenn es in der Umgebung sehr kalt ist. Es wird einem ja auch bei minus zwanzig Grad schneller kalt als bei plus zehn", meint Herr Kuno.

„Genau. Aber das ist bereits die Lösung Ihrer ursprünglichen Frage. Gebe ich die Milch nicht gleich in den Kaffee, so ist er heißer und kühlt schneller ab. Gebe ich die kalte Milch dann nach einiger Zeit dazu, wird er noch kälter. Schütte ich die Milch jedoch sofort hinein, wird der Kaffee kälter und kühlt somit langsamer ab. Also soll man die Milch erst später reingeben, wenn man den Kaffee schneller abkühlen möchte."

Nach einer nachdenklichen Pause meint der Prokurist: „Aber das heißt doch umgekehrt: Wenn ich den Kaffee möglichst lange warm halten will, muss ich die Milch gleich dazugeben. Ich habe es bisher immer umgekehrt gehalten." „Ja, das haben Sie jetzt folgerichtig geschlossen", bestätigt der Professor, der in Richtung des Handlungsreisenden fortfährt: „Sie haben aber noch Glück gehabt, dass Sie einen Braunen bestellt haben und keine Melange."

Das folgende Erstaunen muss für den Nichtkaffeetrinker und wohl auch Nichtwiener unterbrochen werden. In Wien gibt es um die 30 verschiedene Arten und Namen für Kaffee. Diese können ungewohnte Bezeichnungen wie Einspänner, Kapuziner, Fiaker oder Obermayer tragen, wobei Menge und Art der Zutaten, wie Milch, Sahne, Liköre oder Schnäpse, den Unterschied ausmachen. Häufig wird jedoch ein Brauner bestellt. Dies ist ein Espresso („Schwarzer") in den Formen „groß" oder „klein", zu dem zusätzlich ein kleines Kännchen Kaffeesahne serviert wird, sodass der Gast das Mischungsverhältnis von Kaffee und Sahne selbst bestimmen kann. Was in der Diskussion umgangssprachlich als Milch bezeichnet wurde, war mit großer Wahrscheinlichkeit Kaffeeobers, außer Herr Kuno hätte explizit Milch verlangt. Bei einer Melange ist dem Espresso die Milch bereits zugefügt (in diesem Fall wirklich Milch und nicht Sahne). Das Besondere an der Melange ist jedoch ein Häubchen mit Milchschaum.

„Das möchte jetzt aber ich genauer wissen", meldet sich Frau Karla zum ersten Mal zu Wort. Frau Karla trinkt immer eine Melange, weil sie der Meinung ist, dass die Luft-Milch-Mischung des Schaums dem Kaffee beim Trinken einen besonderen Geschmack verleiht.

„Luft kann, im Vergleich etwa zu Wasser, nur relativ wenig Wärme aufnehmen und auch nicht gut weiterleiten." „Und was hat dies mit Karlas Melange zu tun?" Frau Hofrat kann der Aussage des Professors sichtlich wenig abgewinnen. „Sehr viel. Denn es erwärmt sich deshalb nur die unmittelbar angrenzende Luft über dem heißen Kaffee. Will man den Abkühlvorgang beschleunigen, kann man diese warme Luft wegblasen, sodass neue kalte Luft zum Kaffee gelangt und sodann Wärme aufnimmt. Der Milchschaum behindert, dass die gewärmte Luft weiter befördert wird.

Darum kühlt eine Melange weit weniger rasch ab." „Das leuchtet mir ein",
meint Frau Karla, „meine luftige Wolljacke wärmt auch wunderbar. So etwa
hält der Schaum den Kaffee warm."

Nun springt aber Herr Kuno auf. „Jetzt habe ich wegen der Diskussionen
doch meinen Termin versäumt", und eilt von dannen. „In der Zwischenzeit
war sein Kaffee ohnehin schon kalt, ob mit oder ohne Milch", beendet Frau
Hofrat den Diskurs.

Abkühlen

Theoretische Überlegungen

Bezeichnen wir mit $T(t)$ die Temperatur T des Kaffees zum Zeitpunkt t. Die Abkühlung hängt von der Differenz der Anfangstemperatur des Kaffees T_0 und der Umgebungstemperatur T_U ab. Bei vielen physikalischen Prozessen erfolgt die Änderung eines Zustands, in unserem Fall der Temperatur, mit einer Exponentialfunktion (siehe Kasten am Ende des Kapitels). Dass sich verschiedene Körper unterschiedlich rasch abkühlen, wird durch eine Konstante k in der Hochzahl berücksichtigt. Damit ergibt sich das *Newtonsche Abkühlungsgesetz* zu

$$T(t) = T_U + (T_0 - T_U) \cdot e^{-k \cdot t}.$$

Für große Zeiten t geht der letzte Faktor, die e-Potenz, gegen null, die Temperatur des Gegenstands $T(t)$ nähert sich damit der Umgebungstemperatur T_U an.

Wenden wir nun diese Gesetzmäßigkeit explizit auf unsere Frage, die zwei Arten der Abkühlung von Kaffee, an:

1. Wir geben die Milch sofort in den Kaffee: Nehmen wir an, dass 60 ml Kaffee mit einer Temperatur von 80 °C serviert werden. Es werden 20 ml Milch mit einer Kühlschranktemperatur von $T_K = 5\,°C$ hinzugefügt. Damit ergibt sich eine Mischungstemperatur T_M von

$$T_M = \frac{60\,\text{ml} \cdot 80\,°C + 20\,\text{ml} \cdot 5\,°C}{60\,\text{ml} + 20\,\text{ml}} = 61{,}25\,°C.$$

Diese Mischung kühlt nach dem Newtonschen Gesetz ab. Die Konstante k hängt nicht nur von der Art der Flüssigkeit, sondern auch von der Oberfläche ab. Wenn wir den Wert $k = 0{,}002\,\text{s}^{-1}$ annehmen, so ergibt sich mit einer Umgebungstemperatur von $T_U = 20\,°C$ die Endtemperatur T_{E1} der Mischung nach 5 min (300 s) als

$$T(300) = 20 + (61{,}25 - 20) \cdot e^{-0{,}002 \cdot 300} = 42{,}6,$$

d. h. $T_{E1} = 42{,}6\,°C$ (Abb. 1.1, gestrichelte Kurve).

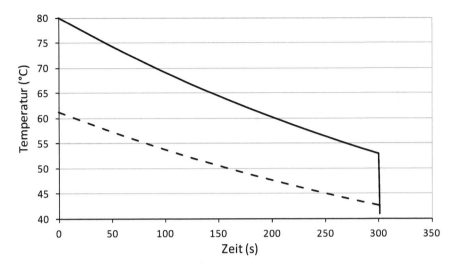

Abb. 1.1 Theoretische Abkühlkurven des Kaffees. Milch wird nach 5 min dazugegeben (durchgezogene Linie), Milch wird zu Beginn in den Kaffee gegeben (gestrichelte Linie)

2. Wir geben die Milch 5 min später dazu: Vorerst kühlt der Kaffee nach dem Abkühlungsgesetz mit derselben Konstanten k ab (Abb. 1.1, durchgezogene Linie). Nach 5 min hat er eine Temperatur von 52,9 °C. Mischt man nun die Milch hinzu, ergibt sich wiederum mit der Mischungsformel eine Endtemperatur von $T_{E2} = 40,9$ °C. Gibt man also die Milch sofort hinein, erhält man eine Endtemperatur von 42,6 °C. Gießt man die Milch nach 5 min dazu, ist die Mischung 40,9 °C warm. Will man den Kaffee schneller kühlen, soll man die Milch später hinzugeben. Will man den Kaffee länger warm halten, soll man die Milch sofort reingießen.

Ausführung des Experiments

Bei der Berechnung sind einige Bedingungen eingegangen, die sicherlich nur näherungsweise stimmen: Die Umgebungstemperatur ist nicht konstant, sondern erhöht sich, weil sich auch die Luft etwas erwärmt; Wärme wird nach oben zur Luft und über die Tasse unterschiedlich schnell abgegeben; der Kaffee kühlt nicht gleichmäßig ab, sondern zuerst an den Randflächen. Um diese Einflüsse abschätzen zu können, haben wir Versuche in einem Kaffeehaus durchgeführt. Der Kaffee wurde mit einem handelsüblichen Automaten zubereitet und dann auf unsere Bitte rasch serviert. Die Milch war zuvor im Kühlschrank. Das Ergebnis der Messungen ist in Abb. 1.2 abgebildet.

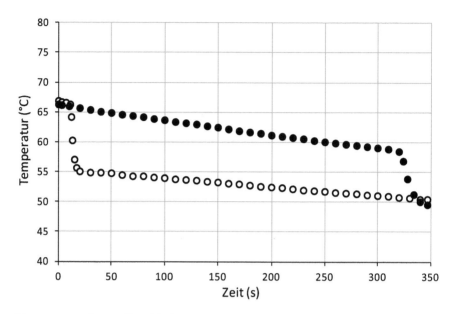

Abb. 1.2 Experimentelle Abkühlkurven von Kaffee. Milch wird zu Beginn (offene Punkte) bzw. nach etwa 5 min (schwarze Punkte) hinzugegeben

Es zeigen sich einige Unterschiede zu den theoretischen Kurven: Obwohl der Kaffee bei etwa 80 °C aus der Maschine kommt, hat er beim Servieren meist nur eine Temperatur von 60 °C bis höchstens 70 °C. Die Abkühlung verläuft aber beträchtlich langsamer, als bei der Berechnung (Abb. 1.1) angenommen wurde. Die experimentellen Werte der Konstanten k sind dementsprechend kleiner, nämlich $k = 0{,}0005\,\mathrm{s}^{-1}$ für die offenen Punkte und $k = 0{,}0006\,\mathrm{s}^{-1}$ für die schwarzen. Obwohl die Anfangstemperaturen aufgrund des Serviervorgangs nicht exakt gleich sind, kann man dasselbe Resultat wie in der Berechnung ablesen: Der später mit der Milch gekühlte Kaffee ist am Ende kälter. Jedoch ist der Unterschied von nur 1 °C so gering, dass es bei einer Tasse Kaffee letztlich wohl kaum einen Unterschied ausmacht, wann man die Milch hinzugibt.

Ein größerer Unterschied wird durch den Milchschaum bei einer Melange erzielt. Abb. 1.3 zeigt, wie sehr der Schaum das Abkühlen verlangsamt, sodass sich nach 3 min ein Unterschied von fast 3 °C ergibt.

Ein beträchtlicher Effekt bezüglich der Abkühlung des Kaffees ergibt sich aus der Konsistenz der Tasse. Viele Personen würden fürs Erste annehmen, dass Kaffee in einer dünnen Tasse rascher abkühlt, weil die Wärme leichter nach außen dringen kann. Abb. 1.4 zeigt jedoch das Gegenteil.

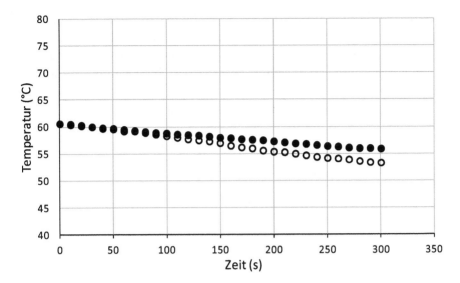

Abb. 1.3   Abkühlkurven eines großen Schwarzen (offene Punkte) und einer Melange (schwarze Punkte)

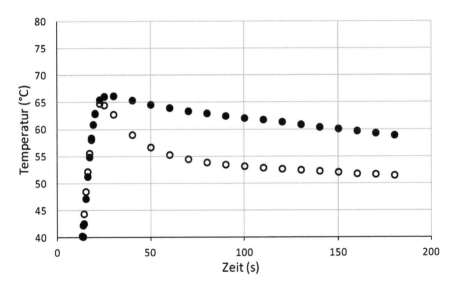

Abb. 1.4   Abkühlkurven eines Kaffees in einer dünnwandigen (schwarze Punkte) und einer dickwandigen Tasse (offene Punkte)

Dafür wurde Kaffee annähernd gleicher Temperatur in eine dickere Tasse (Masse 110 g) und in eine dünnere (45 g) gefüllt. Die dicke Tasse nahm in den ersten 50 s mehr Wärme auf als die dünnere. Danach verlaufen die Abkühlkurven annähernd parallel, der weitere Temperaturabfall war also sehr ähnlich. Dieses Verhalten erklärt auch, warum in italienischen Bars ein Espresso im Stehen, quasi im Vorbeigehen, getrunken werden kann: Die Kombination von relativ wenig Kaffee in eher dicken Tassen garantiert bereits beim Servieren annähernd Trinktemperatur.

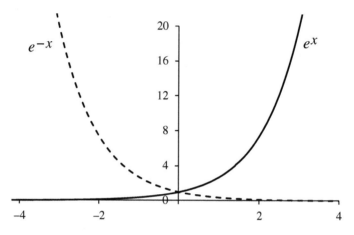

Abb. 1.5 Die Funktionen e^x und e^{-x}

Die Zahl e und die Exponentialfunktion

Die Zahl e ist genau wie die Zahl π eine reelle Zahl. Das heißt, dass sie sich nicht als Bruch von zwei ganzen Zahlen darstellen lässt. Sie ist eine Dezimalzahl mit unendlich vielen Dezimalstellen, die sich nicht wiederholen:

$$e = 2{,}71828182\ldots$$

Das Symbol e für diese Zahl wurde zum ersten Mal 1731 vom Schweizer Mathematiker Leonhard Euler verwendet. Es ist aber nicht bekannt, warum er ausgerechnet den Buchstaben e genommen hat.

Große Bedeutung hat die Zahl e als Basis für die sog. Exponentialfunktion e^x. Diese Funktion spielt in vielen Bereichen der Naturwissenschaften, aber auch der Wirtschaft eine wichtige Rolle. Der radioaktive Zerfall, das Anwachsen eines Kapitals durch Zinsen oder ein mögliches Bevölkerungswachstum sind Beispiele dafür (Abb. 1.5).

Eine Exponentialfunktion ergibt sich, wenn die Änderung einer Größe vom Wert dieser Größe abhängt: Je mehr radioaktive Kerne vorhanden sind, desto mehr zerfallen pro Zeiteinheit; je größer die Bevölkerung ist, desto mehr nimmt sie pro Generation zu. Mathematisch ausgedrückt bedeutet dies, dass die Ableitung der Exponentialfunktion (der Grad der Änderung) wiederum die Exponentialfunktion selbst ist:

$$\left(e^x\right)' = e^x$$

Bezüglich der Abkühlung eines Körpers hängt die Temperaturänderung vom betrachteten Zeitraum Δt, von einer Materialkonstante k und von der Temperatur des Körpers T bzw. von der Differenz zur Umgebungstemperatur T_U ab:

$$\Delta T = k \cdot (T_U - T) \cdot \Delta t$$

Dass ΔT von T abhängt, führt zur Exponentialfunktion im Newtonschen Abkühlungsgesetz.

2

Ein Hauch von Parfum

Frau Hofrat steht auf und bewegt sich Richtung Toilette. Der Prokurist atmet tief durch und meint: „Uii, die Dame ist heute wohl ins Parfumflascherl gefallen. Die zieht ja eine schöne Duftschleppe mit sich herum." Der neben Frau Hofrat sitzende Student meint: „Ich würde eher von einer ganzen Duftwolke um die Dame sprechen." „Ich habe nichts bemerkt", meint Karla, die etwas weiter weg sitzt. „Aber wie hätte der Duft auch zu mir kommen sollen? Im Kaffeehaus geht kein Wind, wie soll sich dann das Parfum ausbreiten?" „Das Parfum ist eine Geruchsquelle. Und von der strömen die Geruchsteilchen einfach nach außen", gibt der Student eine simple Erklärung. „Ganz kann ich mich dem aber nicht anschließen", entgegnet der Prokurist. „Wenn die Luft sonst ruhig ist, warum sollen dann ausgerechnet diese Teilchen aus der Geruchsquelle schießen und nach außen fliegen?"

© Springer-Verlag GmbH Deutschland, ein Teil von Springer Nature 2019
L. Mathelitsch, *Physikalische Melange*, https://doi.org/10.1007/978-3-662-59260-1_2

Frau Hofrat erscheint und schlagartig verstummt das Gespräch. „Worüber habt ihr so aufgeregt diskutiert?", fragt Frau Hofrat. Nach einer Schrecksekunde versucht der Prokurist die Situation zu retten: „In der Küche ist anscheinend was angebrannt. Und wir haben uns überlegt, wie dieser Gestank trotz geschlossener Tür zu uns rauskommen konnte." „Komisch, ich habe nichts gerochen, obwohl ich an der Küchentür vorbeigekommen bin. Aber die Antwort ist wohl klar, und aus Erfahrung weiß ich: Gestank verbreitet sich – genauso wie eine üble Nachrede."

Es ist an dieser Stelle wohl nicht zu klären, ob dieser Vergleich von Frau Hofrat bewusst erfolgte oder unbewusst aus dem Gefühl heraus, dass an der Küchengeschichte vielleicht etwas faul sein könnte.

Damit nicht noch eine weitere peinliche Stille eintritt, schaltet sich der Professor ein. „Dass sich Gerüche und Gerüchte ausbreiten, ist eine wohlbekannte Tatsache. Aber wie dies bei Gerüchen genau vor sich geht, hat niemand Geringerer als Albert Einstein erst vor mehr als 100 Jahren herausgefunden. Wenn gewünscht kann ich versuchen, es zu erklären." „Ja, aber bitte so, dass ich es auch verstehe", stellt Frau Hofrat eine wohl berechtigte Forderung.

„Ich möchte mit einem Beispiel und einer Frage an Sie beginnen. Stellen Sie sich vor, ein Seemann kommt vollständig betrunken aus einer Spelunke. Auf dem Weg zu seinem Schiff trifft er auf eine Laterne. Er ist aber bereits so betrunken, dass er ab jetzt nur mehr zufällig einen Schritt nach vorne oder einen zurück machen kann. Die zufälligen Schritte können mit einem Münzwurf verglichen werden: Liegt die Zahl oben, geht er einen Schritt nach vorne in Richtung Schiff, kommt Adler, einen Schritt zurück. Nun meine Frage: Gelangt der Seemann von der Laterne weg? Oder geht er immer nur ein bisschen nach vorne und dann wieder zurück und verbleibt bei der Laterne, bis er wieder nüchtern wird?"

Frau Hofrat ist wieder einmal die Erste, die mit ihrer Meinung vorprescht: „Das ist völlig klar: Er kommt nicht weg. Er kann höchstens einmal ein bisschen weiter wegkommen, dann folgen aber sicher wieder einige Rückschritte. Soll er sich halt nicht so besaufen." Die anderen scheinen zumindest über den ersten Teil der Aussage derselben Meinung zu sein. Der Prokurist äußert sogar noch eine bekräftigende Überlegung: „Das ist so wie beim Roulette, da kann auch oftmals hintereinander dieselbe Farbe kommen, aber à la longue erscheinen Rot und Schwarz gleich häufig."

Der Professor hat wohl keine andere Meinung erwartet.

„Das klingt nicht nur für Sie sehr logisch, sondern für die meisten Leute. Allerdings ist es nicht richtig. Wie schon gesagt, zeigte Albert Einstein 1905 – in dem Jahr hat er auch seine spezielle Relativitätstheorie veröffentlicht –, dass der Seemann mit der Zeit immer weiter von der Laterne wegkommt. Er hat sogar berechnet, wie schnell dies geht, und zwar kommt dabei eine Quadratwurzel ins Spiel: Macht der Seemann insgesamt 100 Schritte, so kommt er im Mittel zehn Schritte – also die Wurzel aus 100 – weg von der Laterne."

Nach einer gewissen Nachdenkpause meldet sich der Student: „Bei aller Hochachtung vor Ihnen und vor Albert Einstein, aber ich verstehe es einfach nicht. Wenn die Schritte, nämlich vor und zurück, völlig willkürlich sind, woher kommt dann die Gewissheit der Richtung, dass er immer das Schiff erreicht? Das kann doch wohl nicht sein." „Nein, da haben Sie völlig recht", stimmt der Professor zu. „Wohin der Seemann gelangt, ist zufällig, ob zum Schiff oder wieder in die Kneipe zurück. Würde er zehnmal starten, ginge er fünfmal Richtung Schiff und fünfmal zur Kneipe. Einstein hat nur gezeigt, dass er letztlich von der Laterne wegkommt und nicht ewig dort herumkreist."

Der Student lässt nicht locker: „Aber wenn dies stimmt, dann sollte man es doch einfach zeigen können: Wir werfen eine Münze und zeichnen am Papier die Schritte des Seemanns auf. Kommt die Zahl, Schritt nach rechts, beim Adler nach links." Dieser Vorschlag wird sofort aufgenommen, und alle versammeln sich um den Tisch des Studenten. Der Student wirft die Münze, der Prokurist protokolliert. Der Professor wird nicht in die Aktivität einbezogen.

Aufmerksam wird verfolgt, wie das Experiment verläuft: Zahl, Schritt nach rechts – Zahl, Schritt nach rechts – Adler, Schritt nach links – Zahl, Schritt nach rechts ... Nach dem zehnten Münzaufwurf wird Frau Hofrat, nach dem zwanzigsten werden auch die anderen ungeduldig. Es ist nämlich kein richtiger Trend zu erkennen. Und außerdem werden das Werfen und Zeichnen langsam langweilig. „Da sieht man ja nichts. Wie lange müssen wir dies denn durchziehen?" Diese Frage ist jetzt jedoch wieder an den Professor gerichtet. „Im Prinzip haben Sie mit dem Experiment das völlig Richtige gemacht, um meine Aussage zu beweisen oder zu widerlegen. Da das Verhalten aber auf Zufall aufgebaut ist, dauert es doch ziemlich lange, um einen Trend zu erkennen." „Heißt das, dass wir dieses blöde Münzaufwerfen einige Hundert Mal machen müssten?", empört sich Frau Hofrat. „Eigentlich schon", stimmt der Professor zu. „Aber es gibt Gott sei Dank Computer, die das Würfeln und Berechnen viel schneller durchführen können. Und denen ist es egal, ob man den Seemann zehn, hundert oder tausend Schritte machen lässt. Mit solchen Computerexperimenten lässt sich jedoch das oben genannte Wurzelgesetz sehr schön erkennen. Einstein hatte allerdings noch keine Rechenmaschine zur Hand, er hat das Ergebnis aus physikalischen Überlegungen erhalten."

„Und was hat dies nun mit dem Parf..., mit dem Küchengeruch zu tun? Macht der Geruch auch kleine Schritte?", bemerkt Frau Karla eher skeptisch. „Ja, in gewissem Sinne schon. Bekanntlich besteht Luft aus kleinen Teilchen, zu fast 80 % aus Stickstoffmolekülen, zu etwa 20 % aus Sauerstoffmolekülen. Diese Teilchen sind selbst bei ruhiger Luft nicht in Ruhe, sondern sie bewegen sich. Je wärmer die Luft, desto schneller sausen sie herum." „Was heißt schnell? Wie schnell sind die wirklich?", möchte der Prokurist wissen.

„Gewaltig schnell, bei Raumtemperatur etwa 500 m in der Sekunde, das sind 1800 km/h. Allerdings fliegen sie nicht weit, weil sie sofort an ein anderes Molekül stoßen. Der Abstand zwischen zwei Stößen ist im Mittel nur etwa 0,0001 mm. Ein Geruchsteilchen ist viel größer und wird von den Sauerstoff- oder Stickstoffteilchen der Luft angestoßen und etwas weiter bewegt. Da die Luftteilchen von allen Seiten zufällig an das Geruchsteilchen stoßen, haben wir die Situation unseres Seemanns. Allerdings nicht nur vor und zurück, sondern in alle Richtungen."

„Dass sich die Ausbreitungsgeschwindigkeit mit der Temperatur ändert, kann ich Ihnen in einem sehr einfachen Versuch zeigen." Der Professor bestellt bei Herrn Oskar, dem für diese Tische zuständigen Ober, zwei durchsichtige Teegläser, eines mit heißem und eines mit kaltem Wasser, sowie zwei Teebeutel. Nachdem Herr Oskar, den solche ungewöhnlichen Bestellungen kaum aus der Ruhe bringen, serviert hat, hängt der Professor die beiden Teebeutel vorsichtig in die beiden Gläser und ersucht, genau hinzusehen, was passiert.

Während die Runde andächtig in die Gläser schaut, erklärt der Professor weiter:

„Dass sich größere Teilchen in einer Flüssigkeit in einem Zickzackkurs bewegen, wurde zu Beginn des 19. Jahrhunderts bei Bärlappsporen an der Oberfläche einer Flüssigkeit beobachtet. Diese Bewegung wurde fürs Erste einer inneren Lebenskraft zugeschrieben. Der schottische Biologe Robert Brown hat systematische Beobachtungen an alten und damit toten Sporen sowie an Staubteilchen vorgenommen und gesehen, dass das Phänomen allgemein bei kleinen Teilchen in Flüssigkeiten auftritt. Man nennt die Wärmebewegung von Teilchen deshalb auch Brownsche Bewegung."

Inzwischen sieht man in den beiden Gläsern einen deutlichen Unterschied. Im Glas mit kaltem Wasser schwimmt der Teebeutel nur an der Oberfläche, im warmen Wasser hat sich eine bräunliche Wolke gebildet. „Das hat jetzt auch mich überzeugt", meint Frau Hofrat. „Und ich verstehe, dass die Ausbreitung von Gestank genauso vor sich geht."

„Ja, aber nicht nur. Die Ausbreitung aufgrund einer Zufallsbewegung und nach dem Einstein'schen Gesetz wurde inzwischen auf den verschiedensten Gebieten nachgewiesen. Auch der Transport von Material in biologischen Zellen erfolgt zum Teil nach diesem Prinzip. In der Biologie wurde es bei der Bewegung von Ameisen und von Vogelschwärmen gesehen, am Finanzmarkt in der Art, wie Preise steigen. Ein Beispiel gefällt mir besonders gut: Weinbergschnecken waren im Mittelalter eine Delikatesse und wurden speziell in der Fastenzeit als Ersatz für Fleisch von den Mönchen gerne verspeist. Diese führten die Schnecken aus Frankreich ein und züchteten sie in Schneckengärtchen. Allerdings büxten ihnen laufend Schnecken aus und entkamen in die Umgebung. Man registrierte das erste Auftreten von Weinbergschnecken an den verschiedenen Orten und hielt es in Chroniken fest. Daraus konnte man erstens erkennen, dass sich die Schnecken rund um Klöster verbreiteten. Zweitens konnte man nachträglich auch sehen, dass die Ausbreitungsgeschwindigkeit dem Einsteinschen Gesetz folgte. Leider weiß ich nicht mehr, wo ich dies gelesen habe. Das Pensionsalter schlägt halt doch schon zu."

„Das ist wirklich faszinierend, dass das System auch bei Schnecken funktioniert, selbst wenn die keine besoffenen Schritte machen oder gestoßen werden", beschließt Frau Hofrat den Diskurs.

Diffusion

Der physikalische Begriff für die diskutierte Ausbreitung von Stoffen ist die Diffusion. Diffusion ist ein selbst ablaufender Prozess. Auf Diffusion beruht die Durchmischung zweier anfangs getrennter Substanzen; sie bewirkt auch den Ausgleich der Konzentrationsunterschiede einer Substanz. Unter Selbstdiffusion wird die Bewegung eines Teilchens in einem Medium verstanden.

Die Selbstdiffusion von Teilchen hat Albert Einstein in seiner Arbeit *Über die von der molekularkinetischen Theorie der Wärme geforderte Bewegung von in ruhenden Flüssigkeiten suspendierten Teilchen* untersucht. Er schreibt in der Einleitung: „Es ist möglich, daß die hier zu behandelnden Bewegungen mit der so genannten ‚Brownschen Molekularbewegung' identisch sind; die mir erreichbaren Angaben über letztere sind jedoch so ungenau, daß ich mir hierüber kein Urteil bilden konnte." Heute wissen wir, dass Einstein mit dieser Arbeit die theoretische Grundlage der Brownschen Bewegung geschaffen hat.

Einstein zeigte, dass der mittlere Abstand x_m eines Teilchens vom Anfangsort $x_0 = 0$ nach einer Zeit t aufgrund der Wärmebewegung der Teilchen durch folgende Gleichung gegeben ist:

$$x_m = \sqrt{2 \cdot D \cdot t}$$

D ist die Diffusionskonstante, die in etwa als Maß für die Geschwindigkeit der Ausbreitung gesehen werden kann. Die Diffusionskonstante von Jod in Luft beträgt zum Beispiel $D = 8{,}5 \cdot 10^{-2}\,\mathrm{cm^2/s}$. Daraus ergibt sich die Ausbreitung von Jod in die Umgebungsluft: In 1 min kommt Jod im Mittel etwa 3 cm weit und in 10 min etwa 10 cm; es geht also eigentlich relativ langsam.

Das große Verdienst von Einstein bestand darin, die Diffusionskonstante aus anderen Größen des Systems herzuleiten:

$$D = \frac{R \cdot T}{N_A} \cdot \frac{1}{6 \cdot \pi \cdot \eta \cdot a}$$

R ist die allgemeine Gaskonstante, die den Druck, das Volumen und die Temperatur T der des Gases in Relation zueinander setzt. N_A, die Avogadro-Zahl, gibt die Anzahl der Teilchen an, η ist ein Maß für die Zähigkeit der Flüssigkeit und a der Radius des Brownschen Teilchens.

1906 kam der österreichisch-polnische Physiker Marian Smoluchowski unabhängig von Einstein zum selben Resultat.

Einstein schlägt am Ende seiner Abhandlung vor, dass man durch Messung des mittleren Weges x_m entweder die Größe der Teilchen oder den Wert der Avogadro-Zahl bestimmen könne. Er schließt: „Möge es bald einem Forscher gelingen, die hier aufgeworfene, für die Theorie der Wärme wichtige Frage zu entscheiden!"

Dem französischen Physiker Jean-Baptiste Perrin ist dies 1909 gelungen, und er bestätigte experimentell die Vorhersagen von Einstein und Smoluchowksi. Einstein schrieb an Perrin: „Ich hätte es für unmöglich gehalten, die Brownsche Bewegung so präzis zu untersuchen; es ist ein Glück der Materie, daß sie sich ihrer angenommen haben." Perrin erhielt 1926 dafür den Nobelpreis.

Die Theorie der Diffusion durch Brownsche Bewegung wurde auch auf völlig andere Gebiete angewendet. Bereits 1900 wurde vom Franzosen Louis Bachelier in seiner Doktorarbeit gezeigt, dass stetig steigende Preise auf dem Finanzmarkt unter bestimmten Bedingungen derselben Gesetzmäßigkeit folgen. Es ist erstaunlich, dass Bachelier seine Erkenntnisse fünf Jahre vor Einsteins bahnbrechender Publikation veröffentlichte, allerdings wurde sein Werk über viele Jahrzehnte nicht wahrgenommen.

In der Biologie wurde die Brownsche Bewegung bereits häufig nachgewiesen. So bewegen sich Ameisen auf der Futtersuche anhand der Spuren anderer Ameisen. Um aber Neuland zu erkunden, wird die Strategie einer Zufallsbewegung genutzt. Auch der Zusammenhalt von Vogel-, Insekten- oder Fischschwärmen wurde durch Brownsche Bewegung erklärt. Allerdings mit einer Modifizierung: Die Bewegung erfolgt vorerst zufällig. Gerät aber ein Tier von hinten zu nahe an ein anderes, so beschleunigt dieses. Genauso wird ein Tier schneller, wenn sich vor ihm ein anderes schneller bewegt. Beide Verhalten führen zu einer Rudelbildung und kollektiven Bewegung.

Eine kleine Simulation mit dem Computer

Zum Abschluss wollen wir die Gesetzmäßigkeit der Brownschen Bewegung in ihrer einfachsten Form, nämlich in einer Dimension, nachvollziehen.

Bei vielen Rechnern wird mit der Funktion RND oder ähnlich eine Zufallszahl zwischen 0 und 1 aufgerufen. Beginnen wir mit dem Ort des Seemanns bei $X = 0$ und lassen wir folgende Schleife N-mal durchlaufen, was N Schritten entspricht (Abb. 2.1).

Als Ergebnis erhalten wir eine positive oder negative Zahl. Der Wert der Zahl gibt den Abstand des Endpunkts vom Ausgangspunkt an. Nun führen wir diese Rechnung sehr oft durch und bilden den Mittelwert dieser Abstände. Zum Abschluss berechnen wir diese Mittelwerte für verschiedene Schrittzahlen N und tragen die jeweiligen Werte in ein Diagramm ein (Abb. 2.2).

Da auf der senkrechten Achse die Quadrate der Abstände aufgetragen sind, zeigt der annähernd lineare Anstieg der Werte, dass eine Wurzelabhängigkeit zwischen der maximalen Schrittzahl und dem mittleren Abstand des Endpunkts vom Anfangspunkt besteht.

Diese Analyse gibt Aufschluss darüber, wie weit der Endpunkt im Mittel über viele Versuche vom Anfangspunkt entfernt ist. Sie sagt nichts aus, ob der Endpunkt links oder rechts vom Anfangspunkt liegt. Würde man das Mittel über die negativen und positiven Werte der Endpunkte berechnen, würde annähernd null herauskommen. Dieses Resultat besagt, dass die

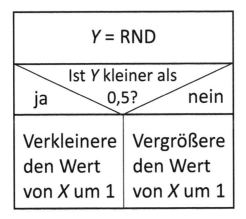

Abb. 2.1 Flussdiagramm der Simulation

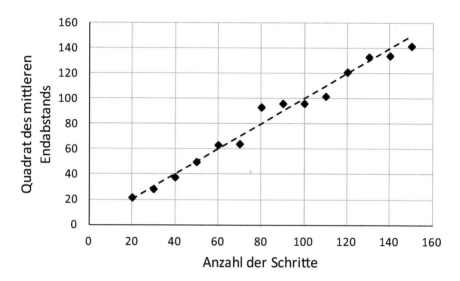

Abb. 2.2 Das Quadrat des Endabstands vom Ursprung – gemittelt über 400 Berechnungen – ist in Abhängigkeit von der Anzahl der Schritte aufgetragen. Die gestrichelte Linie zeigt die theoretische Relation

Endpunkte mit gleicher Wahrscheinlichkeit entweder links oder rechts vom Anfangspunkt liegen; es gibt aber keinen Aufschluss darüber, wie weit sie im Mittel letztendlich voneinander entfernt sind.

3

Klavierklänge

„Es ist halt doch gemütlicher, wenn im Hintergrund Klaviermusik erklingt. Und unser Maestro spielt auch so schön dezent: Wenn man die Musik hören will, dann hört man sie, wenn man sich unterhalten will, hört man sie nicht", befindet Frau Karla. „Ja, und auch die Melodien sind wunderbar, es ist für jeden etwas dabei. Aber das Besondere sind für mich die fließenden Übergänge von einem Stück zum anderen, hohe Improvisationskunst des Maestros, wunderbar", stimmt der Prokurist in die Lobeshymne ein.

„Und das auf meine Kosten", schimpft Herr Oskar, der gerade mit einem voll beladenen Tablett vorbeikommt. Bevor Herr Oskar auf dem Rückweg seine Aussage begründet, muss ein Exkurs über die Stellung des Bedienungspersonals in einem Wiener Kaffeehaus getätigt werden.

Fürs Erste sind diese Damen und Herren eine Institution für sich. Wobei die Herren die Mehrheit stellen und durch die Bekleidung, Smoking oder Smoking-ähnlich, sofort zu erkennen sind. Der Kleidung angepasst ist auch die Anrede. Niemand würde sich erlauben, „Kellner, zahlen!" zu rufen. Auch ein „Ober, bitte zahlen" ist noch nicht adäquat. „Herr Ober" ist der unterste Grad einer Verbindungsaufnahme. Wobei „Ober" sich historisch als Kurzform der Berufsbezeichnung „Oberkellner" entwickelt hat. Wenn sich beide Seiten aber bereits länger kennen, ist die höfliche Anrede mit Vornamen das Gebräuchliche. Wie auch in unserem Fall mit „Herr Oskar".

© Springer-Verlag GmbH Deutschland, ein Teil von Springer Nature 2019
L. Mathelitsch, *Physikalische Melange*, https://doi.org/10.1007/978-3-662-59260-1_3

Aber auch der Ober kennt seine Stammkundschaft und ihre Eigenheiten. Es überrascht nicht, wenn sich der tägliche Kaffee in der gewünschten Art bereits am Tisch befindet, noch bevor der Gast von der Garderobe zum Tisch gelangt. Oder dass die jeden Tag gelesene spezielle Tageszeitung als Begrüßung überreicht wird, vielleicht sogar mit einem Hinweis auf einen Artikel, der für den Leser von Interesse sein kann. Dies ist nicht als Anbiederung an den Gast zu sehen, sondern als Begegnung auf gleicher Ebene.

Aus einer langen Bekanntschaft ergibt sich auch die Form der Anrede der Gäste von Seiten des Obers: „Guten Morgen Herr Sektionschef", „Küss die Hand, Frau Kommerzialrat" oder „Ich wünsche einen schönen Abend, Herr Redakteur". Auf die erstaunte Frage eines Unkundigen, ob wirklich alle Gäste solche Titel trügen, antwortet der Angesprochene: „Die meisten schon. Und wenn einer gar nichts ist, so spreche ich ihn halt nur mit Herr Doktor an." Dass dies keine gut erfundene Anekdote ist, habe ich selbst erst vor Kurzem erfahren: In einem typischen Wiener Kaffeehaus wurde mir das Frühstück mit „Bitte, das Gewünschte, Herr Doktor" serviert. Die Bestätigung der Anekdote hat mich dafür entschädigt, „gar nichts" zu sein.

Doch zurück zu Herrn Oskar und dem Grund seiner (An-)Klage. „Wegen des Klaviers, das Sie so loben, muss ich jeden Tag mindestens 200 m weiter gehen. Anstatt auf direktem Weg zu den Tischen dahinter zu gelangen, muss ich einen Umweg von 4 m gehen – ich habe das ausgemessen! Jeden Tag muss ich mindestens 30-mal zu diesen entlegeneren Tischen, das macht 240 m pro Tag. Und 1,2 km pro Woche und etwa 60 km pro Jahr. Ich habe jetzt 28 Dienstjahre. Damit bin ich in meinem Leben fast 1700 km Umweg gegangen wegen des Klaviers. Das ist der Weg von Wien nach Athen! Und gerade heute, wo mir die Beine besonders schmerzen, muss ich mir Ihr Lob auf das Klavier anhören."

Auf diese Explosion, die für Herrn Oskar völlig ungewöhnlich ist, folgt betretenes Schweigen. „So habe ich das noch nie betrachtet", meint Frau Karla. „Und das Klavier ist ja wirklich sehr groß", pflichtet der Prokurist bei. „Aber es gibt ja auch kleinere Klaviere, sogar aufrecht stehende, die man an eine Seitenwand stellen könnte."

Herr Oskar kommt etwas besänftigter zurück. „Auch ich habe solche Änderungsvorschläge bereits vorgetragen. Sie sind aber zweifach abgelehnt worden. Einmal vom Maestro, der auf den wunderbaren Klang dieses Bösendorfer Flügels schwört und gedroht hat zu kündigen, wenn ein anderes Instrument käme. Aber auch die Chefin war dagegen, aus ästhetischen Gründen, weil dieser Flügel so gut in den Raum passt. Selbst mein Einwand, dass man dann einige Tische mehr aufstellen und damit die Einnahmen erhöhen könnte, wurde wider Erwarten ignoriert."

„Was ist denn eigentlich das Besondere an einem solchen Flügel, dass man ihn nicht auch kleiner machen könnte?", hinterfragt Frau Hofrat. „Hier kann ich vielleicht etwas beitragen", meint Renée, „in meinem Gesangsstudium ist nämlich auch Klavierunterricht vorgesehen." „Na, da bin ich jetzt aber neugierig." Die Art der Betonung dieses Satzes seitens der Frau Hofrat offenbart aber mehr ihre Skepsis ob der kommenden Erklärung als wirkliche Wissbegier.

„Bei jedem Instrument muss man unterscheiden zwischen Klangerzeugung bzw. Verstärkung und Aussendung des Schalls", beginnt Renée eher allgemein. „Beim Klavier wird mit sogenannten Hämmern, das sind mit Filz umwickelte Holzteile, auf Saiten unterschiedlicher Länge geschlagen. Der Klang der schwingenden Saiten ist eher leise und wird über schmale Holzleisten, Stege genannt, auf einen Resonanzboden übertragen. Dieser erstreckt sich über den gesamten Boden bzw. die Rückseite eines stehenden Instruments und gibt den Klang sehr effizient weiter."

„Was sind nun die Unterschiede zwischen einem großen waagrechten Klavier, allgemein Flügel genannt, und einem hochstehenden Instrument, häufig als Piano oder nur als Klavier bezeichnet?", fährt Renée mit der zentralen Fragestellung fort. „Fürs Erste kann man nicht sagen, dass Flügel immer besser klingen als Pianos – es gibt Flügel schlechter Qualität und Pianos mit sehr gutem Klang." „Warum gibt es eigentlich diese zwei Arten von Klavier?", unterbricht der Prokurist. „Die Gründe sind sehr banal: Flügel sind sehr groß und unhandlich. Und außerdem sehr teuer. Deshalb wollte man kleinere, billigere Instrumente anbieten, die ähnliche Klangqualität besitzen. Alle berühmten Klavierhersteller bauen beide Varianten."

„Gibt es jetzt klangliche Unterschiede oder nicht?", wird Frau Hofrat ungeduldig.

„Doch, die gibt es schon. Beginnen wir mit den Saiten: Die Tonhöhe ist durch die Länge, die Masse und die Spannung der Saiten bestimmt. Je länger die Saiten, desto tiefer der Ton. Im Flügel haben längere Saiten Platz, im Piano muss dies durch Masse ausgeglichen werden. Dies beeinträchtigt aber die Qualität des Klangs, insbesondere bei tiefen Tönen. Ein großer Unterschied betrifft den Resonanzboden. Dieser ist naturgemäß beim Flügel größer. Aber auch die unregelmäßige Form, verglichen mit der rechteckigen beim Piano, verleiht dem Flügel eine wirksamere Abstrahlung, und zwar ähnlich gut bei allen Tönen, von tief bis ganz hoch. Außerdem kann beim Flügel der Deckel geöffnet werden. Damit kann der Klang in Richtung Zuhörer gelenkt werden."

„Aber beim Spielen sollte es doch keinen Unterschied geben – die Tastatur ist in beiden Fällen doch komplett dieselbe", vermutet Karla.

„Die Klaviatur sieht gleich aus, dennoch gibt es einen Unterschied bezüglich der Bewegung der Tasten, was auf der Mechanik der Hämmer beruht. Beim Flügel bewegen sich die Hämmer in vertikaler Richtung; dabei wirkt die Schwerkraft auf alle Hämmer gleich. Beim Piano schlagen die Hämmer waagrecht an die senkrecht stehenden Saiten. Zur Rückführung müssen Federn verwendet werden. Die Federn können unterschiedlich starr sein, außerdem ermüden sie mit der Zeit. Diese Rückführung mit Federn beeinflusst auch den Zeitunterschied, innerhalb dessen eine Taste wieder angespielt werden kann. Diese Zeitdifferenz ist bei einem Flügel kleiner, es kann derselbe Ton schneller wiederholt werden."

Durch diese Ausführungen ist der Gruppe gar nicht aufgefallen, dass keine musikalische Untermalung mehr zu hören ist. Der Maestro hat sich zu der Runde gesellt und auch den Ausführungen von Renée gelauscht. „Ich kann mich dem Gesagten nur anschließen: Ich gratuliere der jungen Kollegin, das Wichtigste so kurz und klar dargestellt zu haben."
„Die Bösendorfer sind eine Wiener Familie, die Firma wurde 1828 von Ignaz Bösendorfer gegründet." Von dieser exakten Aussage Carmens, die Mitarbeiterin einer Wiener Zeitung ist, zeigt sich nicht nur Frau Hofrat überrascht: „Und warum wissen Sie das so genau?" „Aus zwei Gründen", antwortet Carmen. „Erstens interessiere ich mich sehr für Geschichte. Ich habe sehr geschwankt, ob ich Journalistik oder Geschichte studieren soll. Ich habe mich dann für das Erstere entschieden, beschäftige mich aber sehr

intensiv mit historischen Themen als Hobby. Dabei kommt mir mein gutes Gedächtnis für Jahreszahlen sehr entgegen. Und zweitens habe ich erst vor Kurzem einen Artikel über Bösendorfer für unsere Zeitung verfasst. Dabei haben sich Hobby und Beruf wunderbar verbunden."

„Obwohl der Firma bald nach ihrer Gründung vom Kaiser der Titel *k. k. Hof-Claviermacher* verliehen wurde, wurde der Flügel erst richtig berühmt durch Franz Liszt." Auf die fragenden Blicke fährt Carmen fort: „Liszt war für sein kraftvolles Spielen bekannt, mit dem er manche Flügel regelrecht zerstörte. Der Bösendorfer ‚hielt eisenfest stand‘, wie es Zeitungen formulierten, und Liszt lobte den Flügel wegen seiner Robustheit, aber auch wegen seiner ‚Unverstimmtheit‘ nach langem, intensivem Spiel. Im Bösendorfersaal in der Herrengasse, den es inzwischen aber nicht mehr gibt, spielten Gustav Mahler, Richard Strauss oder Max Reger."

Der Maestro rundet diese historischen Bemerkungen ab: „Obwohl die Firma in letzter Zeit mehrfach den Besitzer wechselte, ist die Herstellung immer noch in Österreich, und es werden weiterhin wunderbare Instrumente zum Großteil in Handarbeit produziert."

Innenleben eines Klaviers

Als Erfinder des Klaviers gilt der Italiener Bartolomeo Cristofori, der 1726 ein erstes Hammerklavier baute. Im Gegensatz zu älteren Versionen wie dem Cembalo konnte man wegen des Hammermechanismus je nach Tastenanschlag lauter und leiser spielen. Deshalb war der ursprüngliche Name auch „Pianoforte", von dem letztlich nur „Piano" geblieben ist.

Saiten

Ein moderner Flügel hat 88 Tasten, es können 7 1/4 Oktaven von A bis c^5 gespielt werden. Jeder Taste entspricht eine Saite bzw. eine Saitenkombination. Die Höhe des Tons hängt vom Saitenmaterial, von der Dicke bzw. Masse, von der Länge und der Spannung der Saite ab:

$$f \propto \frac{1}{d \cdot l} \cdot \sqrt{F}$$

Die Frequenz f wird durch den Querschnitt d, der Länge l der Saite sowie der Spannkraft F bestimmt.

Die Saiten sind aus hochqualitativem Stahl gefertigt. Allerdings ist es nicht möglich, alle Töne durch Saiten gleicher Machart erklingen zu lassen. Bei tiefen Tönen wäre die Länge zu groß, der Querschnitt zu dick oder die Spannkraft zu gering, um einen harmonischen Klang zu produzieren. Darum wird die Masse der Saiten erhöht, indem sie mit einem Kupferdraht umwickelt werden. Für höhere Töne muss die Saite stärker gespannt oder kürzer oder dünner sein. Auch hier stößt man mit einer einzelnen Saite an Grenzen. Die Lösung für höhere Töne besteht darin, dass man zwei bzw. drei Saiten pro Ton nebeneinander spannt und gleichzeitig anspielt. Diese zwei oder drei Saiten sind nicht exakt gleich gestimmt, geben damit einen volleren Ton und klingen länger nach.

Die Saiten stehen unter einer sehr hohen Spannung von etwa 1000 N/mm². Fasst man alle Saiten zusammen, ergibt dies eine Kraft von etwa 200 kN; das entspricht in etwa dem Gewicht einer Masse von 20 t! Ein Holzrahmen verformt sich durch eine solche Spannung allmählich, darum ist in einem Flügel ein gusseiserner Rahmen eingefügt. Dieser macht den Großteil der Masse eines Flügels aus, der 500 kg und mehr wiegen kann. Der eiserne Rahmen wurde 1855 zum ersten Mal von Henry Steinway eingebaut.

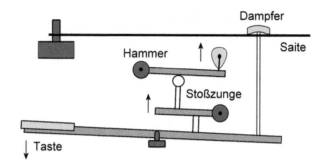

Abb. 3.1 Anschlagmechanismus bei einem Flügel

Durch die starke Spannung ist die Auslenkung der Saiten minimal. Lediglich bei einer langen Saite von 2 m ergibt sich bei festem Anschlag eine Auslenkung von etwa 1 mm.

Anschlag

Schlägt man eine Taste an, so wird bei etwa halber Auslenkung der Taste ein Dämpfer angehoben, die Saite wird damit zur Schwingung freigegeben (Abb. 3.1). Mittels einer Stoßzunge wird der Hammer an die Saite geschlagen, er federt aber sofort wieder zurück. Der Hammer ist ein mit Filz umwickeltes Holzteil.

Beim Klavier wird durch die Härte und Schnelligkeit des Anschlags die Lautstärke des Klangs kontrolliert: Für einen sehr leisen Klang (*pp*, pianissimo) hat die Taste nur eine kinetische Energie von 7 mJ (Millijoule), der Anschlag dauert länger als 80 ms (Millisekunden). Bei einem sehr lauten Anschlag (*fff*, forte fortissimo) wird die Taste in 7 ms mit einer kinetischen Energie von fast 300 mJ bewegt. Eine Variation von weicherem zu härterem Anschlag beeinflusst aber nicht nur die Lautstärke, sondern auch die Klangeigenschaft.

Resonanzboden

Der Resonanzboden ist ein 6–13 mm dickes Brett aus Fichtenholz, der sich über das gesamte Ausmaß des Klaviers erstreckt. Die Übertragung der Schwingungen der Saiten auf den Resonanzboden erfolgt über sogenannte Stege. Es gibt einen Langsteg und einen Basssteg für die tiefen Töne. Die Stege sind Holzleisten aus Ahorn, die auf den Resonanzboden geleimt sind.

Sie werden aber auch durch die straff gespannten Saiten auf den Boden gedrückt. Damit der Resonanzboden dadurch nicht nach unten gewölbt wird, ist er durch mehrere Rippen an der Unterseite verstärkt.

Obwohl die Klaviersaiten durch den Hammer nur vertikal angeschlagen werden, werden neben vertikalen Schwingungen auch horizontale Schwingungen auf den Saiten erzeugt. Die vertikalen Schwingungen werden sehr effektiv über den Steg an den Resonanzboden übertragen und damit rasch schwächer. Dies ergibt den Sofortklang. Die Horizontalschwingungen halten länger an und sind Teil des Nachklangs. Ein Nachklang wird bei mehrfach ausgeführten Saiten auch dadurch erzeugt, dass sie sich laufend gegenseitig anregen.

Bei niederen Frequenzen schwingt der gesamte Resonanzboden gleichmäßig auf und ab. Bei höheren Frequenzen werden andere Bewegungsformen (Moden) angeregt, so schwingen etwa verschiedene Teile des Bodens gegenläufig. Stärke und Position der Schwingungen hängen nicht nur vom Resonanzboden, sondern von Einbau, Eisenrahmen, den Stegen und weiteren Faktoren ab. Dies lässt sich immer noch nicht exakt vorausberechnen und erfordert lange Erfahrung und hohes Können eines Klavierbauers.

Stimmung

Bereits Pythagoras wusste, dass zwei Saiten einen harmonischen Klang ergeben, wenn die Saitenlängen in einem einfachen ganzzahligen Verhältnis zueinander stehen, etwa 1:2, 2:3, oder 3:4. Dies entspricht einer Oktav, einer Quint oder einer Quart. Ist ein Instrument nach diesen rein klingenden Akkorden gestimmt, so ergibt sich jedoch ein Problem: Die einzelnen Töne sind auf den Grundton einer Tonart bezogen, die Relationen ändern sich jedoch beim Transponieren in eine andere Tonart. Diese Schwierigkeit kann radikal behoben werden, indem eine Oktav in zwölf gleichwertige und gleich weit voneinander entfernte Halbtöne unterteilt wird. Bei dieser gleichstufigen Stimmung kann beliebig transponiert werden, allerdings klingen Quinten, Quarten und Terzen nicht ganz rein.

Die gleichmäßige Anordnung der weißen und schwarzen Tasten auf der Klaviatur deutet an, dass die Intervalle zwischen den einzelnen Tönen gleich sind. Dies trifft auch in erster Näherung zu, denn die Klaviere sind meist gleichstufig gestimmt.

Man darf gleichstufig jedoch nicht mit wohltemperiert verwechseln, wie es in den Stücken für ein wohltemperiertes Klavier von Johann Sebastian Bach umgesetzt ist. Bei einer wohltemperierten Stimmung werden einzelne

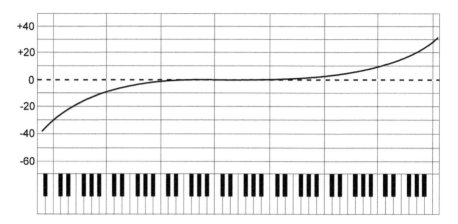

Abb. 3.2 Die Railsback-Kurve zeigt die Abweichung der Stimmung der Grundtöne von einer gleichstufigen Stimmung (gestrichelte Linie bei 0). Die Abweichung ist in der Einheit Cent angegeben (1 Cent ist ein Hundertstel eines Ganztons)

Akkorde rein gestimmt, sodass häufiger verwendete Tonarten harmonischer klingen.

Ein Klang setzt sich zusammen aus einem Grundton und meist vielen Obertönen. Die Frequenz des Grundtons bestimmt die Tonhöhe. Ein C auf einem Klavier klingt jedoch anders als ein C auf einer Trompete. Der Unterschied liegt in den jeweiligen Intensitäten der einzelnen Obertöne, die für jedes Instrument charakteristisch sind. Auch für die Harmonie von Akkorden sind nicht nur die Grundtöne verantwortlich, die Obertöne tragen ebenfalls maßgeblich dazu bei. Es hat sich in der Praxis gezeigt, dass Klänge insgesamt harmonischer zueinander wirken, wenn die Oktaven gestreckt werden, wenn sie also ein etwas größeres Frequenzverhältnis als 1:2 aufweisen. Zusätzlich empfinden viele Hörer zwei Töne als eine Oktave, wenn diese in Wirklichkeit ein um 0,6 % größeres Frequenzverhältnis aufweisen. Diese Streckung von Oktaven wird nach ihrem Erfinder O. L. Railsback als Railsback-Kurve bezeichnet (Abb. 3.2).

Dass es den Beruf eines Klavierstimmers gibt, hängt unter anderem mit der schwierigen Aufgabe zusammen, die Saiten gemäß der Railsback-Kurve zu stimmen. Außerdem müssen die speziellen Eigenheiten des jeweiligen Instruments berücksichtigt werden. Durch Spielen, Abnützung oder Veränderung einzelner Teile eines Klaviers kann es zu einer Verstimmung kommen, die es auszugleichen gilt. Dabei ist nicht nur ein sehr gutes Gehör gefordert, auch das Handwerkliche darf nicht unterschätzt werden: Die Spannbewegungen an den Wirbeln sind manchmal so gering, dass sich der Stimmhammergriff um nicht mehr als 1/10 mm bewegen darf.

4

Wetterkapriolen

„Sauwetter", kommentiert Frau Karla wenig damenhaft das Wettergeschehen, als sie sich des nassen Mantels entledigt. „Nur gut, dass ich heute
allein unterwegs bin." Dazu muss man wissen, dass Frau Karla Teil einer
sehr weitverzweigten Familie ist und oft von Verwandten begleitet wird.
Sehr häufig sind dies jüngere Mitglieder der Familie, die beaufsichtigt werden sollen oder ihre Tante in der Stadt besuchen.

„Zu Ihrem treffenden Kommentar zum Wetter fällt mir eine Geschichte
ein", meldet sich der Prokurist zu Wort. „Aber nur, wenn sie gut und kurz
ist", wirft Frau Hofrat ein, die die Witze und Geschichten des Prokuristen
nicht immer goutiert. Unbeeindruckt fährt dieser fort:

> „Es ist eine utopische Geschichte. Ein Außerirdischer wird durch eine
> Raum- und Zeitreise in das heutige München versetzt. Er beherrscht zwar
> die Sprache, möchte sich aber auch rasch den Gepflogenheiten seiner neuen
> Umgebung anpassen. Da das, was Personen zu Beginn einer Begegnung
> zueinander sagen, im Allgemeinen die ortsübliche Begrüßung ist, achtet er
> genau auf die Anfangsworte der Münchner – und spricht nach einiger Zeit alle
> mit einem freundlichen ‚Scheißwetter heute' an."

Sogar Frau Hofrat lächelt mit, bemerkt dann allerdings, dass das mit der
Zeitreise wohl ein gewaltiger Stumpfsinn sei. Renée pflichtet ihr bei, aller-
dings mit dem Zusatz, dass das Beamen im Raumschiff Enterprise, also in
Science-Fiction-Filmen, schon lange praktiziert wird. Der Student meint mit
Blick auf den Professor: „Aber haben die Physiker in Wien nicht auch schon
was gebeamt?" „Ja, das stimmt", erwidert dieser, „und wenn Sie wollen,

© Springer-Verlag GmbH Deutschland, ein Teil von Springer Nature 2019
L. Mathelitsch, *Physikalische Melange*, https://doi.org/10.1007/978-3-662-59260-1_4

kann ich das kurz erklären." „Das würde mich ungemein interessieren, weil ich es schon lange wissen wollte", vermeldet Kuno, der Handlungsreisende. „Aber jetzt habe ich überhaupt keine Zeit, weil ich rasch zu einem Termin muss. Ich ersuche um Verschiebung dieses Themas." Nach Zustimmung aller ist Herr Kuno bereits wieder verschwunden.

„Ich habe gestern auf keine Wettervorhersage geachtet, darum bin ich von diesem Wetter total überrascht worden", meint Frau Karla. „Wettervorhersage. Wettervorhersage, wenn ich das schon höre. Wenn sie sich auf die Wettervorhersage verlassen, sind sie bereits verlassen", echauffiert sich Frau Hofrat. „Früher haben sie gesagt: ‚Kräht der Hahn am Mist, so ändert sich das Wetter – oder es bleibt wie es ist.' Heute sagen sie ‚strichweise Regen', und man kann sich aussuchen, in welchem Strich man sich befindet."

„Das ist nicht ganz fair", meint der Student „Die Richtigkeit der Wettervorhersage hat sich in den letzten Jahren durch Messungen an vielen Wetterstationen und den Einsatz von Computern stark erhöht. Die Gültigkeit der Voraussage für die nächsten sieben Tage ist heute bereits so gut, wie es noch vor einigen Jahren nur für ein, zwei oder drei Tage war." „Woher haben Sie denn dieses genaue Wissen?", fragt Frau Hofrat. „Ich habe mal ein paar Semester Meteorologie studiert, habe es dann aber wieder aufgegeben." Er fährt sich wehmütig mit der Hand durch sein schon ziemlich schütteres Haar, andeutend, dass das Studium bereits vor geraumer Zeit abgebrochen wurde. Es gibt auch keine diesbezüglichen Nachfragen, nicht einmal von Frau Hofrat.

„Bei uns auf dem Land sagen wir das Wetter ganz anders voraus", bringt sich Norbert in die Diskussion ein. Norbert lebt zwar schon mehr als 40 Jahre in Wien, betont aber immer noch seine Herkunft, die er als „vom Land" bezeichnet. Diese Prägung erkennt man auch daran, dass er immer einen ländlichen Hut auf dem Kopf trägt. Es verwundert nicht, dass er damit oftmals Unverständnis bei seiner neuen Umgebung hervorgerufen hat, ausgedrückt durch mitleidiges Lächeln bis zu offener Ablehnung. Beides wird von Norbert erduldet wie das Wetter: Es ist nicht immer schön, aber man muss es ertragen, weil man es nicht ändern kann.

„Wir haben Wetterregeln, die uns sagen, wie das Wetter wird, und Lostage sowie den Mandlkalender für längere Vorherschau", erklärt Norbert, „und damit sind wir nicht schlecht gefahren." „Sowohl die Lostage als auch der Mandlkalender sind auch aus historischer Sicht interessant." Carmen kramt in ihren geschichtlichen Erinnerungen:

„Das Wort ‚Los' hat nichts mit Schicksal oder Lotterielos zu tun, sondern kommt vom mittelhochdeutschen Wort ‚losen' für hören, achtgeben. Man beobachtete Regelmäßigkeiten des Wetters und ordnete dies bestimmten Tagen zu. Und den Mandlkalender gibt es bereits seit mehr als 300 Jahren, und er gilt als ältester durchgehend jährlich erscheinender Kalender. Als Johannes Kepler Ende des 16. Jahrhunderts eine Anstellung als Lehrer für Mathematik und Astronomie in Graz antrat, war eine seiner Aufgaben die Erstellung eines Kalenders, der eine Vorform des Mandlkalenders war."

„Können Sie uns ein paar Beispiele für ländliche Wetterregeln geben?", wird Norbert von Frau Karla ersucht. Karla ist die Provinz immer ein bisschen fern und damit auch etwas suspekt geblieben. „Oh, da gibt es viele. Da fallen mir sofort welche eine, z. B. *Abendrot – gut' Wetterbot, Morgenrot – mit Regen droht* oder *Gießt's an St. Gallus (16. Oktober) wie ein Fass, wird der nächste Sommer nass.* Die nächste Regel trifft meiner Erfahrung nach immer zu: *Wenn Schwalben niedrig fliegen, wird man Regenwetter kriegen.* Es gibt auch vorsichtiger formulierte Regeln: *Gewitter am St. Georgstag (23. April) ein kühles Jahr bedeuten mag.* Wobei nicht sicher ist, ob das ‚mag' aus Vorsicht oder nur wegen des Reims dort steht."

„Und was sagt der Herr Meteorologe zu diesen Regeln?", fragt Frau Hofrat etwas spitz in Richtung des Studenten. „Zum Teil Sinn, zum Teil Unsinn, wenn Sie mich so direkt fragen", antwortet dieser. „Das möchte ich jetzt aber genauer wissen, was Sinn und was Unsinn ist." Dieser bereits moderater formulierten Bitte von Frau Hofrat entspricht der Student mit einem freundlichen „Gerne".

„Wetterregeln sind meist Ausdruck sehr langer, über Generationen und sogar Jahrhunderte währender Wetterbeobachtungen", beginnt der Student.

„Allerdings muss man unterscheiden zwischen direkten Beobachtungen mit daraus folgenden Rückschlüssen und längerfristigen Vorhersagen aufgrund der schon genannten Lostage. Die ersten beruhen häufig auf physikalischen Zusammenhängen. Nehmen wir das Abendrot. In unseren Breiten ziehen Schlechtwetterfronten meist von West nach Ost. Ein schönes Abendrot im

Westen ist dann zu sehen, wenn dort nur geringe Bewölkung herrscht. Die Wahrscheinlichkeit ist damit hoch, dass über Nacht keine Wetterfront aufzieht und Regen bringt."

„Und ich kann mir vorstellen, dass in der Vorhersage, die für Norbert immer zutrifft, die Schwalben das Schlechtwetter fühlen und deshalb tiefer fliegen", meint der Prokurist. „Nicht ganz so, aber fast. Die Schwalben ernähren sich von fliegenden Insekten. Fliegen diese tiefer, so fliegen auch die Schwalben tiefer. Stärkerer Wind und feuchtere Luft beeinträchtigen die Insekten mit ihren empfindlichen Flügeln beim Fliegen. Sie fliegen deshalb tiefer in ruhigeren Luftzonen. Andererseits nimmt bei Schönwetter aufsteigende warme Luft Mücken bis in größere Höhen mit. Ein bestimmtes Wetter beeinflusst also vorerst Insekten. Sichtbar wird dies aber durch die Schwalben, die sie jagen."

„Und was ist mit den Lostagen?" „Hier ist die Situation anders. Die Trefferwahrscheinlichkeit ist im Durchschnitt sehr gering, wenn man das Wetter über weiter als zwei bis drei Wochen vorhersagen will. Und es ist eigentlich unsinnig zu meinen, dass die Verhältnisse an einem bestimmten Tag alle Jahre wieder gleich angeben sollen, wie das Wetter einige Wochen oder Monate später sein wird."

„Aber gibt es nicht das Beispiel des Murmeltiers irgendwo in Amerika, das das Wetter richtig vorhersagt?", fragt der Prokurist.

„Sie meinen Phil, das Murmeltier, das in Pennsylvania jedes Jahr aus seinem Bau geholt wird. Wirft es einen Schatten, so soll das Wetter für die nächsten sechs Wochen schlecht werden. Dieses Orakel wird dort bereits seit 1887 befragt. Da seit diesem Jahr schon viele Phils das Wetter deuteten, hatte man genügend Möglichkeiten zu prüfen, ob die Vorhersage eintrifft. Allerdings ist die Trefferwahrscheinlichkeit äußerst mickrig, was nicht verwunderlich ist nach dem, was ich vorhin gesagt habe. Man kann nicht am 2. Februar vorhersagen, welches Wetter Mitte März sein wird."

„Sagten Sie 2. Februar?", wirft Norbert ein. „Das ist ja Mariä Lichtmess. Und für diesen Tag gibt es auch bei uns auf dem Land Regeln: *Gibt's an Lichtmess Sonnenschein, wird's ein spätes Frühjahr sein* oder *Sonnt sich der Dachs in der Lichtmesswoch, muss er noch sechs Wochen zurück ins Loch.* Wie ist aus dem Dachs ein amerikanisches Murmeltier geworden?" „Ganz einfach, das Wissen um eine solche Regel ist von deutschen Auswanderern in die neue Heimat mitgenommen worden", erklärt Carmen.

„Und wie kommt der Mandlkalender zu seinem komischen Namen?", fragt Frau Karla. „Das ist eine eigene Geschichte", kramt Carmen in ihrem historischen Wissen. „Der Mandlkalender ist eine Kombination von kirchlichem Kalender und Wettervorhersage. Einzelne Tage sind durch Namen, Abbildungen und Symbole der entsprechenden Heiligen und Feste gekennzeichnet. Da die Bilder der Heiligen klein sind, werden sie als Manderln, kleine Männchen, bezeichnet. Darum der Name ‚Mandlkalender‘, obwohl auch weibliche Heilige darunter sind."

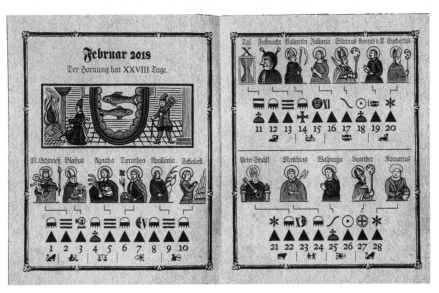

Der Student ergänzt:

„Auch astronomische und astrologische Ereignisse wie Mondphasen, Stellung des Mondes und der Sonne im Tierkreis sowie die Tageslängen sind eingetragen. Die Wetterprognose ist zwiespältig. Einerseits gilt genauso wie bei den Lostagen, dass es Unsinn ist zu glauben, dass die Ersteller des Kalenders das Wetter mehr als ein Jahr im Voraus angeben können. Andererseits ist der Kalender das Resultat langer Wetterbeobachtung. Und dabei sind Regelmäßigkeiten aufgefallen, z. B. dass um die Weihnachtszeit häufig eine warme Periode eintritt oder dass im Frühling meist ein ziemlich kalter Rückschritt kommt. Die den Tagen vom 12. bis 15. Mai den Namen gebenden Heiligen werden deshalb als Eisheilige bezeichnet."

„Ja, und die kalte Sopherl ist die letzte davon", fügt Norbert hinzu. „Wobei ich sagen muss, dass wir auf dem Land den Kalender sehr wohl relativ und nicht absolut sehen. Wir sagen halt, heuer sind die Eisheiligen zu früh gekommen oder zu spät. Aber vor den Eisheiligen wird niemand Tomaten oder Gurken im Freien anpflanzen."

„Ich habe einmal von einem Schmetterling gehört, der das Wetter beeinflussen kann", meldet sich der Prokurist wieder zu Wort. „Die ursprüngliche Aussage ist noch weit obskurer", erklärt der Student. „Im Titel eines Vortrags fragte der amerikanische Meteorologe Edward Lorenz, ob der Flügelschlag eines Schmetterlings in Brasilien einen Tornado in Texas auslösen kann. Und in einem gewissen Sinn ist die Antwort: Ja." „Das kann doch wohl nicht Ihr Ernst sein. Einen solchen Blödsinn habe ich überhaupt noch nie gehört. Ein kleiner Schmetterling soll 1000 km weiter weg einen Tornado auslösen? Bei aller Liebe, das ist mir zu viel." Die Miene von Frau Hofrat drückt aus, dass ihre Meinung über den Studenten, die durch seine vorigen Bemerkungen deutlich gestiegen war, durch die letzte Meldung wieder ins Bodenlose gefallen ist.

„Lassen Sie mich etwas genauer erklären, wie es gemeint ist. Nehmen wir folgendes Beispiel: Wenn ich eine Kugel mit dem Finger anstoße, dann kann ich mit ziemlicher Sicherheit vorhersagen, wohin die Kugel rollt. Nun rollt die Kugel aber genau auf einen spitzen Keil zu. Ob sie nach links oder nach rechts abgelenkt wird, hängt nur von einem sehr kleinen Unterschied im Stoß ab. In dem Sinne kann eine kleinste Änderung beim Anstupsen eine große Änderung in der weiteren Bahn der Kugel erzielen. Und der anfängliche Unterschied kann so klein sein, dass man ihn nicht einmal messen kann. Genauso ist es beim Wetter: Der Anfangszustand ist das heutige Wetter. Wie es sich weiterentwickelt, kann manchmal auf längere Zeit vorhersehbar sein – wie mit der

Kugel ohne Hindernis. Manchmal allerdings gibt es mehrere Möglichkeiten, deren Entwicklung sich nicht vorhersehen lässt, weil sie von kleinsten Details abhängt. Dieses kleinste Detail ist bildhaft mit dem Flügelschlag eines Schmetterlings ausgedrückt."

„So sieht die Geschichte allerdings bereits vernünftiger aus", bekundet Frau Hofrat und schaut auf ihre Uhr. „Uh, jetzt ist es aber schon spät geworden. Da sieht man wieder, dass man über nichts trefflicher diskutieren kann als über das Wetter."

Wetterprognose

Ausgangspunkt und Motor des Wettergeschehens sind Gebiete mit unterschiedlichem Luftdruck. Durch die sich veränderliche Stellung der Sonne zu unserem Planeten und durch unterschiedliche Bodenbeschaffenheit der Erde (Ozeane, Land mit Bergketten, Wüsten, Urwald) werden verschiedene Gebiete zu bestimmten Zeiten unterschiedlich stark erwärmt.

Hoch- und Tiefdruckgebiete

Wird Luft in einem Gebiet stark erwärmt, so steigt diese wärmere Luft auf. Dadurch wird der übliche Druck der Atmosphäre, der sog. Luftdruck, kleiner, und man spricht von einem Tiefdruckgebiet. Im gleichen Sinne sinkt kältere Luft nach unten, der Luftdruck steigt und ein Hochdruckgebiet wird gebildet. Der Standardluftdruck auf Seehöhe ist 1,013 hPa (Hektopascal) oder 1,013 bar. Bei diesen thermischen Hoch- bzw. Tiefdruckgebieten kann sich der Wert des Drucks um etwa 30 hPa nach oben oder unten verschieben.

Auch mit der Seehöhe h nimmt der Luftdruck p ab, und zwar nach der barometrischen Höhenformel:

$$p(h) = p_0 \cdot e^{-\frac{h}{H}}$$

p_0 ist der Luftdruck auf Meereshöhe, die Konstante H hat einen Wert von etwa 8,4 km. Ein Druckunterschied zwischen Hoch- und Tiefdruckgebiet von 60 hPa entspricht einem Höhenunterschied von zirka 500 m.

Wärmere Luft kann mehr Wasserdampf aufnehmen als kältere. Wenn warme Luft abkühlt, so kondensiert ein Teil des Wasserdampfs, und es bilden sich kleine Wassertröpfchen. In einem Tiefdruckgebiet steigt warme Luft auf (Abb. 4.1). Sie kühlt mit der Höhe ab, und der kondensierte Wasserdampf wird als Wolken sichtbar. Hält der Prozess weiter an, wird der Wassergehalt der Wolken so groß, dass sich die Tröpfchen zu größeren Tropfen vereinen und letztlich als Regen zur Erde fallen. Tiefdruckgebiete sind damit meist mit Schlechtwetter verbunden.

Bei Hochdruckgebieten kehrt sich der Prozess um. Kalte Luft sinkt nach unten, erwärmt sich, und Wolken lösen sich auf, da Tröpfchen verdunsten, d. h. sich in Wasserdampf umwandeln. Hochdruckgebiete zeichnen sich somit als Phasen schönen Wetters aus.

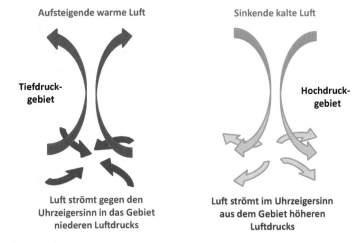

Abb. 4.1 Windbewegung in einem Tiefdruck- und in einem Hochdruckgebiet

Druckunterschiede versuchen, sich auszugleichen. Luft strömt in Form von Winden von Hoch- zu Tiefdruckgebieten. Dies geschieht allerdings nicht in geradliniger Weise, sondern auf gekrümmten Bahnen. Die Gründe dafür sind die annähernde Kugelform der Erde sowie die Erdrotation mit den unterschiedlichen Geschwindigkeiten an der Oberfläche: Am Äquator ist die größte Geschwindigkeit Richtung Osten, nach Norden nimmt sie immer mehr ab. Dies führt dazu, dass alle Windbewegungen auf der Nordhalbkugel eine Rechtsablenkung erfahren, auf der Südhalbkugel eine solche nach links. Daraus ergibt sich, dass sich die Winde auf der Nordhalbkugel im Uhrzeigersinn aus einem Hochdruckgebiet heraus und entgegen dem Uhrzeigersinn in ein Tiefdruckgebiet hinein drehen (Abb. 4.1). Eine einfache Erklärung dieses Corioliseffekts ist am Ende des Kapitels angefügt.

Regionale Einflüsse

Diese großräumigen Wetterentwicklungen werden von regionalen Gegebenheiten beeinflusst. Dazu zählen in erster Linie Gebirge oder Höhenzüge und ihre speziellen Topografien. Aber auch Seen oder die Art der Vegetation erzeugen Luftdruckunterschiede, die mit bestehenden Hoch- und Tiefdrucksystemen wechselwirken. Diese komplexe Interaktion trägt wesentlich zur Unsicherheit einer Vorhersage bei. Es ist wichtig, verschiedene Größen, die die Wetterentwicklung beeinflussen können, sehr genau und an genügend vielen Orten zu kennen.

Die wichtigsten dieser Daten sind Luftdruck, Temperatur, Windge-schwindigkeit und -richtung, Luftfeuchtigkeit und Niederschläge. Sie wer-den nicht nur in Bodennähe, sondern in bestimmten Abständen bis in mehrere Kilometer Höhe bestimmt. Zur Erfassung dieser Daten bedient man sich verschiedenster Methoden.

Datenerhebung

Die umfassendste Sammlung von Daten erfolgt über genormte Mess-stationen an Land. Diese *Wetterhäuschen* nehmen laufend Werte auf und übermitteln sie elektronisch an übergeordnete Stellen. Dabei werden Luft-druck, Temperatur, relative Luftfeuchtigkeit, Menge und Dauer eines Niederschlags, Sonnenscheindauer und Intensität der Strahlung ermittelt. Zusätzlich geben örtliche Beobachter in größeren Zeitabständen den Grad und die Art der Bewölkung bzw. deren Untergrenze, die Sichtweite, die Art des Niederschlags oder die eventuelle Schneehöhe weiter.

Mit *Wetterballons* werden Luftdruck, Luftfeuchtigkeit, Temperatur, Wind-richtung und -stärke bis in große Höhen gemessen. Ein Ballon ist mit etwa 3 m^3 Wasserstoff gefüllt. Am Boden hat er einen Durchmesser von 1,8 m. Nach knapp 2 h erreicht der Ballon eine Höhe von über 30.000 km. Wegen des verminderten äußeren Luftdrucks bläht er sich dabei bis zu einem Durchmesser von etwa 15 m auf und platzt sodann. Die Messgeräte fallen mit einem Fallschirm zurück auf die Erde.

Wetterdaten werden auch durch Fernerkundung mittels *Satelliten* erhoben. Geostationäre Satelliten befinden sich in einer Höhe von etwa 36.000 km über dem Äquator. Da sie sich mit der Erde „mitdrehen", neh-men sie Fotos von immer derselben Position aus. Ein Satellit erfasst aus dieser Höhe 42 % der Erdoberfläche. Durch geostationäre Satelliten kön-nen zeitliche Entwicklungen des Wetters besonders gut beobachtet werden. Eine viel bessere räumliche Auflösung erzielen Satelliten, die in zirka 800 km Höhe die Erde umkreisen. Deren Bahnen laufen über beide Pole, und ein Umlauf wird in etwa 110 min bewältigt. Durch Messung der Infrarot-strahlung lassen sich auch in der Nacht Wolkenformationen erkennen bzw. Temperaturwerte von Erdboden und Meerwasser bestimmen.

Simulation

Aus einem Istzustand die weitere Entwicklung zu berechnen, zählt zum Wesen der Physik. Für die analytische und numerische Lösung von entsprechenden Differentialgleichungen sind geeignete Verfahren entwickelt worden. Bezüglich der Wettervorhersage müssen dabei aber mehrere Probleme bewältigt werden. Die Grundgleichungen bestehen aus einem gekoppelten System von Gesetzen der Strömungslehre, von Gasgesetzen und Zusammenhängen der Thermodynamik. Neben dieser Komplexität der zu lösenden Gleichungen stellen die nur unzureichend bekannten Anfangsbedingungen, der Istzustand, ein Problem dar, wobei dabei weniger die Genauigkeit der einzelnen Daten als die Anzahl und Engmaschigkeit der Messpunkte eine entscheidende Rolle spielen.

In Europa haben zwei Institutionen bezüglich Wettersimulationen eine zentrale Stellung, beide sind in England beheimatet. Es sind dies das Europäische Zentrum für mittelfristige Wettervorhersage (ECMWF) in Reading und Met Office in Exeter, das englische Wetterzentrum, das aber weltweit kurz-, mittel- und langfristige Prognosen erstellt. Die Wetterdaten werden in den einzelnen Ländern erhoben und international ausgetauscht. Insgesamt ergeben sich etwa 40 Mio. Daten pro Tag (Stand 2018). Die Herausforderung besteht darin, diese immense Datenmenge zu sammeln, zusammenzufassen und als Input für Prognoseprogramme umzusetzen.

Für die Simulationen wird ein Netz von Berechnungspunkten über die Erde gelegt. ECMWF erhöhte die Anzahl dieser Punkte im Jahr 2016 auf über 900 Mio. Der horizontale Abstand voneinander ist zirka 9 km, was zu etwa 9 Mio. Punkten auf der Erde führt. In vertikaler Richtung ist die Anzahl der Punkte etwa 100 bis in eine Höhe von 80 km. Für jeden dieser Punkte müssen Beobachtungsgrößen als Anfangszustand berechnet und ihre zeitliche Entwicklung durch die Lösung von Differentialgleichungen bestimmt werden. Die Ergebnisse werden laufend mit den realen Daten aus Wetterstationen, -ballons und -satelliten abgeglichen.

Rechenpower

Je enger das Netz der Rechenpunkte geknüpft ist, eine desto höhere Rechenleistung wird benötigt. Zu Beginn des Jahres 2018 standen am ECMWF zwei Supercomputer zur Verfügung, wobei in jedem 100.000 Prozessoren parallel arbeiten. Insgesamt ergibt dies eine Rechenleistung von 8,5 Peta-FLOPS. Ein FLOP (Floating Point Operation Per Second) entspricht einer Rechnung, z. B. eine Multiplikation von zwei Zahlen mit Kommastellen, pro Sekunde. Und die Vorsilbe Peta bedeutet 10^{15}, also 1 Mio. mal 1 Mio. mal 1000.

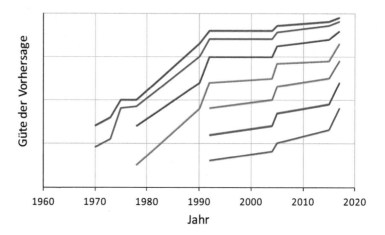

Abb. 4.2 Verbesserung der Druckprognose in den letzten 50 Jahren. Die Vorhersagen sind überprüft für einen Tag (dunkelblau), zwei Tage (lichtblau), drei Tage (dunkelgrün), vier Tage (hellgrün), fünf Tage (orange), sechs Tage (braun), sieben Tage (rot)

Prognose

Durch die vermehrte Anzahl von genauen Daten, die verbesserten Simulationsprogramme und die größere eingesetzte Computerleistung konnte in den letzten Jahren eine beachtenswerte Steigerung der Vorhersagegüte erzielt werden, wobei es einfacher ist, Druck und Temperatur annähernd richtig vorherzusagen, als Niederschläge zu prognostizieren.

Vereinfacht kann gesagt werden, dass derzeit bei stabiler Wetterlage eine Prognosegüte von über 90 % für den nächsten Tag besteht und von 50 % nach sieben Tagen. Bei unsicherer Großwetterlage ist die Güte für den nächsten Tag immer noch zwischen 80 % und 90 %. Für Tag sieben sinkt sie jedoch bereits unter 50 %.

Wie sich die Güte der Vorhersage in den letzten 50 Jahren verbessert hat, zeigt Abb. 4.2 anhand der Gültigkeit der Prognose für den Luftdruck im Nordatlantik bzw. in Mitteleuropa. Man erkennt bei verschiedenen Jahren Knicks in der Güte der Prognose. Diese sind durch Verbesserungen des Simulationsprogramms bzw. eine jeweilige Erhöhung der Computerleistung verursacht. Man sieht auch, dass die Güte für eine 7-Tage-Prognose heute etwa der einer 1-Tages-Prognose im Jahre 1970 entspricht.

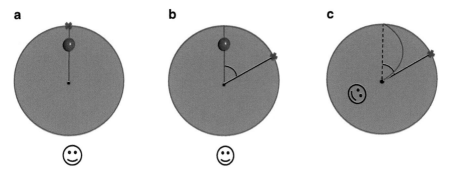

Abb. 4.3 Corioliskraft. **a** Ruhende Scheibe, **b** rotierende Scheibe, **c** Beobachter dreht sich mit der Scheibe mit

Corioliskraft

Druckunterschiede versuchen sich auszugleichen. Luft strömt in Form von Winden von Hoch- zu Tiefdruckgebieten. Dies geschieht allerdings nicht geradlinig, sondern auf gekrümmten Bahnen. Ein einfaches Beispiel mit einer zwei-dimensionalen Scheibe soll dies veranschaulichen (Abb. 4.3).

Eine Kugel befindet sich in der Mitte einer ruhenden Scheibe. Wird die Kugel angestoßen, rollt sie geradlinig nach außen (Abb. 4.3a). In Abb. 4.3b dreht sich die Scheibe im Uhrzeigersinn nach rechts. Ein Beobachter außerhalb der Scheibe sieht, dass die Kugel genauso auf einer geraden Linie nach außen rollt. Die Scheibe dreht sich unter der Kugel weg, sodass die Kugel den Rand der Scheibe an einem Punkt trifft, der links vom vorigen Auftreffpunkt liegt. Dreht sich der Beobachter mit der Scheibe mit, so sieht er die Kugel nicht auf einer geraden Linie rollen, sondern sich nach links wegbewegen (Abb. 4.3c). Jede gekrümmte Bahn ist aber auf eine Krafteinwirkung zurückzuführen. Darum schließt der Beobachter, dass auf die Kugel eine Kraft gewirkt hat. Diese Kraft wird als Corioliskraft bezeichnet.

Diese Kraft tritt jedoch nur für den mitbewegten Beobachter in Erscheinung. Die Situation ist sehr ähnlich der Kraft, die man beim Beschleunigen und Bremsen aufgrund der Trägheit verspürt. Auch die Zentrifugalkraft, die einen rotierenden Körper nach außen treibt, hat dieselbe Ursache. Alle diese Kräfte werden Trägheitskräfte genannt und treten nur in beschleunigten Systemen auf.

5

Wiener Würstel

„Heute hatte ich überhaupt noch keine Zeit zu essen", beklagt sich Kuno, der Handlungsreisende, „und in einer halben Stunde habe ich bereits den nächsten Termin. Aber für ein Paar Würstel sollte Zeit sein. Herr Oskar, ein Paar Frankfurter und ein Seidl Bier, bitteschön."

Die Mienen der Umsitzenden zeigen weniger Mitleid mit dem Hungerbedürfnis von Herrn Kuno als vielmehr gelangweilte Übereinstimmung, dass eine solche Situation für den Handlungsreisenden eher den Normalfall als eine Ausnahme darstellt.

„Ich bin vor einigen Wochen bei Verwandten in Deutschland gewesen, und da sagen sie zu den Frankfurter Würsteln ‚Wiener'. Aber ausgesehen haben sie wie Frankfurter." Frau Karla knüpft mit dieser Bemerkung an die Bestellung von Herrn Kuno an. „Und wie haben sie geschmeckt?", will Frau Hofrat wissen. „Auch wie Frankfurter", bekundet Karla. „Das kann doch wohl nicht sein", empört sich Frau Hofrat „entweder ist dies ein Namensdiebstahl, ein Wurstplagiat oder eine Kindsweglegung – jede Stadt schiebt der anderen den Namen zu. Im Besonderen, wenn keinerlei Unterschied besteht."

© Springer-Verlag GmbH Deutschland, ein Teil von Springer Nature 2019
L. Mathelitsch, *Physikalische Melange*, https://doi.org/10.1007/978-3-662-59260-1_5

„Ich glaube mich zu erinnern, dass es doch einen Unterschied gibt zwischen Frankfurter und Wiener, weiß aber nicht mehr welchen", meldet sich der Prokurist zu Wort. „Dann fragen wir doch Maurice. Der ist doch schon überall herum gekommen und erzählt es auch jedem, der es wissen oder nicht wissen will", schlägt Frau Hofrat vor.

Maurice ist der Küchenchef des Kaffeehauses. Nach einer Lehrzeit beim berühmten Sacher in Wien war er in verschiedensten Restaurants und Hotels in Deutschland, in Übersee und auf Schiffen beschäftigt. Obwohl er nie in Frankreich war, hat sich sein eigentlicher Name Moritz im Laufe der Wanderjahre in ein französisches Maurice gewandelt. Vor einigen Jahren ist er wieder in seine Heimatstadt zurückgekehrt, und dass er seine Erfahrungen gerade in diesem Kaffeehaus umsetzt, wird von den Gästen sehr geschätzt.

Besagter Maurice wird also von Herrn Oskar höflich aus der Küche gebeten und mit obiger Frage konfrontiert. „Das kann ich gerne und zur Zufriedenheit beantworten", meint Maurice. „Ich war nämlich nach meiner Sacher-Lehre viele Jahre im Ausland, unter anderem in der Gegend um Frankfurt." Frau Hofrat verkneift sich eine Bemerkung und rollt nur mit den Augen, andeutend, dass dies bereits zur Genüge bekannt sei. „Da ich in Deutschland immer wieder auf diese Frage angesprochen wurde, habe ich damals sogar Quellenstudien betrieben." „Und gibt es nun einen Unterschied oder nicht?", fragt Frau Hofrat ungeduldig.

„Zumindest zu Beginn gab es einen relativ großen. Ähnliche Würste waren in Deutschland bereits seit dem Mittelalter am Markt. Allerdings waren zur damaligen Zeit Rinder- und Schweinemetzger getrennte Berufe. Und für diese Art von Würsten durfte nur Schweinefleisch verwendet werden." Nach einer allgemeinen Verwunderung über diese Berufstrennung fährt Maurice fort:

„Ein gewisser Georg Lahner aus Franken lernte in Frankfurt das Handwerk eines Fleischers. Er kam dann nach Wien und eröffnete 1804 eine eigene Fleischhauerei, wie es im Osten von Österreich statt Metzgerei heißt. Hier gab es diese strenge Trennung in Rind- und Schweinefleisch nicht, und Georg Lahner gab in seine Wurst ein Gemisch aus beidem. Seine Würste fanden nicht nur bei der Bevölkerung großen Zuspruch. Als sich sogar Kaiser Franz I. Würste vom Lahner zum Gabelfrühstück holen ließ, war das Gericht hoffähig und der Erfolg nicht mehr aufzuhalten. Herr Lahner starb als begüterter Herr."

„Wenn ich es also kurz zusammenfassen darf", meint der Prokurist, „dann kamen die Würstchen ursprünglich aus Frankfurt. Dies war aber eine Vorgängerversion. Die endgültige Rezeptur erhielten sie in Wien, von wo diese Art wieder nach Deutschland zurückwanderte. Und darum diese beiden Namen." „Vollkommen richtig", bestätigt Maurice.

Bevor Maurice entschwindet, hat der Prokurist aber noch eine Frage. „Da wir gerade bei den Würsten sind. Ich habe einmal den Ausdruck Opferwurst gehört." „Was ist das wieder für ein Blödsinn?", kommentiert Frau Hofrat. „Man opfert in der Kirche, aber keine Wurst." „Das ist kein Blödsinn, liebe Frau", entgegnet Maurice, „sondern hat eine besondere Bewandtnis." Trotz der spitzen Bemerkung „Na, da bin ich jetzt aber neugierig" fährt Maurice freundlich fort.

„Wenn Würstchen gekocht werden, geht immer etwas vom Saft der Wurst durch die Haut nach außen. Das merkt man am fettigen Wasser nach dem Kochen. Und wenn man die Würste zu lange im Wasser lässt, werden sie geschmacklos, weil sowohl Saft nach außen als auch Wasser nach innen gelangt. Wenn man allerdings vorher ein Würstchen zerschneidet und etwas kochen lässt, so ist das Wasser bereits mit dem Saft gesättigt, und der vorhin erwähnte Prozess findet nicht oder in geringerem Ausmaß statt. Die Würstchen bleiben saftig und geschmacklich vollmundig."

„Das leuchtet mir ein", bekundet Frau Hofrat, „und wie oft findet diese Opferung statt?" „Bei mir gar nicht", entgegnet Maurice „Ich gebe etwas Salz ins Wasser. Das hat denselben Effekt." Mit diesen Worten entschwindet Maurice in die Küche, wo gleich darauf seine Stimme, allerdings in etwas lauterem Ton, zu hören ist, danach eine leisere des Küchenjungen. Kurz danach kommt Herr Oskar mit der Entschuldigung zum Handlungsreisenden, dass die Würstchen zu lange in zu heißem Wasser gelegen und aufgesprungen sind und deshalb neue gekocht werden müssen.

Während der Handlungsreisende überlegt, ob er auf die Frankfurter oder auf den Termin verzichten soll, ergänzt der Professor die Diskussion mit der Frage, ob es schon aufgefallen ist, dass die Würste immer nur der Länge nach aufspringen bzw. in der Quere nur dann, wenn man hineinsticht. Dem teilweise Bejahen und Verneinen der Frage fügt er als Kommentar hinzu: „Wenn man Würstchen kocht, bildet sich innen ein Überdruck auf. Man kann berechnen, dass die Spannung der Wursthaut in Querrichtung größer ist als in Längsrichtung. Darum reißen sie nicht in zwei Teile, sondern bilden einen längsseitigen Riss."

Und Frau Hofrat beendet den Diskurs mit der Bemerkung, dass Maurice heute kein Salz benötigt, weil der Lehrling unfreiwillig ein Opferwürstchen produziert hat.

Diffusion und Osmose

Vermischen sich zwei verschiedene Flüssigkeiten oder Gase selbstständig, so spricht man von Diffusion (Kap. 2). Auch den selbstständigen Ausgleich eines Stoffes mit unterschiedlichen Konzentrationen nennt man Diffusion. Die ersten Gesetzmäßigkeiten darüber fand der schottische Chemiker Thomas Graham Mitte des 19. Jahrhunderts. Er konnte zeigen, dass die Geschwindigkeit der Diffusion von der Temperatur und vom Konzentrationsunterschied abhängt. Genauer formulierte dies kurz danach der deutsche Physiologe Adolf Fick in den zwei sogenannten Fickschen Gesetzen, die im Kasten am Ende des Kapitels mathematisch formuliert sind.

Zwischen dem Inneren einer Wurst und dem Kochwasser besteht nicht nur ein Konzentrationsunterschied, es trennt sie auch die Wursthaut. Allerdings ist die Wursthaut keine unüberwindliche Barriere; sie ist für einige Stoffe durchlässig, für andere weniger (semipermeabel). Den Durchgang durch eine solche Schicht nennt man Osmose, und sie ist für den Flüssigkeits- und Nahrungstransport bei Pflanzen und Tieren enorm wichtig.

Vereinfachen wir unser Würstchen im Kochwasser zu einem Topf mit einer semipermeablen Wand in der Mitte. Links und rechts sind zwei unterschiedliche Flüssigkeiten (Abb. 5.1a). Die Moleküle der linken Flüssigkeit können leichter durch die Wand diffundieren, die der rechten schwerer oder

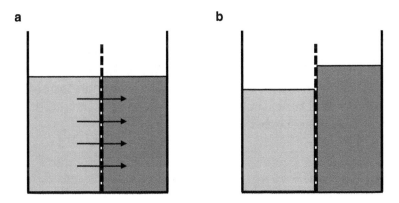

Abb. 5.1 In der Mitte des Gefäßes befindet sich eine semipermeable Wand. a Auf beiden Seiten befinden sich gleiche Mengen entweder unterschiedlicher Flüssigkeiten oder Flüssigkeiten unterschiedlicher Konzentration. b Kann die linke Flüssigkeit leichter durch die Membran diffundieren als die rechte bzw. ist die Konzentration auf der linken Hälfte geringer als auf der rechten, so steht nach einiger Zeit die Flüssigkeit auf der rechten Seite höher als auf der linken

gar nicht. Dadurch steigt der Flüssigkeitspegel in der rechten Hälfte allmählich an (Abb. 5.1b).

Ähnliches passiert, wenn sich in den beiden Hälften Wasser mit unterschiedlichem Salzgehalt befindet. In der linken Hälfte des Gefäßes von Abb. 5.1 ist Wasser mit einer geringeren, in der rechten mit einer höheren Salzkonzentration. Wassermoleküle können sich durch die Wand bewegen, die Salzmoleküle nicht. Wir haben bei der Diffusion bereits gesehen, dass sich unterschiedliche Konzentrationen auszugleichen versuchen. Da die Salzmoleküle nicht durch die Wand in die linke Hälfte gelangen können, kann der Konzentrationsunterschied nur dadurch verringert werden, dass sich mehr Wassermoleküle nach rechts durch die Wand bewegen als nach links. Die hohe Konzentration in der rechten Hälfte wird verdünnt, der Flüssigkeitspegel steigt dafür an (Abb. 5.1b).

Dieser Effekt lässt etwa reife Kirschen nach einem Regen aufplatzen. Die Zuckerkonzentration in den Kirschen ist weit höher als in dem Wasser, das an der Haut haftet. Zur Verringerung des großen Konzentrationsunterschieds dringen Wassermoleküle durch die Haut. Wird der Innendruck jedoch zu hoch, platzt die Kirsche auf.

Doch kehren wir zur Wurst zurück. Gibt man Würstel in reines Wasser, diffundiert Wasser in die Wurst, und etwas Wurstsaft tritt aus der Wurst raus. Da die Salzkonzentration im Inneren der Wurst im Allgemeinen höher ist, wird mehr Wasser durch die Wursthaut nach innen gelangen als nach außen. Die Wurst wird damit praller, aber auch geschmacksärmer. Gibt man Salz in das Wasser, so gleichen sich die Konzentrationen innen und außen annähernd an, und der vorhin geschilderte Prozess wird verlangsamt oder kommt zum Erliegen.

Nimmt man nur so wenig Wasser, dass die Würstel nicht vollständig bedeckt sind, so leistet der entstehende Wasserdampf noch effizientere Arbeit. Er gelangt noch eher durch die Wursthaut, weil die Dampfmoleküle beweglicher sind. Da sie damit auch mehr Energie mit transportieren, werden die Würstel sogar rascher heiß.

Kesselformel

Wenn man Würste zu heiß kocht, kann es zusätzlich zum Prozess der Osmose zu einem Verdampfen von Flüssigkeit im Würstel kommen. Der Dampf kann nicht rasch genug entweichen, sodass sich ein Überdruck aufbaut. Wird dieser zu groß, platzt die Wursthaut. Das Kochwasser für Würstel sollte deswegen immer unter 100 °C, am besten so bei 90 °C liegen.

Wenn man die Wurst vor dem Kochen mit einer Nadel an einigen Punkten ansticht, hilft dies ebenfalls, den Druck niedriger zu halten.

Wenn die Wurst platzt, so geschieht dies immer in Längsrichtung. Dies trifft genauso auf unter Überdruck stehende Rohre oder Kessel zu. Darum findet man die Gesetzmäßigkeiten unter der Bezeichnung Kesselformel, manchmal auch als Bockwurstgleichung.

In der Wurst herrscht ein Überdruck p. Dieser erzeugt eine Kraft in Längsrichtung (Abb. 5.2a), der die Wurst quer reißen lassen würde, und eine in Querrichtung, die einen Längsriss bewirken würde (Abb. 5.2b). Die Längskraft F_L ergibt sich aus dem Produkt von Druck p und der entsprechenden Fläche, d. h. die Querschnittsfläche der Wurst mit Radius r:

$$F_L = p \cdot r^2 \cdot \pi$$

Diese Kraft erzeugt eine Spannung σ_L, die die Wursthaut in die Länge zieht. Wenn die Wursthaut eine Dicke d hat, so ist die Fläche A_r, auf die die Spannung wirkt, gegeben durch (Abb. 5.2a)

$$A_r = 2 \cdot r \cdot \pi \cdot d.$$

Damit ergibt sich als Gesamtspannung (das ist die Kraft pro Fläche) in Längsrichtung:

$$\sigma_L = \frac{F_L}{A_r} = \frac{p \cdot r}{2 \cdot d}$$

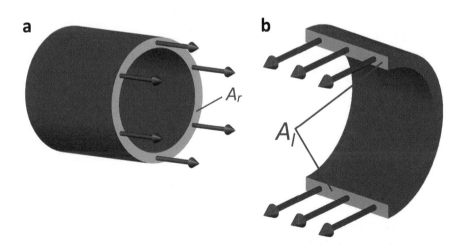

Abb. 5.2 **a** Spannungen, die quer zur Haut wirken. **b** Spannungen, die einen Riss in Längsseite verursachen können

Die relevante Fläche in Querrichtung ist der Querschnitt der Wurst in Längsrichtung (Abb. 5.2b), was die Kraft

$$F_Q = p \cdot 2 \cdot r \cdot l$$

ergibt, wobei l die Länge der Wurst ist.

Die für die Spannung σ_Q entsprechende Fläche A_l berechnet sich aus der Dicke der Wursthaut d und der Länge der Wurst l:

$$A_l = 2 \cdot l \cdot d$$

Daraus ergibt sich die Querspannung:

$$\sigma_Q = \frac{F_Q}{A_l} = \frac{p \cdot r}{d}$$

Die Querspannung ist also doppelt so hoch wie die Längsspannung, wodurch Würste, wie Rohre, in der Regel der Länge nach aufspringen.

Ficksche Gesetze

Die erste Ableitung einer Funktion einer Variablen *f(x)*, die als *f'(x)* oder $\frac{df(x)}{dx}$ geschrieben werden kann, gibt die Stärke der Änderung von *f(x)* bei Variation der Größe *x* an. Ist eine Größe von zwei Variablen abhängig, z. B. vom Ort *x* und der Zeit *t*, also *f(x, t)*, so wird die Stärke der Änderung der Funktion in Abhängigkeit einer Variablen (die zweite wird konstant gehalten) als partielle Ableitung bezeichnet und angeschrieben als

$$\frac{\partial f(x,t)}{\partial x} \text{ bzw.} \frac{\partial f(x,t)}{\partial t}.$$

Die Konzentration *c* einer Substanz in einer Flüssigkeit kann etwa als Anzahl von Teilchen dieser Substanz in einem bestimmten Volumen der Flüssigkeit angegeben werden. Sie ist im Allgemeinen nicht konstant, sondern variiert örtlich und zeitlich. Im Folgenden wollen wir nur die Änderung in der Raumdimension *x* betrachten, also *c(x, t)*.

Das *erste Ficksche Gesetz* besagt, dass der Strom *J* von Teilchen durch eine bestimmte Fläche und pro Sekunde vom Ortsgefälle der Konzentration abhängt:

$$J(x,t) = -D \cdot \frac{\partial c(x,t)}{\partial x}$$

Die Größe *D* ist die in Kap. 2 eingeführte und temperaturabhängige Diffusionskonstante. Das Minuszeichen erklärt sich dadurch, dass die Ableitung, der

Gradient, die Änderung zu größeren Werten als positiv angibt, der Strom der Teilchen sich jedoch von höherer zu niederer Konzentration bewegt.

Das zweite Ficksche Gesetz basiert auf der sogenannten *Kontinuitäts-gleichung*:

$$\frac{\partial c(x,t)}{\partial t} = -\frac{\partial J(x,t)}{\partial x}$$

Diese Gleichung besagt, dass die zeitliche Änderung der Konzentration in einem bestimmten Volumen abhängt von der Differenz, wie viele Teilchen in das Volumen einfließen bzw. aus ihm ausströmen. Fließen gleich viele zu wie ab, d. h. $\frac{\partial J}{\partial x} = 0$, so ändert sich auch die Konzentration in diesem Volumen nicht.

Setzt man das erste Ficksche Gesetz in die Kontinuitätsgleichung ein, erhält man das *zweite Ficksche Gesetz*:

$$\frac{\partial c(x,t)}{\partial t} = D \cdot \frac{\partial^2 c(x,t)}{\partial x^2}$$

Es bildet einen Zusammenhang zwischen der zeitlichen Änderung einer Konzentration mit dessen räumlicher Anordnung.

6

Beam me up

Kuno, der Handlungsreisende blickt um sich. „Heute habe ich endlich einmal mehr Zeit. Ich wollte den Professor bitten, dass er sein Versprechen einhält, uns etwas übers Beamen zu erzählen. Und was ist? Der Professor ist nicht da." „Ich habe ihn die ganze vergangene Woche nicht gesehen", meint die Sängerin Renée, „hoffentlich ist er nicht krank." Auch Herr Oskar, der Ober, kann nichts Genaueres berichten. Im Laufe des Gesprächs kommt zutage, dass man vom Professor eigentlich nicht viel weiß. „Da wir nur Professor zu ihm sagen, ist mir sogar sein Name entfallen", meint Renée. „Ich glaube, Franz", vermutet Karla, „genauso hat mein Großvater geheißen – oder Friedrich." „Wie jetzt?", fragt Frau Hofrat nach. „Ich weiß nicht. Ich hatte zwei Großväter, einen Franz und einen Friedrich." „Bei der großen Verwandtschaft täte es mich nicht wundern, wenn sie noch einen dritten Großvater hervorzauberte", murmelt Frau Hofrat vor sich hin. „Ich vermeine mich auch zu erinnern, dass der Name Franz war", bestätigt der Prokurist, „aber ist Franz sein Vorname oder sein Nachname? Aber da wir ja keine Adresse kennen, nützt uns der Name auch nicht viel."

„Brauchen wir überhaupt den Professor?", bringt sich der Student ein. „Wir haben ja das hier, und da ist sämtliches Wissen enthalten." Er hält sein mobiles Gerät in die Höhe. Der Kommentar „Na, denn!" von Frau Hofrat wird vom Studenten als Aufforderung angesehen, und er bearbeitet in der Folge intensiv sein digitales Hilfsmittel. Obwohl sich die anderen in der Zwischenzeit analogen Aktivitäten hingeben, dem Verzehr von Kuchen und Kaffee, der Lektüre einer Zeitung, freundschaftlichen Gesprächen, fragt Frau

Hofrat doch nach einiger Zeit nach, was denn nun in dem gescheiten Apparat stünde.

Etwas kleinlaut antwortet der Student: „Was Beamen bedeutet, nämlich das Überführen eines Körpers in möglichst kurzer Zeit von einem Ort zum anderen, ist ja bekannt und wird in Science-Fiction-Filmen wie *Star Trek* bereits seit vielen Jahren, ja Jahrzehnten eindrucksvoll praktiziert. Aber wenn ich Erklärungen dafür suche, komme ich gleich zu Quantenteleportation, verschränkten Systemen, und auch die Namen Alice und Bob tauchen immer wieder auf." „Was heißt das jetzt?", fragt Frau Hofrat. „Dass meine wenigen, jetzt schon einige Zeit vergangenen Semester in Meteorologie und Physik doch nicht ausreichen, um Ihnen das Beamen erklären zu können", muss der Student eingestehen.

„Aber Quantenteleportation ist ja das, was der Zeilinger macht", erinnert sich der Prokurist.

Angesprochen ist dabei Universitätsprofessor Dr. Anton Zeilinger, derzeit an der Universität Wien lehrend und auch Präsident der Österreichischen Akademie der Wissenschaften. Nun mag die Anrede „der Zeilinger" etwas despektierlich klingen – in Wirklichkeit ist sie das Gegenteil. Wenn in Österreich jemand die höchsten Stufen in seinem Bereich erklommen hat, dann verschwinden Titel und Vornamen. Die Bezeichnungen „der Klammer" oder

„die Koller" zeigen, dass diese Personen von der Allgemeinheit nicht nur in den Bekanntheitsolymp gehoben, sondern vom Volk mit Stolz vereinnahmt worden sind. Dies betrifft meist Künstler oder Sportler, in seltenen Fällen aber auch Wissenschaftler, wie eben den zitierten Anton Zeilinger.

„Ja, aber wir haben weder den Zeilinger noch den Professor hier, und darum werden wir wohl nicht so schnell erfahren, was das mit dem Beamen auf sich hat", schließt Frau Hofrat die Debatte ab.

Allerdings nur vorläufig. Denn in diesem Moment geht die Tür auf, und der Professor humpelt mit Gipsfuß auf zwei Krücken herein. Nachdem man ihm behilflich ist, eine bequeme Sitzgelegenheit zu basteln, meint der Professor: „Man sollte im Alter keine Fehltritte mehr machen. Meiner, von der Kellerstiege, führte dazu, dass ich mir das Sprunggelenk gebrochen habe. Nach einigen Tagen Bettruhe mit Liegegips bin ich heute zum ersten Mal wieder auswärts unterwegs. Deshalb werde ich meinen Kaffee und die Topfentorte jetzt sehr genießen."

In andächtiger Ruhe und ohne Störung kann der Professor das Gewünschte zu sich nehmen. Dann beginnen allerdings mehrere gleichzeitig zu sprechen: „Wir sind froh, dass Ihnen nicht mehr passiert ist." „Ich habe mir vor fünf Jahren auch den Fuß gebrochen." „Wir haben nicht einmal gewusst, wie wir Sie erreichen könnten." „Und ich war heute mit der Absicht gekommen, Sie zu bitten, uns das Beamen näherzubringen." „Der Student konnte es uns überhaupt nicht erklären", beendet Frau Hofrat diesen Schwall von Sätzen.

„Diesbezüglich muss ich um Nachsicht für den jungen Mann bitten. Das Beamen und die Hintergründe sind wirklich schwer zu verstehen und wahrscheinlich noch schwieriger zu erklären. Aber wenn Sie sich darauf einlassen wollen, dann werde ich es zumindest versuchen."

Nach allgemeiner Zustimmung beginnt der Professor wohl nicht so, wie von den anderen erwartet: „Das Beamen, d. h. eine Übertragung eines Menschen von einem Ort zu einem anderen, wird wohl nie gelingen. Dabei müssten alle kleinsten Teile, Atome, Moleküle, in ihren ganz spezifischen Zuständen bestimmt, zerlegt und dann wieder genau gleich aufgebaut werden. Der Körper eines Menschen mit 70 kg ist von etwa 10^{28} Atomen aufgebaut. Das ist eine Eins mit 28 Nullen dahinter. Sie können sich damit wohl vorstellen, dass ein solches Unterfangen wie vorhin skizziert völlig unmöglich ist."

Da der Professor eine erwartungsvolle Neugier der Runde in enttäuschte Ratlosigkeit gerutscht sieht, fährt er rasch fort: „Aber dennoch bleibt Beamen ein ambitioniertes Ziel der Physik, nur muss halt klein begonnen werden, und dabei war man auch bereits ziemlich erfolgreich." „Heißt das, dass man schon ein einzelnes Atom teleportiert hat?", fragt der Prokurist. „Nein, auch so weit ist man noch nicht. Aber man hat dies mit einem noch kleineren Teilchen gemacht, mit Lichtteilchen, Photonen genannt." „Ist Licht nicht eine elektromagnetische Welle?", entgegnet der Student. „Ja und nein. Licht ist weder eine Welle noch ein Teilchen, sondern beides. Eigentlich ist Licht etwas Drittes, das wir schwer benennen können, das sowohl Eigenschaften von Wellen, aber auch von Teilchen hat. Dasselbe gilt aber auch für Elektronen, die man für lange Zeit als Teilchen gesehen hat, die aber auch Welleneigenschaften haben."

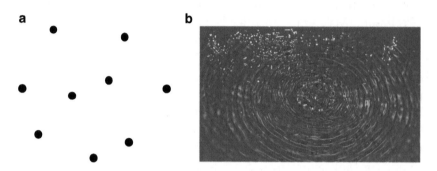

„Das müssen Sie mir nun aber schon genauer erklären", fordert der Prokurist. „Für mich sind Welle und Teilchen etwas ganz Verschiedenes. Eine Welle ist ausgedehnt, und ein kleines Teilchen wie ein Elektron habe ich mir immer so wie einen Punkt vorgestellt." „Den Unterschied könnte man nicht treffender ausdrücken", pflichtet der Professor bei.

„Allerdings trifft er nur auf klassische Wellen und Teilchen zu. Mit klassisch meine ich Dinge unserer Umgebung wie Wasserwellen oder Staubteilchen. Wenn man allerdings in die Welt der kleinsten Dinge, in die Quantenwelt, absteigt, dann verschwimmen die Begriffe. Ein Elektron kann einerseits über einen gewissen Raum verteilt sein und sich andererseits wie ein fast unendlich kleiner Punkt verhalten. Das ist für den Hausverstand schwer verständlich, und als Anfang des 20. Jahrhunderts das Tor zur Quantenwelt geöffnet wurde, waren auch die Physiker nicht darauf vorbereitet, welch unerwartete und auch skurrile Zusammenhänge sich zeigen würden. Aber wenn ich das Beamen erklären will, muss ich noch mehr davon erzählen."

„Nun habe Sie uns aber doch wieder neugierig gemacht", meint Karla. Darauf bestellt sich der Professor ein Glas Rotwein. Vielleicht zum Anlass seines ersten Ausflugs nach dem Fußbruch oder wegen des allgemeinen Interesses an diesem Thema.

„Eine weitere Überraschung hat die Bezeichnung Superposition oder Überlagerung. Lassen Sie es mich an einem einfachen, zugleich auch sehr persönlichen Beispiel erklären."

Nach einem genussvollen Schluck Rotwein fährt der Professor fort: „Nachdem unsere kleine Tochter geboren wurde, hatten meine Frau und ich die Angewohnheit, als Talisman und Glücksbringer kleine Söckchen unserer Tochter bei uns zu tragen. Die Söckchen hatten einen kleinen Bommel auf der Seite, sodass man zwischen links und rechts unterscheiden konnte. Meine Frau hatte also den rechten Socken und ich den linken, oder umgekehrt. Natürlich war uns nicht immer bewusst, welchen Socken wir jeweils genommen haben, aber es war natürlich entweder der linke oder der rechte in meiner Tasche." „Nun bin ich aber neugierig, wie Sie von dieser romantischen Erzählung auf die Quantenphysik kommen", wundert sich Kuno. „Ganz einfach oder, wie Sie sehen werden, eigentlich nicht so einfach: Das Überraschende ist nämlich, dass bei quantenmechanischen Socken beide Möglichkeiten gleichzeitig in der Tasche sind, also quasi ein Socken, der jedoch beiderlei Gestalt annehmen kann. Erst wenn ich hineinsehe, nimmt er eine Gestalt an, z. B. als linker Socken. Wenn ich nicht hineinschaue, bleiben weiterhin beide Möglichkeiten bestehen."

„Also das ist Hokuspokus oder ein Zaubertrick, aber nicht mit mir", beurteilt Frau Hofrat. „Nein, ist es nicht. Aber gegen dieses Verhalten revoltiert nicht nur Ihr gesunder Hausverstand, gnädige Frau. Viele Physiker nahmen dies nicht für wahr. Dies wurde sogar in überspitzten Fragen formuliert wie etwa: Ist der Mond nicht da, wenn ich nicht hinaufsehe?"

„Wollen Sie mir jetzt auch weismachen, dass der Mond auch eine quanten-mechanische Überlagerung von Vollmond und Neumond ist?" Frau Hof-rat fühlt sich immer mehr verschaukelt. „Natürlich existiert der Mond in seiner ganzen Schönheit, ob voll oder nicht von der Sonne beschienen", beruhigt der Professor. „Und natürlich war in meiner Tasche immer ein lin-ker Socken, egal ob ich ihn bewusst oder unbewusst eingesteckt habe und ob ich einmal hineingesehen habe oder nicht. Die Superposition kommt nur bei äußerst kleinen Teilchen zum Tragen, bei Quantenobjekten wie Licht-teilchen, Elektronen, Atomen, Molekülen. Aber für diese ist sie unzählige Male bewiesen."

„Haben Sie noch eine weitere solche Überraschung auf Lager?" Auch Kuno blickt eher skeptisch. „Ja, und die heißt Verschränkung." „Davon habe ich eben auch gelesen", meint der Student, „aber verstanden habe ich es nicht." „In der Welt der Socken ist Verschränkung etwas sehr Banales", fährt der Professor mit seinem Vergleich fort. „Ein Paar besteht aus einem rech-ten und einem linken Socken, sie gehören zusammen. Diese Tatsache ist ihre Verschränkung, ihre Verbindung zueinander. Aber durch die Superposition sieht die Verschränkung quantenmechanisch viel geisterhafter aus." „Erzäh-len Sie nur", meint Karla, „unsere Hemmschwelle für Absonderlichkeiten ist bereits sehr niedrig."

„Wir haben gesagt, dass der quantenmechanische Socken beiderlei Gestalt haben kann, links und rechts. Und erst durch Hineinsehen wird er zu einem linken oder rechten. Die beiden Socken sind jedoch verschränkt. Wenn weder meine Frau noch ich hineinschauen, so haben wir beide eine Überlagerung aus beiden. Wenn ich jedoch in meine Tasche schaue und sehe, dass ich einen lin-ken Socken habe, so hat meine Frau aufgrund der Verschränkung automatisch einen rechten. Durch mein Hineinsehen hat sich damit nicht nur mein Sockenzustand, sondern auch der meiner Frau geändert. Und dies, obwohl meine Frau kilometerweit von mir entfernt sein kann. Ich habe also durch mein Tun in großer Entfernung etwas beeinflusst."

Nach einiger Zeit andachtsvoller Stille schiebt Norbert seinen Hut noch etwas schiefer auf den Kopf. „Bin ich froh, dass ich auf dem Lande auf-gewachsen bin", meint er, „dort gibt es Gott sei Dank keine Quanten-physik." „Dem kann ich natürlich nicht zustimmen", entgegnet der Professor mit belustigtem Schmunzeln. „Auch auf dem Lande basieren, wie auf sämtlichen anderen Sternen, alle physikalischen, chemischen und biologischen Prozesse auf der Quantenmechanik. Allerdings, und da haben Sie recht, sind die nicht unbedingt direkt sichtbar. Und bis zu Beginn des 20. Jahrhunderts hat man die Welt ganz gut auch ohne Quantenphysik verstanden. Dann zeigten sich aber gravierende Löcher in der Erklärung. Warum die Marmorplatte dieses Kaffeetischs so fest ist und so schön weißlich schimmert, konnte letztlich erst mit der Quantenphysik erklärt werden."

Trotz dieser Aussage scheint doch noch Unbehagen zu herrschen. „Sind Sie sicher, dass dies alles stimmt, was Sie uns hier gesagt haben?", drückt Karla dieses Gefühl ziemlich deutlich aus. „Ihre Frage ist völlig berechtigt, und auch die Physiker stellen sie sich fortwährend", bestätigt der Professor. „Ein Qualitätsmerkmal für die Richtigkeit eines physikalischen Gesetzes oder einer Theorie besteht darin, wie gut experimentelle Beobachtungen wiedergegeben oder – noch besser – Resultate von erst zu machenden Experimenten vorhergesagt werden können. Und diesbezüglich ist die Quantenphysik zum Teil weit besser als die Mechanik. Erstaunlich, aber wahr."

„Mit dem Beamen wird es also nichts", schließt Frau Hofrat ab. „Wenn mich meine Füße einmal nicht mehr so gut tragen, werde ich mich also nicht von meiner Wohnung in das Kaffeehaus beamen können." „Das nicht", stimmt der Professor zu, „aber ich kann Ihnen eine andere Möglichkeit anbieten. Eine spezielle Technologie ist bereits fast so weit entwickelt, dass Sie einerseits zuhause sitzen können, gleichzeitig aber bei uns in voller Schönheit auf Ihrem Sessel thronen und mit uns plaudern können." „Wollen Sie mich jetzt zum Schluss nochmals zum Narren halten, oder wie?", reagiert Frau Hofrat ungehalten. „Nein, nichts läge mir ferner. Das Zauberwort heißt Holografie. Aber dafür ist es heute wohl schon zu spät. Und außerdem schmerzt mein Fuß allmählich. Ich wünsche Ihnen noch einen schönen Abend." Damit hievt sich der Professor nach Bezahlung der Rechnung unter tatkräftiger Unterstützung der anderen auf seine Krücken und bewegt sich langsam in Richtung Tür.

Superposition

Das Wesen der quantenmechanischen Superposition kann man wohl am besten mit dem sog. Doppelspaltversuch erkennen.

Beginnen wir klassisch. Hat man in einer Wand zwei parallele Öffnungen und dahinter einen Schirm, so ergeben sich zwei unterschiedliche Muster auf dem Schirm, je nachdem ob man von links mit Teilchen auf die Wand schießt oder ob Wellen darauf zu strömen.

Schießt man mit vielen Teilchen auf die Wand, so gibt es jeweils Häufungen hinter den zwei Spalten, wenn nur ein Spalt offen ist. Können die Teilchen durch beide Spalte fliegen, kommt es zu einer Überlappung der beiden Bereiche (Abb. 6.1).

Treffen Wellen auf die Wand und die Spalte, so sind die Spalte Ausgangspunkte von sich radial ausdehnenden Wellen. Dabei kommt es zu einer Überlagerung der beiden Wellen: Es gibt maximale Verstärkungen, wenn sich zwei Wellenberge addieren bzw. eine Auslöschung, wenn ein Wellenberg auf ein Wellental trifft. An einer Fläche normal zur Ausbreitung der Wellen ergibt sich eine Abfolge von Wellenbergen und -tälern (Abb. 6.2).

So weit klassisch. Doch nun zu quantenphysikalischen Objekten. Wenn ich dasselbe Experiment mit Licht durchführe, erhalte ich ein ähnliches Ergebnis wie mit Wellen. Das kann man noch verstehen, wenn man Licht als elektromagnetische Welle sieht. Wenn ich das Experiment jedoch mit Elektronen durchführe, so erhalte ich ebenfalls ein „Wellenbild" und kein „Teilchenbild". Quantenmechanische Teilchen haben also Welleneigenschaften.

Man könnte diese Überlagerung so interpretieren, dass die Elektronen rechts und links praktisch gleichzeitig durch die beiden Spalte gehen und sich danach wie Wasserwellen ausbreiten. Diese Wellen interferieren miteinander.

Wenn ich die Zahl der Elektronen reduziere, wird das Bild am Schirm schwächer, es zeigt sich jedoch noch immer dasselbe Muster. Ich kann die Zahl der Elektronen sogar so gering halten, dass nur ein Elektron gestartet wird und das nächste erst dann, wenn das vorige am Schirm angelangt ist. Dennoch ändert sich die Struktur des Bildes nicht. Das heißt jedoch, dass ein einzelnes Elektron mit sich selbst interferiert!

Die Interpretation der Quantenmechanik dafür ist folgende: Für das Elektron sind beide Spalte offen; es hat die Möglichkeit durch beide Spalte zu gehen. Damit hat das Elektron gleichwertig beide Möglichkeiten, zwei gleichwertige Zustände, entweder links oder rechts durchzugehen. Durch diese Superposition bestehen beide Möglichkeiten, und diese interferieren miteinander.

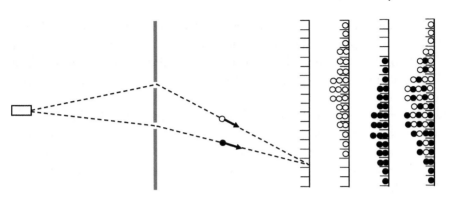

Abb. 6.1 Doppelspaltversuch mit Teilchen. **a** Die Teilchen können durch beide Spalte fliegen. **b** Nur der erste Spalt ist offen. **c** Nur der zweite Spalt ist offen. **d** Beide Spalte sind offen. Die Teilchen aus beiden Spalten addieren sich

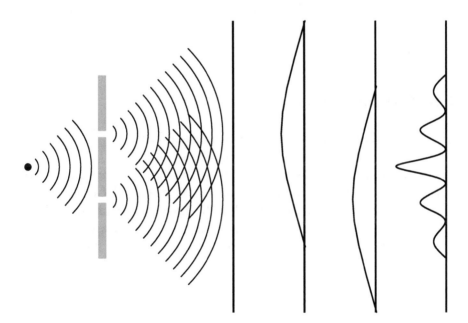

Abb. 6.2 Doppelspaltversuch mit Wellen. **a** Von den zwei Spalten gehen wieder zwei Wellen aus. **b** Intensität am Schirm, wenn nur der erste Spalt offen ist. **c** Intensität, wenn nur der zweite Spalt offen ist. **d** Intensität, wenn beide Spalte offen sind. Die Überlagerung der Wellen erzeugt abwechselnd Wellenberge und -täler

Nun kann ich vor oder hinter einem der Spalte einen Zähler aufstellen. Etwa einen Apparat, der „klick" macht, wenn ein Elektron durchfliegt. Durch die Anwesenheit des Zählers ist garantiert, dass ich weiß, ob das Elektron durch den rechten oder den linken Spalt fliegt. In dem Moment, in dem ich den Zähler aufstelle, verändert sich die Struktur am Schirm; sie wird zum „Teilchenbild". Wenn beide Möglichkeiten unbeobachtet offenstehen, kommt es zur Interferenz, und wenn ich messend eingreife, dann ist der Spalt bestimmt, durch den das Elektron fliegt, und es bildet sich eine Überlagerung der Auftreffpunkte wie bei den klassischen Teilchen in Abb. 6.1.

Da dies so ungewöhnlich scheint, haben Physiker das Experiment noch weiter ausgebaut. Sie haben einen sog. Quantenradierer erfunden. Damit wird das Resultat des Zählers nach dem Durchgang des Teilchens gelöscht. Die Information, ob das Elektron links oder rechts durchgegangen ist, geht wieder verloren. Dann haben wir wieder die Situation wie zuvor, eine Superposition zweier gleichartiger Möglichkeiten, und es ergibt sich wieder das „Wellenbild".

Bellsche Ungleichung

In der klassischen Physik sind zwei Thesen unangefochten:

1. *Objektiver Realismus*: Das Ergebnis eines Experiments steht schon vor der Messung fest. Wenn ich das Experiment mit genügend Genauigkeit ein zweites Mal durchführe, kommt dasselbe Ergebnis heraus. Wenn nicht, dann habe ich eine bestimmte Eigenschaft des zu messenden Objekts übersehen, und diese hat zwischen den beiden Messungen ihren Wert verändert. Die Eigenschaften sind real und objektiv; sie existieren auch ohne Messung.
2. *Lokalität*: Informationen können höchstens mit Lichtgeschwindigkeit ausgetauscht werden. Ein Ereignis kann ein anderes nur dann beeinflussen, wenn das zweite Ereignis später eintritt, und zwar so viel später, wie Licht bzw. Information für den Weg vom ersten zum zweiten Ereignis mindestens benötigt.

Beide Aussagen bzw. Bedingungen scheinen in der Quantenphysik verletzt zu sein. Der radioaktive Zerfall ist ein Beispiel gegen den objektiven Realismus: Von einer radioaktiven Substanz kann die Halbwertszeit sehr genau und im klassischen Sinne bestimmt werden. Aber wann ein Teilchen zerfällt, ist unbestimmt: Ist es das nächste oder erst eines der letzten, das in dieser Probe zerfallen wird? Ein Ausweg wäre die Existenz einer zusätzlichen Eigenschaft, die wir nicht kennen, etwa eine Art innere Uhr.

Die Lokalität ist durch verschränkte Systeme verletzt. Eine Messung einer Eigenschaft an einem Ort A bewirkt eine gleichzeitige Änderung eines Zustands am Ort B und nicht eine verzögerte gemäß dem Abstand der beiden Orte. Einstein hat diese Eigenschaft „spukhafte Fernwirkung" genannt.

Die große Leistung des nordirischen Physikers John Bell bestand darin, dass er 1964 eine Ungleichung aufstellte, in der die zwei Punkte, Realismus und Lokalität, mathematisch formuliert sind. Eine klassische Theorie gehorcht dieser Ungleichung. Seit der Veröffentlichung der Ungleichung wurde eine Reihe von Experimenten mit immer größerer Präzision durchgeführt, die eindeutig eine Verletzung zeigen. Damit ist experimentell bewiesen, dass in der Quantenwelt entweder der objektive Realismus nicht gilt oder die Lokalität verletzt ist oder beides.

Quantenkryptografie

Die Interpretationen der Schlussfolgerungen aus der Bellschen Ungleichung bilden laufend Stoff für physikalisch, aber auch philosophisch basierte Diskussionen. Dennoch wird bereits eifrig an technischen Anwendungen daraus gearbeitet, etwa Quantencomputern oder Quantenkryptografie, also dem geheimen Austausch von Informationen.

Den Wunsch, Informationen so weiterzugeben, dass sie nicht verstanden werden, wenn sie in falsche Hände geraten, gibt es bereits seit Jahrtausenden. Die Güte dieser Verschlüsselungen ist immer besser geworden, genauso wie die Findigkeit, die Schlüssel zu knacken. Keine Verschlüsselung ist absolut sicher. Das Schlimmste für Sender und Empfänger ist, wenn der Code geknackt wird und beide nichts davon merken und immer weiter Informationen austauschen. Mit der Quantenkryptografie wird diesbezüglich jedoch ein entscheidender Schritt vorwärts getan. Ein Hacker kann sich zwar auch bei der Quantenübertragung ins System einschleichen, Sender und Empfänger wissen jedoch, dass ihre Übertragung mitgehört wurde.

Der Austausch eines Schlüssels bildete den Schwachpunkt bisheriger Systeme. Zwar gibt es auch raffinierte Systeme, die ohne den Austausch eines Schlüssels auskommen (z. B. die asymmetrische RSA-Verschlüsselung), aber die Quantenkryptografie zielt auf einen absolut sicheren Austausch eines

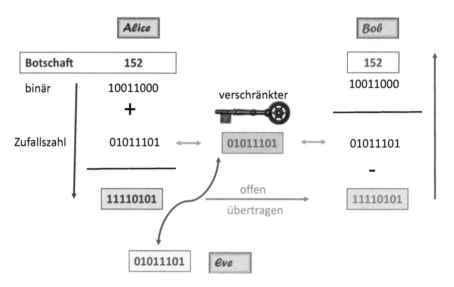

Abb. 6.3 Übertragung einer Botschaft von Alice zu Bob. Der Schlüssel ist eine verschränkte Zufallszahl. Hackt Eve den Schlüssel, so kann dies von Alice und Bob erkannt werden

Schlüssels ab. Als quantenmechanische Informationsträger werden Photonen, die kleinsten Einheiten des Lichts, verwendet. Ein Grund liegt in der sehr raschen und relativ einfachen Übertragung von Licht entweder im Vakuum oder in Lichtleitern.

Für die Beschreibung der Kryptografie hat sich folgende Bezeichnung eingebürgert: Der Sender trägt den Namen Alice, der Empfänger Bob, und der Lauscher heißt Eve. Nehmen wir der Einfachheit halber an, dass die zu übertragende Botschaft eine Zahl ist, z. B. 152. In Abb. 6.3 wird diese Zahl dann als Binärzahl dargestellt. Nun beruht der erste Teil der Übertragung darauf, dass Alice zur Schlüsselzahl eine Zahl addiert, die ausschließlich aus Zufallszahlen besteht. Die entstandene Zahl besteht deshalb auch wieder aus Zufallszahlen. Diese Zahl wird offen übertragen, jeder kann sie sehen. Bob subtrahiert von der empfangenen Zahl die Zufallszahl und erhält die Botschaft.

Doch wie kommen Alice und Bob zu derselben Zufallszahl, ohne dass der Schlüsselaustausch von Eve eingesehen werden kann? Hier kommen die Quantenmechanik und die Verschränkung zum Tragen. Photonen haben nur wenige Eigenschaften, eine davon ist ihr Spin. Dies ist eine quantenmechanische Größe und hat nicht direkt etwas mit einer klassischen Drehbewegung zu tun. Indirekt schon, weil ein klassischer Drehimpuls ähnlichen

Gesetzen unterliegt wie der Spin. Ein Spin hat verschiedene Möglichkeiten einer Einstellung, und ohne Eingriff von außen ist das Photon in einem Überlagerungszustand von etwa „Spin vertikal" und „Spin horizontal". Bei einer Messung wird mit 50 % Wahrscheinlichkeit die eine oder andere Einstellung eingenommen. Bei vielen Messungen hintereinander ergibt sich damit eine Zufallsabfolge, eine Zufallszahl, wie sie für die Übertragung benötigt wird.

Eine Photonenquelle sendet nun zwei Photonen aus, die bezüglich des Spins verschränkt sind. Die Zufallsfolge, die bei Alice durch Messung erzeugt wird, scheint auch automatisch bei Bob auf. Damit haben beide dieselbe Zufallszahl.

Nun kommt Eve ins Spiel. Wie könnte sie abhorchen? Sie muss ein Photon abfangen und die Polarisation bestimmen. Damit zerstört sie die Verschränkung. Weiters muss sie ein – nicht verschränktes – Photon weiterschicken. Es gibt jedoch einen Test, um die Verschränkung von Photonen zu erkennen, nämlich die oben erwähnten Bellschen Ungleichungen. Mit diesen kann getestet werden, ob die Photonen verschränkt sind oder nicht, ob gehackt worden ist oder nicht.

Quantenkryptografie ist Gegenstand intensiver Forschung. Bereits 2004 hat Anton Zeilinger Photonen über die Donau teleportiert. Seither wurde die Reichweite der Übertragung laufend vergrößert, und 2016 hat China den ersten Quantensatelliten *Micius* ins All befördert, der eine abhörsichere Übertragung über Satelliten testen soll. 2017 wurde damit eine sichere Verbindung zwischen China und Österreich hergestellt, wobei ein Bild übertragen und eine Videokonferenz abgehalten wurde.

7

Fußball Derby

Karla besucht öfter in Begleitung eines Teils ihrer großen Verwandtschaft das Kaffeehaus. Dass sie diesmal zwei junge Begleiter mit sich führt, ist also nicht verwunderlich, vielmehr wie diese gekleidet sind: beide mit Schal und Kopfbedeckung, obwohl es ein warmer Tag ist. Und Jacke und Shirt sind bei beiden, genau wie Schal und Mütze, ziemlich intensiv gefärbt, beim einen in Violett, beim anderen in Grün.

„Ist der Fasching ausgebrochen, oder wie?", fragt Frau Hofrat. „Ja, wissen Sie nicht, dass heute das Derby ist? Und in dem Zusammenhang besuchen mich Max und Konrad", entgegnet Karla. „Seit wann interessieren sich Kinder für Pferderennen, und ich habe gar nicht gelesen, dass heute das Derby ist." „Frau Hofrat, Sie sind nicht genügend informiert", meint der Prokurist und klärt auf. „Es geht um Fußball. Und heute spielen die zwei Wiener Großvereine, Rapid und Austria, im Fußballcup das Derby. Die Vereinsfarben von Rapid sind Grün-Weiß und die von Austria Weiß-Violett. Ich hoffe, es kommt zu keinen Familienzwistigkeiten", setzt er in Richtung des Anhangs von Karla fort, „bei so offensichtlichen Fans der beiden gegnerischen Klubs." „Überhaupt nicht", beruhigt Karla, „nur im Stadion müssen sie auf getrennten Plätzen sitzen."

© Springer-Verlag GmbH Deutschland, ein Teil von Springer Nature 2019
L. Mathelitsch, *Physikalische Melange*, https://doi.org/10.1007/978-3-662-59260-1_7

„Fußball hat meinen Seligen und mich nie interessiert", schließt Frau Hofrat das Thema für sich ab, mit dem Zusatz: „Obwohl er sonst sehr sport-
lich war." Gemeint ist der verstorbene Gemahl von Frau Hofrat. Da er erst
vor wenigen Jahren das Zeitliche segnete, war er einigen der Anwesenden
noch gut bekannt – und sie schmunzeln in sich hinein: Aufgrund der Statur, besser gesagt des kleinen Wuchses, hat der Hofrat nie besonders sport-
lich gewirkt. Seine Frau hat den ehemaligen Leiter einer Finanzverwaltung
fast um einen Kopf überragt. Da er ein äußerst ruhiger Mensch war, war die
Kommunikation, zumindest nach außen, ebenfalls sehr stark auf die weibliche Hälfte konzentriert. Ob es aufgrund dieser Eigenschaften oder einfach
aus Wiener Tradition geschah – jedenfalls war die Anrede an das Paar seit
Langem „Herr und Frau Hofrat". Und als der Herr Hofrat verstarb, war es
nicht so, dass damit der Titel mit begraben wurde. Nein, wie in einer Erb-
schaft übernahm Frau Hofrat den Titel in alleiniger Verantwortung.

Im Übrigen bleibt Frau Hofrat weiter desinteressiert und beteiligt sich zu aller Überraschung nicht am folgenden Gespräch.

„Derby. Derbys hat es auch bei uns auf dem Land gegeben", kommentiert Norbert. „Allerdings zwischen benachbarten Dörfern. Man hat es halt nicht Derby genannt. Aber bei diesen besonderen Spielen war das ganze Dorf dabei, auch solche Leute, die sich sonst nicht für Fußball interessierten." „Wir am Institut hatten ebenfalls so etwas wie ein Derby", kramt der Professor ebenfalls in seinen Erinnerungen. „Experimentalphysik gegen Theoretische Physik stand einmal im Jahr auf dem Programm. Da viele aber nicht austrainiert waren und auch schon etwas Gewicht angesetzt hatten, war der Ehrgeiz manchmal größer als die Fußballkunst, und so kam es häufig zu Verletzungen." „Verletzungen gab es bei uns auch", stimmt Norbert zu, „allerdings unter den Zusehern. Da es eine historische Rivalität zwischen den Dörfern gab, kam es regelmäßig zu Raufereien zwischen Gruppen der jeweiligen Dörfer. Heute würde man zu diesen Personen wohl Hooligans sagen." Lächelnd schiebt Norbert seinen Hut zurück.

„Und wer wird heute gewinnen?", richtet der Prokurist die Frage an die beiden Jungen. „Wir", kommt es gleichzeitig von beiden Seiten zurück. Auf die Nachfrage „Und warum?" wird mit Eifer und Ernst in rascher Folge eine Reihe von Argumenten vorgebracht: „Weil wir die letzten vier Spiele gewonnen haben." „Weil unser Goalie alles hält." „Weil wir den besten Trainer der Liga haben." „Weil wir in unserem Heimstadion spielen." „Weil wir auswärts stärker sind als zuhause." Und noch einiges mehr.

Nachdem die Liste dennoch einmal erschöpft ist, bleibt es eine Zeit lang ruhig. Der Professor beendet die allgemeine Ruhe mit der Bemerkung: „Aber den Hauptgrund, warum Austria oder Rapid gewinnt, habt ihr noch nicht genannt." Nun tritt nochmals Stille ein. War es vorher nach der Aufzählung eine erschöpfte, so ist es dieses Mal eine ratlose. „Und was soll dies sein?", fragt dann doch Konrad nach und blickt genauso fragend wie Max. „Das Wichtigste bei einem Fußballspiel ist – Glück. Mehr Glück zu haben als der Gegner", lüftet der Professor das Geheimnis. Etwas enttäuscht, weil sie sich etwas Tiefschürfenderes erwartet hatten, pflichten beide zu: „Ja, Glück gehört natürlich dazu. Aber wichtiger sind …" Und beide starten eine Wiederholung der bereits angeführten Begründungen.

„Leider muss ich euch widersprechen. Alle eure Punkte haben einen Einfluss, der größte ist und bleibt aber dennoch der Zufall. Ich weiß, dass dies vielleicht unglaubwürdig klingt und dass Fußballbegeisterte es nicht gerne hören. Aber vielleicht können einige Beispiele in meiner Argumentation helfen." „Jetzt bin aber auch ich neugierig", meint der Prokurist. „Glück oder Zufall bedeutet, dass man auch würfeln könnte, wie das nächste Spiel ausgeht. Das kann ich mir doch nicht vorstellen."

„Würden Sie sagen, dass Lotto ein Glücksspiel ist?", fragt der Professor in die Runde. Einem allgemeinen „natürlich" folgt eine Erklärung der Sängerin Renée. „Bei der Fernsehlotterie *6 aus 45* werden Zufallszahlen ermittelt. Und wenn die Maschine korrekt arbeitet, so kann kein Mensch vorhersagen, welche Zahlen kommen." „O.k. Und was ist Toto?" „Das", entgegnet der Prokurist, „ist doch etwas völlig anderes. Man gibt an, ob eine Mannschaft gewinnen, verlieren oder unentschieden spielen wird. Dabei können Kenntnisse über die Mannschaften berücksichtigt werden, und man tippt aufgrund eines Wissens und nicht aus Zufall." „Wenn dies so ist, warum spielt dann der Schneckerl Prohaska nicht Toto? Würde er nicht aufgrund seines Expertenwissens dauernd gewinnen und sich damit ein Vermögen verschaffen?", fragt der Professor.

Hier muss für Uneingeweihte erklärt werden, dass Herbert Prohaska eine Fußballlegende in Österreich ist. Er hat bei vielen großen Vereinen im Mittelfeld gespielt, natürlich auch in der Nationalmannschaft. Wenn seine Lockenpracht auch ziemlich verschwunden ist, blieb der Name „Schneckerl". Und er ist als Fernsehkommentator immer noch allgegenwärtig.

„Es ist unbestritten, dass Prohaska sehr gut über die Qualitäten der einzelnen Mannschaften Bescheid weiß. Dennoch bringt ihm das beim Toto keinen Vorteil. Und selbst Analysten mit Computerprogrammen haben keine Chance, sonst würden sie diese natürlich nützen", fährt der Professor fort.

„Da fällt mir nun auch ein Argument ein, das für die Meinung unseres Professors spricht", meldet sich der Student. „Es gibt ja neben der Meisterschaft auch den sogenannten Cup. Dabei wird im K.o.-System gespielt, nur der Sieger kommt eine Runde weiter. Und zu Beginn spielen erstklassige

Vereine auch gegen dritt- oder sogar viertklassige. Und es kommt gar nicht so selten vor, dass Bundesligavereine gegen kleine Vereine verlieren. Dies kann ich mir bei Eishockey oder Squash nicht vorstellen."

„Aber warum soll dies so sein?", fragt Renée. „Hat der Fußball was Besonderes, verglichen mit anderen Sportarten?" „Lassen Sie mich dies anhand eines kleinen Rechenbeispiels erklären", beginnt der Professor. „Nehmen wir an, Mannschaft A ist doppelt so stark wie Mannschaft B. Das ist schon ein sehr großer Unterschied; meist sind die Spielstärken von Mannschaften in einer Meisterschaft viel ähnlicher. Wenn Team A doppelt so stark ist wie Team B, dann hat Team A 2/3, also etwa 67 % Wahrscheinlichkeit, ein Tor zu schießen, Team B 1/3 und damit 33 %."

Nach einer kurzen Pause fährt der Professor fort

„Und nun schauen wir uns einige mögliche Resultate an. Wenn das Spiel 0:0 endet, hat Team B zumindest einen Punkt ergattert. Fällt in dem Spiel nur ein Tor, so gewinnt das Team, das dieses Tor schießt. Dafür hat Team B eine Wahrscheinlichkeit von 33 %. Das ist aber nicht wenig. Von drei Spielen würde Team B eines gewinnen, obwohl die anderen doppelt so stark sind. Selbst bei zwei Toren ist die Wahrscheinlichkeit eines Siegs von 2:0 von Team B immer noch $1/3 \times 1/3 = 1/9$, also bei etwa 11 %. Die Wahrscheinlichkeit eines 2:0-Siegs von Team A hat sich zwar auf 4/9, also 44 %, erhöht, aber auch ein Unentschieden von 1:1 hat dieselbe Wahrscheinlichkeit. Bei drei Toren wächst die Gewinnchance von Team B sogar wieder auf ein Viertel (26 %), weil es kein Unentschieden gibt."

„Das leuchtet mir ein, und wenn die Mannschaft nicht doppelt so stark ist, dann steigen natürlich die Chancen vom schwächeren Team", meint Renée, „aber ist damit meine Frage beantwortet, was das Besondere am Fußball ist?" „In gewissem Sinne schon", antwortet der Professor.

„Das Geheimnis sind die wenigen Tore, die beim Fußball fallen. Wenn nur ein Tor ein Spiel entscheidet, dann ist es oftmals nur Zufall, ob der Ball abgelenkt und damit unhaltbar wird. Oder ob der Ball 1 cm weiter nach links oder rechts fliegt und damit von der Latte ins Tor geht oder ins Feld zurückprallt. Nehmen wir als Vergleich Tennis: Hier wird der Ball bereits für einen Punkt mehrmals hin und her gespielt. Und für einen Satz oder ein ganzes Spiel müssen viele Punkte ausgespielt werden. Dabei setzt sich Können eher durch."

„Jetzt bin ich aber doch ein bisschen desillusioniert", meint der Prokurist. „Das sollten Sie aber überhaupt nicht sein", entgegnet der Professor. „Denn gerade das ist ja auch das Faszinierende am Fußball: Dass der Kleine eine berechtigte Chance hat, gegen einen Großen zu gewinnen. Und wenn auch die Mannschaft von Max jetzt viermal hintereinander gewonnen hat, ist die Lage von Konrads Team bei Weitem nicht aussichtslos, die Siegesserie heute beenden zu können und im Cup die nächste Runde zu erreichen."

Nach diesen Worten verlassen ein etwas nachdenklicher Max und ein hoffnungsfroherer Konrad das Lokal, um sich mit ihren Fangruppen zu treffen.

Radioaktiver Fußball

In den 1980er Jahren hat ein schottischer Spieltheoretiker, Jack Dowie, Resultate von Spielen der englischen Meisterschaft über den Zeitraum von mehr als 60 Jahren analysiert. Dabei hat er unter anderem eine sehr enge Korrelation zwischen der Anzahl von unentschiedenen Spielen und von erzielten Toren gefunden: je weniger Tore, desto mehr Unentschieden. Er hat dies zum Anlass genommen, ein Modell zur Berechnung der Wahrscheinlichkeiten für Fußballresultate zu entwickeln. Seine Idee war, dass Fußball zu einem Großteil auf Zufall beruht, und er hat als Grundlage seines Modells den radioaktiven Zerfall als Prototyp eines Zufallsereignisses genommen (Abb. 7.1).

Bei einer großen Anzahl von möglichen Ereignissen und einer kleinen Wahrscheinlichkeit, dass diese eintreffen, gilt die sogenannte *Poisson-Verteilung*. Dies trifft auf den radioaktiven Zerfall zu, da die Zahl der zerfallenden Kerne sehr groß und der betrachtete Zeitraum im Allgemeinen klein gegenüber der Halbwertszeit der Substanz ist. Mit dieser Verteilung ist die Wahrscheinlichkeit P, dass in einem bestimmten Zeitraum n Kerne zerfallen, durch folgende Formel gegeben:

$$P_\mu(n) = \frac{\mu^n}{n!} \cdot e^{-\mu}$$

Dabei ist μ die mittlere Anzahl der zerfallenden Kerne in dem betrachteten Zeitraum. Häufig übernimmt man als Stichprobe eine Messung n der Zerfälle. Dann wird n als Schätzwert für den Wert μ angenommen, und die Standardabweichung σ,

Abb. 7.1 Radioaktiver Fußball

$$\sigma = \sqrt{n},$$

wird als Fehler für den Schätzwert eingesetzt. Bei 100 gemessenen Zerfällen können wir damit die mittlere Anzahl der zerfallenden Kerne, d. h. die Stärke der radioaktiven Quelle, mit einer relativen Messungenauigkeit von $\frac{\sqrt{n}}{n} = 10\,\%$ angeben.

Der Vergleich mit Fußball geht nun folgendermaßen: Ein Team soll die Tore so zufällig schießen, wie in einer radioaktiven Quelle die Kerne nach einer Zufallsverteilung zerfallen. Als Quellenstärke wird die mittlere Anzahl der Tore genommen, die das Team in letzter Zeit erzielt hat. Nehmen wir als Beispiel, dass ein Team im Mittel zwei Tore geschossen hat, also $\mu = 2$. Dann ist die Wahrscheinlichkeit, dass dieses Team im nächsten Spiel kein Tor erzielt, $P_2(0) = e^{-2} = 0{,}135$, also 13,5 %. Die Wahrscheinlichkeit, ein oder zwei Tore zu schießen, ist mit 27 % doppelt so hoch, für drei Tore sinkt sie wieder auf 18 % usf.

Mit diesem Modell können wir aber auch die Wahrscheinlichkeiten von Ergebnissen von Spielen zweier Mannschaften errechnen. Ist a die Quellenstärke von Team A und b die mittlere Anzahl der geschossenen Tore von Team B, so errechnet sich die Wahrscheinlichkeit, dass ein Spiel zwischen diesen Mannschaften $m{:}n$ ausgeht, mit

$$P_{a,b}(m, n) = \frac{a^m}{m!} \cdot e^{-a} \cdot \frac{b^n}{n!} \cdot e^{-b}.$$

In Tab. 7.1 sind die Wahrscheinlichkeiten für Spielausgänge angeführt, wenn beide Teams eine Quellenstärke von $a = b = 2$ haben.

Mit diesem Modell konnte der schottische Wissenschaftler die Ergebnisse der englischen Meisterschaft gut reproduzieren. Trotz des Erfolgs der Wiedergabe von allgemeinen Trends sagt das Modell wenig über den Ausgang eines Spiels aus. Der Grund liegt darin, dass beim Fußball nur wenige Tore fallen: In der Meisterschaft 2017/2018 haben die Teams in der höchsten Liga in Deutschland bzw. Österreich im Mittel nur 1,40 bzw. 1,44 Tore geschossen. Damit ergibt sich gemäß des Ausdrucks $\sqrt{n}/n$ ein Unsicherheitsfaktor von etwa 85 %!

In diesem einfachen Modell ist als Input nur die Anzahl der geschossenen Tore eingeflossen. Der Ansatz ist leicht erweiterbar, indem z. B. die erhaltenen Tore, die Spiele der Teams gegeneinander oder der Marktwert der Spieler einer Mannschaft berücksichtigt werden. In dem Sinne werden von Wissenschaftlern und Wettbüros auch laufend verbesserte Modelle erstellt.

Tab. 7.1 Wahrscheinlichkeiten (in Prozent) von möglichen Resultaten von Spielen zwischen Teams, die eine gleiche Spielstärke von zwei Toren im Mittel haben

Resultat	Wahrscheinlichkeit (%)
0:0	1,8
1:0, 0:1, 2:0, 0:2	3,4
1:1, 2:1, 1:2, 2:2	7,3
3:0, 0:3	2,4
3:1, 1:3, 3:2, 2:3	4,9
3:3	3,2
4:1, 1:4, 4:2, 2:4	2,4

Die Weltmeisterschaft 2018 in Russland spiegelte die speziellen Eigenheiten von Fußball und der Rechenmodelle eindrucksvoll wider: Einerseits konnten aufgrund der Spielstärken in 48 Spielen der Vorrunde nur sieben Spiele von der schwächeren Mannschaft gewonnen werden, und damit ergaben sich gute Prognosewerte der Modelle. Andererseits haben die meisten Vorhersagen Brasilien als Weltmeister gesehen, und das Ausscheiden von Deutschland in der Vorrunde als Gruppenletzter wurde von keinem Modell errechnet.

8

Eine schöne Stimme

Herr Oskar steuert auf die Ecke zu, in der die Runde gemütlich beim Kaffee sitzt. Im Besonderen scheint er die Künstlerin Renée im Visier zu haben. Dennoch richtet er sich zuerst an alle: „Ihr wisst es vielleicht nicht, aber unsere Chefin hat in wenigen Tagen einen runden Geburtstag. Und da würden wir ihr gerne eine Überraschung bereiten." Die Gesichtsausdrücke deuten an, dass weniger über den Überraschungswunsch nachgedacht wird, sondern eher darüber, welcher runde Geburtstag bei der Chefin zutreffen könnte.

„Wir Bedienstete haben uns gedacht, dass wir ihr ein gemeinsames Ständchen bereiten. Maurice, unser Küchenchef, wird eine grandiose Torte zaubern, so groß, dass alle Gäste mit einem Stück beglückt werden können. Und damit meine Bitte an euch: Wäre es möglich, dass Ihr nächsten Mittwoch hier sein könnt? Es wäre schön, wenn viele Stammgäste anwesend sind." Nach einem allgemeinen zustimmenden Nicken scheint dieser Punkt geklärt.

Nun wendet sich Oskar aber wirklich Renée zu. „Und dann haben wir uns noch was Besonderes ausgedacht. Wir wissen, dass Sie eine bekannte Sängerin sind, und möchten anfragen, ob Sie nicht ein, zwei Lieder darbieten könnten. Unser Maestro würde Sie gerne begleiten. Die Gage übernehmen wir, die Angestellten."

Die eintretende erwartungsvolle Stille soll durch folgende Bemerkungen überbrückt werden: Renée studiert an der Kunstuniversität und absolviert eine Gesangsausbildung. Um den elterlichen Geldfluss aufzubessern, hat Renée eine zusätzliche Einnahmequelle aufgeschlossen: Sie wird engagiert,

© Springer-Verlag GmbH Deutschland, ein Teil von Springer Nature 2019
L. Mathelitsch, *Physikalische Melange*, https://doi.org/10.1007/978-3-662-59260-1_8

um bei besonderen Anlässen zu singen, meist bei Hochzeiten oder Begräbnissen. Wobei die Zuhörer bekunden, dass Renée mit ihrem Mezzosopran
sowohl das *Ave Maria* bei Begräbnissen als auch das *Lass mich nicht mehr los*
bei Hochzeiten gleich einfühlsam singt.

Jedenfalls wird Renée gerne eingeladen, und die Aussage von Herrn Oskar
als „bekannte Sängerin" trifft damit auf den lokalen Umkreis voll und ganz
zu.

„Ja, das mache ich gerne, wenn es gewünscht wird. Aber Bezahlung
nehme ich dafür keine, das ist ein Geschenk von unserer Runde hier. Wir
müssen uns nur über die Lieder einigen." „Auch da hätten wir schon einen
Vorschlag beziehungsweise Wunsch", schließt Herr Oskar an. „Nämlich das
Lied *Dunkelrote Rosen bring ich.* Weil die Chefin Rosen liebt. Und neben
einem Strauß dieser Blumen schenken wir ihr auch einen seltenen Rosen-
stock. Als zweites Stück hätten wir gerne etwas Modernes, damit wir trotz
des Geburtstags nicht zu nostalgisch werden. Vielleicht sollten Sie sich auch
darauf vorbereiten, dass eine Zugabe verlangt wird." Nach der Zusage von
Renée, sich mit dem Maestro abzustimmen, wendet sich Herr Oskar sichtlich erleichtert und zufrieden wieder seinen eigentlichen Geschäften zu.

Nach einer Denkpause allerseits wendet sich der Prokurist an Renée:
„Was ich schon immer fragen wollte: Haben Sie als kleines Mädchen auch
schon viel gesungen, zum Beispiel in einem Kinderchor? Wollten Sie immer
schon Sängerin werden?" „Das sind ja zwei Fragen auf einmal", beginnt
Renée mit der Antwort. „Gesungen habe ich immer schon gerne. Vielleicht habe ich dies von meiner Kärntner Großmutter, die den ganzen Tag
ein Lied auf den Lippen hatte. Aber beruflich wollte ich in die Luft gehen.
Nein, nicht als Flugbegleiterin, sondern als Pilotin", erinnert sie sich. „Mein
Musiklehrer in der Schule wurde jedoch auf meine Stimme aufmerksam. Er
hat mir nach dem Stimmbruch – den gibt es auch bei Mädchen – zuerst pri-
vat unentgeltlich erste Stunden gegeben und mich dann einer anderen Päd-
agogin empfohlen. Ab diesem Zeitpunkt war mir eigentlich klar, dass das
Singen für mich mehr als nur ein Hobby werden kann."

„Sie haben gerade vom Stimmbruch gesprochen", horcht Karla auf. „Mein Neffe Gregor leidet seit Monaten darunter. Seine Stimme hüpft beim Sprechen wie wild auf und ab. Es ist schrecklich anzuhören. Was passiert denn dabei eigentlich?"

„Wie hoch oder wie tief eine Stimme ist, hängt von der Beschaffenheit der Stimmbänder ab. Luft strömt von der Lunge durch die Luftröhre nach oben. Der Kehlkopf mit den Stimmbändern bildet dabei eine Engstelle. Der eingeengte Luftstrom bringt die Stimmbänder zum Schwingen, so ähnlich wie eine Fahne im Wind flattert. Je schneller die Stimmbänder schwingen, desto höher ist der erzeugte Ton. Wie schnell die Stimmbänder schwingen können, hängt von ihrer Länge und ihrer Masse ab; längere und dickere Stimmbänder schwingen weniger schnell."

Nach dieser Einleitung kommt Renée zur anfänglichen Frage zurück. „In der Pubertät bewirkt eine hormonelle Umstellung den Übergang vom Kind zum Mann oder zur Frau. Unter anderem wölbt sich dabei der Kehlkopf bei Männern stärker vor als bei Frauen. Diese Wölbung kann man mit den Fingern greifen, und sie ist zum Teil von außen als Adamsapfel zu erkennen. Der Umbau des Kehlkopfs bewirkt längere und schwerere Stimmbänder und führt bei Burschen zu einer Senkung der Stimme um etwa eine Oktave."

„Aber warum haben Gregor und auch alle seine Freunde solche Probleme mit der Umstellung, und warum dauert dies so lange?", lässt Karla nicht locker.

„Der Grund liegt darin, dass die Erzeugung eines Stimmklangs etwas sehr Komplexes ist, was uns im täglichen Umgang überhaupt nicht bewusst ist. Der Kehlkopf baut sich aus einer Reihe von Knorpeln auf, die durch Bänder und Muskeln zusammengehalten werden. Im Gesamten sind mehr als 100 Muskeln beteiligt, wenn wir sprechen. All diese Muskeln müssen gezielt und koordiniert vom Gehirn aktiviert werden. Dies ist ein Lernprozess, der beim Kleinkind Jahre benötigt, begonnen vom Lallen über die Bildung der ersten Wörter bis zum bewussten Sprechen."

„Und nun wird in der Pubertät das gesamte System radikal verändert", fährt Renée nach einer kurzen Pause fort. „Durch das Längenwachstum der Stimmbänder und die Zunahme der Muskelmasse stimmen die Steuerimpulse und Bewegungsmuster, die auf den kindlichen Kehlkopf abgestimmt sind, nicht mehr mit dem vorhandenen System überein. Es beginnt ein neuerlicher Lernprozess, und bis sich der gesamte Steuerapparat wieder richtig und vollständig eingestellt hat, dauert dies im Mittel etwa ein Jahr."

„Dann kann man erst nach der Pubertät sagen, ob jemand eine hohe oder eine tiefe Stimme erhält, ob er also als zukünftiger Sänger ein Tenor oder ein Bass wird?", fragt der Prokurist nach. „Ja. Interessanterweise ist es so, dass Soprane unter den Knabenstimmen nach dem Stimmwechsel häufiger zu Bässen, Altstimmen dagegen oft zu Tenören werden." „Bei meinem letzten Opernbesuch", meldet sich Frau Hofrat zu Wort, „war es fürchterlich. Der Heldentenor war ein kleiner Dicker, sein Gegenspieler, der Bass, hat ihn um zwei Köpfe überragt. Und nie im wirklichen Leben hätte sich die großgewachsene Sängerin in einen so mickrigen Wicht unsterblich verliebt. Alle Leute haben den Kopf geschüttelt, warum man das nicht anders besetzen kann. Schön hat er ja gesungen, der Kleine." „Das kommt häufiger vor und ist einfach erklärt", kommentiert Renée. „Die Länge der Stimmbänder ist stark mit der Größe einer Person korreliert, wie auch die Länge der Beine oder Finger. Darum haben große Personen eher Bassstimmen, strahlende Tenöre sind häufig von kleinerer Statur."

„Wie kommt man zu einer schönen Stimme?", fragt Norbert. „Ist dies eine Laune der Natur, die einem ein solches Privileg zuschanzt? Oder ist es Ergebnis einer langjährigen, soliden Ausbildung? Bei uns auf dem Land haben wir im Kirchenchor einige hervorragende Stimmen, die auch Soloauftritte haben. Und das völlig ohne Ausbildung. Ich habe sogar gehört, dass etliche berühmte Opernsängerinnen und -sänger keinerlei Ausbildung absolviert hatten."

„Es ist völlig klar, dass es natürliche Unterschiede gibt. Manche haben von Natur aus eine schönere Stimme als andere. Das Erkennen solcher Naturstimmen ist ja fast immer der Ausgangspunkt einer Sängerkarriere. Aber ich weiß von keinem Künstler auf der Opernbühne, weder jetzt noch in der Vergangenheit, der nicht eine Ausbildung absolviert hätte, meist über viele Jahre. Eine gesangspädagogische Unterstützung verbessert aber nicht nur die Qualität einer Stimme. Ähnlich wichtig ist, dass ein effizienteres Singen erreicht wird, was mit dazu beiträgt, ein hohes Niveau langjährig aufrechtzuerhalten. Sonst käme es laufend zu einer Überforderung des Stimmapparats und damit schnell zu Abnützungen bis hin zu krankhaften Auswirkungen."

„Und was passiert in einer Gesangsausbildung nun genau?", erkundigt sich Karla nach Details. „Zuerst muss gesagt werden, dass die Ausbildung meist eine Einzelausbildung ist. Eine intensive Wechselwirkung zwischen Pädagoge und Sänger ist sehr wichtig, bedeutender als bei den meisten anderen Berufen. Eine Sängerin kann bei einem Lehrer während eines Jahres kaum Fortschritte machen, mit einem anderen in wenigen Monaten." „Aber trotz dieser Individualität muss es ja doch auch generell angewandte Übungen geben, um die Qualität einer Stimme zu verbessern", meint Norbert. „Ich schließe mich der Bitte von Karla um konkrete Beispiele an."

„Es gibt die unterschiedlichsten Übungen, die auf verschiedene Aspekte des Singens zielen. Diese können die Treffsicherheit der Töne betreffen oder die Artikulation, also die Textverständlichkeit eines Gesangs. Ein Vibrato, d. h. ein Schwanken von Tonhöhe oder Lautstärke um eine Mittellage, kommt beim Sprechen kaum vor, ist bei bestimmten Gesangsstilen aber sehr wichtig. Sehr leise und sehr laut, also pianissimo und fortissimo, soll sowohl bei hohen als auch bei tiefen Tönen gesungen werden können. Für alle diese Teilbereiche – und es gibt noch viele mehr – gibt es spezielle Übungen. Der Lehrer muss die richtige Auswahl treffen, die eben genau auf die Bedürfnisse der jeweiligen Sängerin abgestimmt sind."

„Ich habe einmal gehört, dass die Atmung ziemlich wichtig sein soll", erinnert sich Norbert.

„Das ist völlig richtig, und es gilt das Sprichwort ‚Nur wer gut atmet, singt auch gut'. Dementsprechend gibt es sehr viele unterschiedliche Atemübungen. Ein Effekt dabei ist folgender: Ein Laie benötigt mehr Luft, wenn er lauter spricht oder singt. Durch spezielle Übungen bewirkt eine Gesangsausbildung, dass die geringste Anstrengung, d. h. die wenigste Luft, bei mittlerer Lautstärke benötigt wird. Sowohl bei leisem als auch bei lautem Singen ist der Luftstrom stärker. Ein weiteres wichtiges Element ist die sogenannte Atemstütze, d. h., wie gut der Sänger oder die Sängerin über die Brustmuskeln den Druck der Luft kontrollieren kann, sodass eine gleichbleibende Stimmlippenschwingung erreicht wird. Wobei dies genau mit der muskulären Spannung der Stimmlippen koordiniert sein muss."

„Es gibt doch zwei Arten von Atmung, Brust- und Bauchatmung. Ist dies auch fürs Singen wichtig?", bringt Frau Hofrat einen weiteren Aspekt des Atmens in die Diskussion.

„Ja, durchaus. Einatmen besteht in der Erweiterung des Brustkorbs durch Muskeln. Dadurch wird das Lungenvolumen größer, und Luft strömt ein. Geschieht dies durch die Muskeln zwischen den Rippen, so hebt sich der Brustkorb, und man spricht von Brustatmung. Der Brustraum kann auch durch eine Anspannung des Zwerchfells vergrößert werden. Das Zwerchfell liegt quer unter der Lunge. Wenn das Zwerchfell gespannt wird, senkt es sich, und die Lunge hat mehr Raum. Da unter dem Zwerchfell der Bauch mit Gedärmen und anderen Organen gefüllt ist, führt ein Senken des Zwerchfells dazu, dass der Bauch etwas nach außen gedrückt wird – dies ist die Bauchatmung."

„Und welche der beiden Atmungen ist besser?", will Karla wissen. „Wie meist im Leben, so sind auch beim Singen Extreme wenig nützlich", antwortet Renée. „Es gibt sowohl eine Zwerchfell- als auch eine Bruststütze, aber am ökonomischsten ist ein koordiniertes Zusammenwirken von beiden."

„Nachdem wir jetzt so viel Theoretisches gehört haben, bin ich wirklich schon sehr neugierig auf die Gesangsdarbietung unserer Sängerin bei der Geburtstagsfeier der Chefin", beendet Frau Hofrat den Diskurs.

Volle Stimme

Wenn man von einer Singstimme spricht, muss man unterscheiden zwischen einer im Opern-, Operetten- oder Musicalstil ausgebildeten Stimme und dem Gesang etwa einer Schlagersängerin, die meist keine längere Ausbildung genossen hat. Akustisch gesehen gibt es kaum Unterschiede zwischen dem normalen Sprechen und dem Singen mit einer unausgebildeten Stimme. Die Auswirkung einer Gesangsausbildung kann jedoch an mehreren Parametern erkannt und gemessen werden. Ein Schlagersänger hat es in einer gewissen Hinsicht leicht: Er muss nicht gegen ein großes Orchester „ankämpfen", er hat meist elektronische Verstärkung. Außerdem möchte er seine besondere Stimmnuance betonen – was ihn von anderen unterscheidet. Schlagersängerinnen haben typische Stimmen, die man sofort erkennt. Durch eine Gesangsausbildung werden sich Stimmen ähnlicher, und man muss zum Teil Experte sein, um Stimmen von Opernsängern und -sängerinnen der richtigen Person zuordnen zu können.

Auf Unterschiede zwischen der Singstimme eines Opernsängers und eines Schlagersängers gefragt, erhält man häufig folgende Antworten: Die eine Stimme klingt voller, die andere dünner, die Stimme einer Opernsängerin ist tragender. Manchmal wird der Unterschied auch mit den Adjektiven „dunkler" und „heller" ausgedrückt. Was verbirgt sich akustisch hinter diesen Schlagwörtern?

Jeder Klang, der von Instrumenten, aber auch der einer Stimme, besteht aus einem Gemisch von Einzeltönen. Die Frequenz des tiefsten Tons bestimmt die Tonhöhe des Klangs. Die Frequenzen der weiteren Teiltöne sind ganzzahlige Vielfache des Grundtons. Wie stark diese einzelnen Teiltöne jeweils ausgeprägt sind, ergibt das Charakteristische eines Klangs. Der Unterschied zwischen einem Klavier- oder einem Klarinettenklang zeigt sich akustisch in der relativen Stärke der einzelnen Obertöne. In Abb. 8.1 sind die Teiltöne eines Trompetenklangs dargestellt. Man erkennt, dass der tiefste Ton, der Grundton, nicht der stärkste sein muss. Eine solche Darstellung wird *Frequenzspektrum* genannt. Bei der menschlichen Stimme ergeben die Unterschiede in der Intensität einzelner Teiltöne das Timbre einer Stimme, woran man eine Stimme erkennt und einer bestimmten Person zuordnen kann.

Aus den Frequenzspektren von trainierten bzw. nicht ausgebildeten Stimmen kann man Unterschiede in den Intensitäten der Obertöne erkennen – bei Sängerstimmen sind einerseits die Obertöne insgesamt stärker, andererseits erkennt man eine charakteristische Hervorhebung der Obertöne in bestimmten Frequenzbereichen, z. B. bei etwa 3000 Hz.

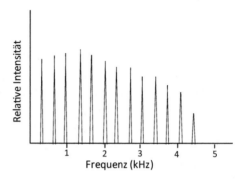

Abb. 8.1 Frequenzspektrum eines Trompetenklangs. Die waagrechte Achse zeigt die Frequenzen in Kilohertz, die senkrechte die relative Intensität der Teiltöne

Wie kann eine allgemeine Stärkung der Obertöne durch eine Gesangs-ausbildung erreicht werden? Die Antwort kann an folgenden akustischen Extremen gesehen werden: Abb. 8.2a zeigt als Schwingungsform eine Sinus-schwingung und Abb. 8.2b das dazugehörige Frequenzspektrum. Die Frequenz ergibt sich aus der Zeitdauer T der Schwingung: $f = 1/T$. Einzelne Sinusschwingungen können sich nur durch eine einzige weitere Eigenschaft unterscheiden, nämlich durch die Amplitude, die Stärke der Schwingung.

Die Wellenform in Abb. 8.2a kann auch als kontinuierliche Druck-schwankung der Schallwelle interpretiert werden. Druckschwankungen können aber auch in sehr kurzen periodischen Druckstößen erfolgen, wie in Abb. 8.3a zu sehen ist. Gemäß den Zeitabständen T, in unserem Bei-spiel $T = 1$ ms, gibt es mit $f = 1/T$ eine Grundfrequenz, eine Tonhöhe des Klangs, $f = 1000$ Hz. Das Frequenzspektrum (Abb. 8.3b) zeigt nun aber sehr viele Obertöne. Im Grenzfall, dass die Druckpulse unendlich schmal sind, ergeben sich unendlich viele Obertöne mit gleichbleibender Intensität. Ein solches Verhalten wird nach dem englischen Physiker Paul Dirac *Dirac-Kamm* genannt.

Doch kommen wir nun zur Stimme. Die Ausgangsstellung der Stimm-bänder beim Sprechen und Singen ist eine geschlossene; keine Luft strömt durch. Unter den Stimmbändern baut sich durch Muskelspannung auf die Lunge so lange ein erhöhter Luftdruck auf, bis dieser die Stimmbänder aus-einanderdrückt. Dann strömt Luft durch den offenen Spalt. Die strömende Luft erzeugt aber aufgrund des sogenannten Bernoulli-Effekts einen Unter-druck. Dieser Unterdruck bringt die Stimmbänder mit muskulärer Unter-stützung dazu, sich wieder zu schließen. Die Stimmbänder sind damit während eines Zyklus etwa zur Hälfte der Zeit geschlossen (Abb. 8.4a). Das zugehörige Frequenzspektrum ist in Abb. 8.4b zu sehen.

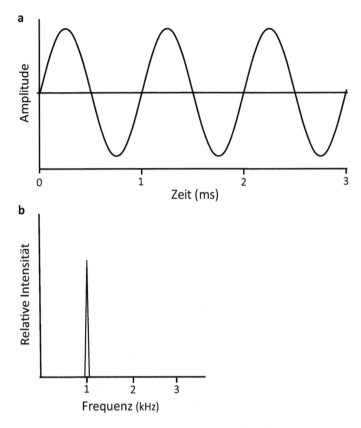

Abb. 8.2 **a** Wellenform einer Sinusschwingung ($T = 1$ ms). **b** Frequenzspektrum der Sinusschwingung ($f = 1000$ Hz)

Der Vergleich von Abb. 8.3 und Abb. 8.4 zeigt nun eine Strategie auf, wie in einem Stimmklang die Intensität der Obertöne erhöht werden kann: Es muss die Verschlusszeit der Stimmlippen verlängert werden! Dieses Rezept kann von einem Sänger natürlich nicht bewusst umgesetzt werden, aber verschiedenste Atem- und Singübungen in einer Gesangsausbildung führen zu diesem Effekt.

Gesangsformant

Bevor auf ein weiteres Charakteristikum einer ausgebildeten Gesangsstimme, den Gesangsformanten, eingegangen wird, muss zuerst der Begriff „Formant" erklärt werden.

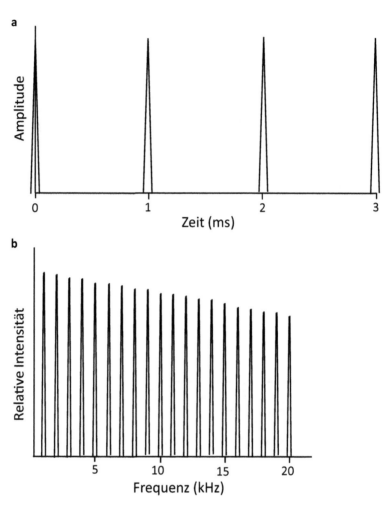

Abb. 8.3 a Wellenform von sehr kurzen periodischen Druckpulsen. **b** Frequenz-spektrum der Druckpulse

Das Frequenzspektrum des Klangs der Stimmbänder (Abb. 8.4b) zeigt einen Grundton, dessen Frequenz sich aus der Schnelligkeit der Stimmband-schwingungen ergibt, und viele relativ starke Obertöne. Bevor diese Schall-wellen nach außen strömen, müssen sie aber noch den Mundraum passieren. Jeder Hohlraum, wie eben auch der Mundraum, besitzt jedoch je nach seiner Größe und seiner Gestalt bestimmte Eigenresonanzen. Eine solche ist z. B. hörbar, wenn man in eine leere Flasche bläst und einen Ton einer bestimmten Tonhöhe erzeugt. Diese Eigenresonanzen des Mundraums wer-den Formanten genannt (Abb. 8.5a).

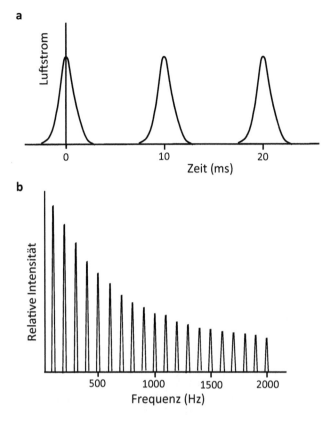

Abb. 8.4 a Das durch die Stimmlippen pro Zeiteinheit strömende Luftvolumen.
b Das Frequenzspektrum der Stimmbandschwingung

Der Klang der Stimmbänder wird durch den Mundraum verformt: Der Anteil der Obertöne, der ähnliche Frequenzen wie die Formanten aufweisen, wird verstärkt, der Rest geschwächt. Letztlich ergibt sich ein Klang, dessen Frequenzspektrum in Abb. 8.5b zu sehen ist. Ein wichtiger Aspekt besteht darin, dass durch Umformung des Mundraums, besonders durch die Bewegung der Zunge, die Formanten verschoben werden können. Im Besonderen bestimmt die Lage der ersten zwei Formanten, welcher Vokal, ein a oder ein i, artikuliert wird.

Im Frequenzspektrum einer Gesangsstimme zeigt sich jedoch ein zusätzlicher Formant, und zwar bei einer höheren Frequenz, nämlich bei etwa 2500–3000 Hz. Dieser Formant fehlt bei einer Sprechstimme oder einer nicht ausgebildeten Stimme völlig, deshalb wird er auch als Gesangsformant bezeichnet (Abb. 8.6a). Wozu nützt dieser Formant, und wie kann er gebildet werden?

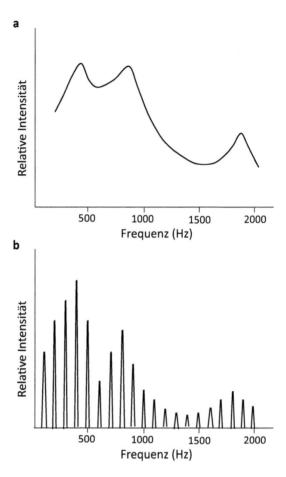

Abb. 8.5 **a** Die ersten drei Resonanzen (Formanten) des Mundraums. **b** Das ausgesandte Spektrum eines Stimmklangs ist eine Überlagerung des Klangs der Stimmbänder (Abb. 8.4b) und der Formanten (Abb. 8.5a)

Ein Sänger auf der Bühne muss gegen ein manchmal 100 Personen starkes Orchester bestehen. Die Stimme muss gehört werden können, auch wenn die Instrumente fortissimo spielen. Eine unausgebildete Stimme kann das nicht leisten; sie geht heillos unter und ist völlig unhörbar. Der Gesangsformant führt zu dem Phänomen, dass eine Stimme ein Orchester übertönen kann, obwohl die umgesetzte Energie in einem Orchester um einiges höher ist.

Der Output eines Orchesters ist in Form der Lautstärke in Abb. 8.6b zu sehen. Die höchste Intensität wird unter 1000 Hz erzeugt, dann folgt ein steter Abfall. Da die Darstellung der relativen Intensität meist in einer logarithmischen Skala (Dezibel) erfolgt, ist der Abfall noch stärker, als durch die

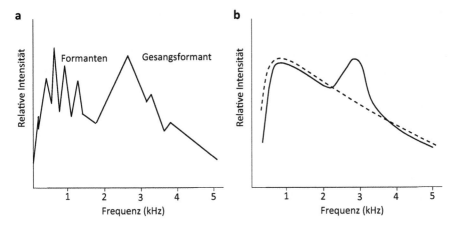

Abb. 8.6 a Frequenzspektrum einer Sängerstimme mit deutlichem Gesangsformanten. **b** Einhüllende der Spektren eines Orchesters (gepunktete Linie) und einer Singstimme (durchgezogene Linie)

Abbildung ausgedrückt wird. Eine menschliche Stimme hat eine ähnliche Charakteristik wie ein Orchester, nur ist sie leiser. Damit bleibt sie in ihrer Intensität immer unterhalb des Orchesters. Wie Abb. 8.6b zeigt, erhebt sich eine Singstimme aber durch den Gesangsformanten über das Orchester. Die Strategie ist dabei folgende: Die Stimme hat wegen ihrer begrenzten Energie insgesamt keine Chance gegenüber einem Orchester. Deshalb nutzt sie einen Frequenzbereich, in dem das Orchester bereits relativ schwach ist. Sie investiert in diese Frequenzen einen Teil ihrer Energie und kann damit das Orchester übertönen.

Nun kann man einwenden, dass nur ein kleiner Teil des Spektrums, noch dazu ein unbedeutender Teil des Klangs, stärker ist als das des Orchesters. Der wichtige Anteil mit dem Grundton, der die Tonhöhe vermittelt, und den Formanten, die den Text vorgeben, liegt immer noch in jenem Frequenzbereich, in dem das Orchester stärker ist. Dass man als Zuhörer dennoch die gesamte Stimme vernimmt, hängt mit einer bemerkenswerten Fähigkeit unseres Gehörsystems zusammen: Dieses kann einen Klang ergänzen und als Ganzes hörbar machen, wenn auch nur Teile des Klangs als Reiz empfangen werden.

Die Bildung eines Gesangsformanten erfolgt wiederum durch gezielte Übungen. Anatomisch hängt der Effekt damit zusammen, dass der Kehlkopf durch die Gesangsausbildung eine tiefere Stellung einnehmen kann. Dadurch wird ein zusätzlicher Hohlraum gebildet, der zwar mit dem Mundraum gekoppelt ist, aber dennoch zu einer weiteren, wichtigen Resonanz führt.

Warum können Affen nicht sprechen?

Für den französischen Philosophen René Descartes bildete die Sprache den grundlegenden Unterschied zwischen Mensch und Tier. Sie sei untrennbar mit der menschlichen Seele verbunden, denn nur eine solche könne die Fähigkeit zum Sprechen hervorbringen. In der weiteren Diskussion wurde die geringere Gehirnkapazität als Begründung angegeben, warum Affen nicht sprechen können. Dieses Argument wurde dadurch bestärkt, dass sich die anatomischen Bestandteile des Sprechapparats zwischen Affen und Menschen nur wenig unterscheiden.

Dem steht gegenüber, dass Tiere mit noch geringerer Gehirnmasse, wie bestimmte Vogelarten, sprachähnliche Geräusche erzeugen können. Weiters kann man mit Affen sehr wohl kommunizieren, allerdings mit anderen Mitteln als mit Sprachlauten. Darum verschob sich die Untersuchung wiederum auf die Suche nach anatomischen Unterschieden. Solche wurden in den 1930er Jahren in der Stellung des Kehlkopfs gefunden: Bei Affen befindet sich der Kehlkopf relativ hoch in der Luftröhre, gegenüber dem ersten Halswirbel. Beim Menschen liegt er beträchtlich tiefer, nämlich zwischen dem vierten und siebten Halswirbel. Dadurch ergibt sich ein Hohlraum, der im Zusammenwirken mit dem Mundraum für die Artikulation, die Bildung der Vokale, verantwortlich ist. Die Affen sind also anatomisch nicht fähig, menschliche Laute zu produzieren.

Die Tieferstellung des Kehlkopfs bringt aber ein Gefahrenmoment mit sich: Die Wege in die Luftröhre und in die Speiseröhre verlaufen nach dem Mundraum gemeinsam. Damit können sich Menschen verschlucken, Nahrung kann in die Luftröhre gelangen, was bis zur Erstickung führen kann. Bei Babys steht der Kehlkopf noch höher; sie können gleichzeitig trinken und durch die Nase atmen. Erst danach erfolgt die Absenkung des Kehlkopfs, die aber nach dem ersten Lebensjahr immer noch nicht abgeschlossen ist.

Die Frage, wann der Mensch in seiner Evolution sprechen lernte, erwies sich als sehr knifflig, weil wohl Knochen über weit länger als 100.000 Jahre erhalten bleiben können, nicht jedoch der zentrale Bestandteil des Sprechapparats, der knorpelige Kehlkopf. Dennoch gelang es, aus Knochenfunden die obige Frage zu beantworten. Eine Tieferstellung des Kehlkopfs bedarf einer starken muskulären Halterung. Ein Großteil dieser Muskeln ist an der Schädelbasis verankert, was bei einer nach unten gewölbten Basis viel effizienter möglich ist. In Abb. 8.7 wird der Schädel eines *Homo erectus* (Abb. 8.7a) mit dem eines Cro-Magnon-Menschen (Abb. 8.7b)

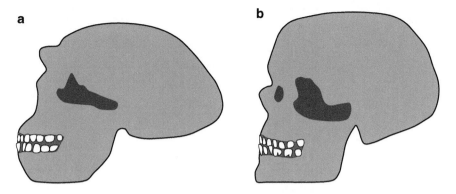

Abb. 8.7 a Umriss des Schädels eines *Homo erectus* (etwa 500.000 Jahre alt). **b** Umriss des Schädels eines Cro-Magnon-Menschen (20.000 bis 30.000 Jahre alt)

verglichen: Die mit dem Höcker versehene Basis beim Cro-Magnon-Menschen zeigt, dass dieser bereits einen tiefer liegenden Kehlkopf aufwies und damit artikulieren konnte. Ein ähnlicher Befund lässt vermuten, dass auch die Neandertaler, ein Seitenzweig in der Menschheitsentwicklung, eine gewisse Sprachfähigkeit hatten.

9

Dann wird champagnisiert

„Die Geburtstagsfeier war perfekt organisiert", richtet der Prokurist sein Lob an Herrn Oskar. „Mit der Torte hat sich Maurice selbst übertroffen. Ich wusste nicht, dass er neben seiner Ausbildung zum Koch auch eine solche zum Patissier erfolgreich absolviert hat. Wunderbar. Dies birgt allerdings Gefahr für mein Gewicht, da ich in Zukunft sicher öfter durch eine seiner Süßigkeiten in Versuchung geführt werde."

„Für mich war die Gesangsdarbietung der Höhepunkt", setzt Karla ihre persönliche Priorität. „Das hat auch der Applaus gezeigt. Wie haben Sie gewusst, Renée, dass Sie zu drei Zugaben gezwungen werden?" „Überhaupt nicht. Mit einer zweiten haben der Maestro und ich im Geheimen spekuliert. Aber man muss sich auf alle Eventualitäten vorbereiten. Außerdem war es ein Vergnügen, mit dem Maestro mehrere Stücke einzustudieren."

Eher unerwartet kommt die Chefin auf die Runde zu. „Ich möchte mich nochmals sehr herzlich für die gelungene Feier und euer Mitwirken bedanken. Als Dank und zur Nachfeier habe ich Champagner mitgebracht." Während Herr Oskar die Flasche vorsichtig entkorkt und Champagner in die Gläser einschenkt, intoniert Renée leise aus der *Lustigen Witwe* von Franz Lehár: „Da geh ich ins Maxim …dann wird champagnisiert … so kann ich leicht vergessen …" – „Wir wollen aber nicht vergessen", unterbricht Frau Hofrat, „sondern nochmals der Frau Chefin herzlichst gratulieren und für den Champagner danken." Nach einem allgemeinen Zuprosten

© Springer-Verlag GmbH Deutschland, ein Teil von Springer Nature 2019
L. Mathelitsch, *Physikalische Melange*, https://doi.org/10.1007/978-3-662-59260-1_9

entschuldigt sich die Chefin. „Ich habe leider noch etwas zu erledigen. Und in drei Tagen fliege ich nach Reims, um mit einer Sektkellerei weitere Aufträge abzuschließen. Ich hoffe, der Champagner mundet. Ich werde mich bemühen, wieder einen ähnlich guten Jahrgang zu gleich guten Konditionen zu erhalten."

Danach blickt die Runde ehrfurchtsvoll in die Gläser. „Es ist schon interessant zu sehen, wie die Luftblasen ununterbrochen nach oben perlen", meint schließlich Karla. „Liebe Tante, das sind aber keine Luftblasen, die da nach oben steigen", korrigiert ein blondes Mädchen, das mit Karla gekommen ist. Auf die fragenden Blicke der anderen stellt Karla ein weiteres Mitglied ihrer schier unermesslichen Verwandtschaft vor: „Das ist Barbara, meine Nichte. Aber alle nennen sie Babs. Sie ist für eine Woche bei mir in Wien zu Besuch." Und zu ihrer Nichte gewandt: „Aber was soll denn sonst darin sein? Es sieht aus wie Luft und löst sich in Luft auf." „Das ist Kohlendioxid oder richtiger gesagt Kohlenstoffdioxid", klärt Babs auf. „Wir haben in der Schule ein lustiges Experiment gemacht. Wir haben eine große Flasche mit Mineralwasser genommen und einen Luftballon darübergestülpt. Dann haben wir die Flasche fest geschüttelt, und der Ballon hat sich aufgeblasen. Wir dokumentieren unsere Experimente durch Fotos, die wir mit dem Handy schießen. Darum kann ich dir das Bild sogar zeigen."

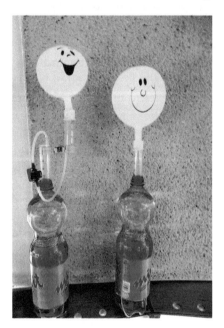

„Das sieht ja sehr lustig aus", kommentieren auch die anderen, die der Reihe nach das Bild bewundert haben. „Aber wie weißt du, dass nicht Luft, sondern Kohlendioxid …" – „Kohlenstoffdioxid", unterbricht Babs – „… Kohlenstoffdioxid drinnen ist?", gibt ihre Tante die Luftvariante nicht auf. „Dazu haben wir einen weiteren Versuch durchgeführt. Kohlenstoffdioxid ist um die Hälfte schwerer als Luft. Wir haben das Gas aus dem Luftballon einfach in einen Becher geleert, so wie man Wasser ausschüttet. Dann haben wir ein Teelicht entzündet, mit einem Halter in den Becher gegeben, und die Flamme ist sofort erloschen. Wenn Luft drinnen gewesen wäre, dann hätte sie weitergebrannt."

„Aber warum sieht man in der Flasche nichts von dem Gas?", fragt Frau Hofrat sichtlich beeindruckt von Babs und ihrem Wissen. „Der Ballon ist ja schön aufgeblasen, das ist ja fast die Hälfte des Inhalts der Flasche. Und die Flüssigkeit steht immer noch gleich hoch. Wo war das Gas vorher?" Babs ist von der Frage etwas überrascht. Nach einigem Nachdenken meint sie: „Das wird wohl so sein wie beim Wasser und beim Wasserdampf. Wir haben gelernt, dass aus 1 l flüssigen Wassers etwa 1700 l gasförmiger Wasserdampf werden. So ähnlich wird dies wohl auch hier sein." „Und spielt nicht auch der Druck eine Rolle?", schlägt der Prokurist vor. „In der Flasche ist sicher Überdruck, der das Gas zusammendrückt."

Diese eher vagen Aussagen möchte der Professor nun doch etwas klarer darstellen. „Der Vergleich mit dem Wasserdampf stimmt nicht ganz, Babs", berichtigt er. „Wasser ist flüssig und wird beim Verdampfen zu einem Gas. Das Kohlenstoffdioxid jedoch löst sich lediglich in der Flüssigkeit auf. Nur ganz wenige Prozent sind chemisch gebunden, fast alles ist physikalisch gelöst. Das ist eine gleichmäßige Durchmischung der beiden Substanzen, so wie sich Kochsalz oder Zucker in Wasser löst. Wie viel sich von dem Gas Kohlenstoffdioxid in der Flüssigkeit lösen kann, hängt jedoch stark vom Außendruck ab", richtet er sich in Richtung Prokurist, „aber auch von der Temperatur."

„Aber wenn das Kohlenstoffdioxid so gleichmäßig im Wasser oder im Champagner verteilt ist, warum entstehen die Bläschen immer nur an denselben Stellen und bewegen sich dann wie aus einer Kanone geschossen nach oben?", fragt Babs, indem sie in den Champagner ihrer Tante blickt. „Das ist eine gute Beobachtung, und die Beantwortung ist nicht ganz einfach", antwortet der Professor. „Die Kohlenstoffdioxidmoleküle sind zwar frei beweglich, sie können sich aber nicht von selbst zu Bläschen zusammenschließen. Erst wenn bereits eine kleine Luft- oder Gasblase vorhanden ist, können die Gasmoleküle in diese Bläschen eindringen und sie vergrößern." „Aber wie kommen die Bläschen in den Champagner?", bohrt Babs weiter nach. „Wieder eine gute Frage", meint der Professor. „Früher glaubte man, dass kleine Ritzer im Glas dafür verantwortlich seien. Genaue Untersuchungen zeigten jedoch, dass die Luftbläschen meist in kleinsten Resten von Stofffäden verborgen sind, die vom Reinigen des Glases im Glas verbleiben." „Heißt das, dass man das Glas mit einem Tuch nachpolieren soll, wenn der Champagner schön perlen soll?", fragt der Student. „Genauso ist es. Wenn ein Glas völlig gereinigt ist, moussiert der Champagner nicht und sieht wie Wein aus."

„Und wie kommt das Kohlendioxid in den Champagner?", zeigt Karla weiterhin ihr Interesse. Diesmal korrigiert Babs resignierend nicht mehr auf Kohlenstoffdioxid. „Da kann ich Auskunft geben", bringt sich Maurice ein. Der Küchenchef hat schon seit einiger Zeit hinter der Gruppe stehend dem Diskurs interessiert zugehört. „Ich bin zwar weit in der Welt herumgekommen, hatte jedoch nie eine Anstellung in Frankreich. Aber ich war mit der Chefin mehrere Male in der Champagne, um Kellereien zu besuchen und Champagner zu verkosten. Dabei hatten wir auch sehr gute Führungen." „Wie kommen also nun diese Gasperlen wirklich in den Champagner?", wird Frau Hofrat doch etwas ungeduldig. Maurice lässt sich nicht aus der Ruhe bringen und, um anzuzeigen, dass die Erklärung etwas länger dauern wird, setzt er sich erst einmal gemütlich auf einen Stuhl.

„Der wichtigste Prozess bei der Herstellung von vielen alkoholischen Getränken ist eine Gärung. Bei jeder Gärung, in der aus Zucker Alkohol wird, entsteht als Nebenprodukt Kohlendioxid. Also auch bei Wein oder Apfelmost. Allerdings wird der Wein so lange stehen gelassen, bis das meiste Gas aus der Oberfläche entwichen ist. Darum muss man die Keller gut lüften, und es ist schon zu vielen – auch tödlichen Unfällen – gekommen, weil dieses schwerere Gas die Luft und damit den Sauerstoff verdrängt hat."

„Da weiß ich leider auch einige Fälle bei uns auf dem Land", erinnert sich Norbert. „Einer war besonders tragisch, weil die Ehefrau ihren Mann retten wollte und dann auch ohnmächtig geworden ist. Beide sind dabei verstorben."

Nach einer Pause fährt Maurice zum allgemeinen Erstaunen historisch fort:

„In der Champagne, im Nordosten von Frankreich, ist im Mittelalter besonders guter Wein gekeltert worden. Um 1500 wurde das Klima in Europa jedoch deutlich kühler, man spricht auch von einer Kleinen Eiszeit. Durch die tieferen Temperaturen verlangsamte sich der Gärungsprozess, der Wein wurde nicht vollständig vergoren in Flaschen gefüllt. Er hat dann in der Flasche weiter gegoren, das entstehende Kohlendioxid konnte nicht entweichen, und darum perlte der Wein beim Einschenken."

„Und damit war der Champagner geboren", kommentiert der Student. „Nein, keinesfalls", entgegnet Maurice. „Die Adeligen in Paris fanden vorerst keinen Gefallen an dem perlenden Wein. Die Kirche hatte große Weingüter um Reims und musste empfindliche Verkaufseinbußen hinnehmen. Darum wurde der Mönch Dom Pierre Pérignon beauftragt, den Kelterungsprozess so zu beeinflussen, dass nach Öffnen der Flasche keine Perlen im Wein sichtbar sind." „Ich weiß nicht, ob es ihm gelungen ist", fährt Maurice nach einer kurzen Pause fort, „die Geschichte hat aber eine überraschende

Wende erfahren. Die bessere Gesellschaft in Frankreich und auch in England fand plötzlich Gefallen an dem Schaumwein. Und Dom Pérignon erhielt den Auftrag, Weine zu kreieren, die möglichst viel und lange schäumen. Und dies ist ihm in der Folge sehr erfolgreich gelungen."

„Aber jetzt haben wir endlich den Champagner, genauso wie er vor uns perlt", will der Student endgültig abschließen. „Nein, immer noch nicht völlig", muss ihn Maurice nochmals vertrösten. „Mit dem Einsatz von Korken blieb zwar das Kohlendioxid im Wein, aber die Flaschen hielten dem großen Druck oftmals nicht stand. Es gab viele gefährliche Verletzungen, weil die Flaschen im Keller oder beim Transport explodiert sind."

„Dann hätte man halt stärkere Flaschen nehmen müssen." Dieser pragmatischen Lösung von Frau Hofrat erteilt Maurice eine Absage.

„Ein solches Material stand damals kaum zur Verfügung. Dennoch kam es bald zu einer Lösung des Problems in der von Ihnen vorgeschlagenen Richtung, ausgelöst jedoch durch völlig andere Beweggründe. Die Glasbläser verwendeten für ihre Öfen Holzfeuer. In England hatte man aber Angst, dass damit zu viel Holz verbraucht wird, welches man als Seemacht insbesondere für den Schiffsbau benötigte. Deshalb mussten die Glasbläser auf Anordnung auf Kohlefeuer umstellen. Dieses erreichte eine höhere Temperatur, was zur Folge hatte, dass das erzeugte Glas zwar dunkler war, aber auch widerstandsfähiger. Und es hielt auch den Drücken des Champagners statt."

„Dann hätten wir also ohne Kleine Eiszeit und ohne den englischen Schiffsbau keinen Champagner. Schon eine verrückte Welt", resümiert Frau Hofrat.

Von Weinbeeren zum Champagner

Der französische Physiker und Chemiker Joseph Louis Gay-Lussac hat nicht nur das nach ihm genannte Gasgesetz entdeckt, sondern um 1810 auch, dass bei der Gärung Alkohol aus Zucker entsteht. Die folgende Gleichung zeigt den Übergang von Glucose (Traubenzucker) zu Ethanol, wobei auch Kohlenstoffdioxid gebildet wird:

$$C_6H_{12}O_6 \rightarrow 2CH_3CH_2OH + 2CO_2$$

1857 vertrat Louis Pasteur die Meinung, dass die alkoholische Gärung ein biochemischer Prozess ist, in dem lebende Zellen eine wichtige Rolle spielen. Dies wurde von vielen seiner Kollegen abgelehnt, die die Gärung als eine rein chemische Umwandlung mittels Katalysatoren sahen. Die Diskussion wurde 1897 durch Eduard Buchner (Abb. 9.1) mit seiner Publikation über die alkoholische Gärung mittels zellfreiem Hefeextrakt entschieden. Buchner erhielt dafür 1907 den Chemienobelpreis.

Hefen sind einzellige Pilze, die sich durch Knospung vermehren. Die Gärung, d. h. die Umwandlung von Zucker in Ethanol, wird von der Hefe zur Gewinnung von Energie genutzt – Ethanol und Kohlenstoffdioxid sind für die Hefe nur Abfallprodukte. Hefe kommt überall in der Umgebung vor, darum kann es z. B. bei altem Obst von sich aus zur Gärung kommen. Auch die Weinzubereitung erfolgte seit Jahrtausenden unwissentlich auf Hefepilzen, die sich auf den Schalen der Weinbeeren befanden. Erst im 20. Jahrhundert wurden Reinhefestämme gezielt gezüchtet, die für einzelne Weinsorten spezifisch eingesetzt werden.

Die Champagnerherstellung verläuft in verschiedenen Arbeitsschritten. Der aus mehreren Traubensorten gepresste Traubenmost wird in offene Behälter geleitet und mit spezieller Hefe versetzt. Der Gärungsprozess führt bis zu einem Alkoholgehalt von etwa 11 %. Danach stoppt der Prozess: Ethanol ist ein Zellgift, sodass die Hefezellen abgetötet werden. Das entstehende Kohlenstoffdioxid entweicht in die Luft.

Abb. 9.1   Eduard Buchner (1860–1917)

In der Folge werden diesem Wein Zucker (etwa 24 g/l) sowie weitere Hefe zugegeben. Dieses Gemisch wird in Glasflaschen abgefüllt und in kühlen Räumen gelagert. Damit beginnt eine zweite, langsame Vergärung. Aus dem Zucker entstehen etwa 12 g CO_2, der Alkoholgehalt steigt um etwa 1,5 %.

Auch diese Hefezellen sterben ab, zusätzlich platzen sie noch auf. Um die Zellen nach einem Reifeprozess des Champagners von Monaten bis zu Jahren zu entfernen, werden die Flaschen auf den Kopf gestellt und zweimal am Tag „gerüttelt", d. h. um eine Vierteldrehung weitergedreht. Damit sinken die abgestorbenen Zellen zum Flaschenhals. Danach werden die Flaschenhälse eingefroren, sodass ein Eispfropfen entsteht. Beim Öffnen der Flasche sprengt der Innendruck den Pfropfen mit den Hefezellen weg. Der verloren gegangene Champagner wird durch ein Gemisch aus Zucker und Wein ersetzt. Dann erfolgen die endgültige Verkorkung und die Ummantelung mit dem Drahtgeflecht, weil sich unter dem Kork ein Druck von etwa 6 bar aufbaut.

Champagner, Sekt oder Prosecco?

Champagner ist eine geschützte Herkunftsbezeichnung: Es dürfen nur Weine der Sorten Chardonnay, Pinot Meunier und Pinot Noir aus der nordostfranzösischen Provinz Champagne verarbeitet werden. Weiters gelten zusätzliche Gebote: Die Trauben müssen mit Hand geerntet werden, die zweite Gärung erfolgt in den Flaschen, die Reifung muss mindestens 15 Monate andauern, und die Flaschen müssen mit Naturkorken verschlossen sein.

Sekt ist die Bezeichnung für einen Qualitätsschaumwein. Für hochwertige Produkte gilt, dass sie meist nach sehr ähnlichen Richtlinien hergestellt werden wie ein Champagner. Allerdings gelten andere Mindestvoraussetzungen: Die Zweitgärung kann in großen Tanks erfolgen, die Reifezeit braucht nur 9 Monate zu betragen.

Für Frizzante, Perlwein oder dem norditalienischen Prosecco sind die Vorgaben am geringsten: Es kann Wein zugekauft werden, und das Kohlenstoffdioxid muss nicht durch eigene Gärung erzeugt sein, sondern kann dem Wein beigefügt werden. Gasmenge und Innendruck sind geringer, sodass ein Verschluss mit Drahtgeflecht nicht nötig ist.

Bläschenphysik

Wird eine Champagnerflasche entkorkt, sinkt der Druck auf 1 bar, das Gleichgewicht der Konzentrationen ist gestört und der Champagner mit CO_2 übersättigt. Gießt man den Champagner in ein Glas, so entweichen allmählich etwa 80 % des CO_2 direkt über die Oberfläche der Flüssigkeit, nur 20 % als Gasbläschen. Fasst ein Glas 0,1 l, so sind darin zirka 1,2 g CO_2 gelöst, 0,24 g davon entweichen in Form von Bläschen. Die Dichte von Kohlenstoffdioxid bei 10 °C ist 1,9 kg/m³. Die Bläschen haben damit insgesamt ein Volumen von 0,13 l. Da sie im Durchschnitt einen Durchmesser von etwa 0,5 mm haben, werden in einem Champagnerglas um die 2 Mio. Bläschen freigesetzt.

Die Freisetzung erfolgt aber nur an bestimmten Stellen und nicht willkürlich über das Glas verteilt. Mikroskopische Untersuchungen haben gezeigt, dass an diesen Bläschenquellen das Glas kleine Ritzer aufweist oder dass kleinste Faserteilchen am Glas haften, in der eine kleine Luftblase eingeschlossen ist (Abb. 9.2). Warum sind diese Stellen Quellen der CO_2 Bläschen?

Der Innendruck eines Bläschens ist umso größer, je kleiner es ist (siehe Kasten am Ende des Kapitels). Ab einer gewissen Grenze ist der Druck so

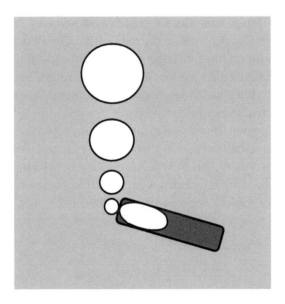

Abb. 9.2 Bildung und Ablösung der CO_2-Bläschen von einer Faser, in der sich ein Luftpolster befindet

groß, dass kein CO_2 mehr ins Bläschen eindringen kann. Darum können sich auch keine Bläschen spontan in der Gas-Flüssigkeitsmischung bilden. Bei Champagner beträgt dieser kritische Radius etwa 0,2–0,3 µm (Mikrometer).

Die Bläschen lösen sich, wenn der Auftrieb, der von der Größe der Bläschen abhängt, größer wird als die Adhäsionskraft, die das Bläschen an der Faser hält. Der Auftrieb hängt vom Volumen des Bläschens ab, steigt also mit r^3. Die Adhäsion hängt mit der haftenden Fläche zusammen und steigt mit r^2. Ab einer bestimmten Größe überwiegt also der Auftrieb. Beim Loslösen sind die Bläschen etwa 10–20 µm groß. Dies ist etwa auch die Größe der Faser, an der sie angeheftet waren (Abb. 9.2).

Da diese Kraft für eine bestimmte Stelle annähernd konstant ist, ist auch die Größe der erzeugten Bläschen ähnlich. Sogar die zeitliche Abfolge der Ablöse ist annähernd konstant und kann bei Champagner bei einer Rate von bis zu 30 Bläschen pro Sekunde liegen. Bei sinkendem CO_2-Gehalt werden immer weniger Bläschen erzeugt

Auch an Salz- und Zuckerkristallen haftet Luft. Darum verursacht eine Zugabe von Zucker- oder Salzkörnern eine heftige Blasenbildung, die sogar zu einem Überschäumen führen kann. Dieses Experiment sollte man aber eher mit Mineralwasser als mit Champagner durchführen.

Abb. 9.2 zeigt auch, dass die Bläschen nach der Ablöse noch wachsen. Das Größerwerden hängt nur sehr wenig mit dem verminderten hydrostatischen Druck nahe der Oberfläche zusammen – bei einer Distanz von 10 cm ist die Druckabnahme nur etwa 1 %. Die Bläschen werden größer, weil auch während des Aufsteigens andauernd CO_2 aufgenommen wird. Da größere Teilchen einen stärkeren Auftrieb erzeugen, steigt auch deren Geschwindigkeit. Dies kann daran ersehen werden, dass der Abstand der Bläschen nach oben immer größer wird.

Ist der Champagner frisch eingeschenkt, treffen pro Sekunde Hunderte Bläschen auf die Oberfläche. Dort zerplatzen sie und reißen dabei noch Flüssigkeitsteilchen mit (Abb. 9.3). Dies ergibt das bekannte Knistern, aber auch das Prickeln, zudem werden Geruchsstoffe freigesetzt. All dies trägt zum Genuss eines Schluckes guten Champagners bei.

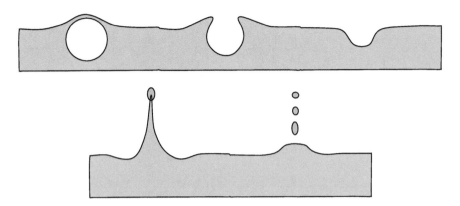

Abb. 9.3 Platzen der Bläschen an der Oberfläche und Erzeugung kleinster Flüssigkeitströpfchen

---

Drücke

Der Zusammenhang zwischen dem im Champagner gelösten und dem sich unter dem Korken befindlichen gasförmigen Kohlenstoffdioxid ist durch die **Henry-Gleichung** gegeben:

$$p_{CO_2} = K_H(T) \cdot K_{CO_2}$$

PCO_2 gibt den Druck im Hohlraum an, K_{CO_2} die Konzentration von CO_2 im Champagner, und $K_H(T)$ ist die temperaturabhängige Henry-Konstante. In 1 l Champagner sind etwa 12 g CO_2 gelöst. In einer üblichen 0,7-l-Flasche sind damit 8,4 g CO_2 gelöst, was einem Volumen von etwa 4 l Gas entspricht. Die Henry-Konstante ist bei 15 °C etwa 0,5 bar l/g. Damit ergibt sich unter dem Kork ein Druck von ca. 6 bar.

Der Druck in einer Blase gehorcht der **Young-Laplace Gleichung**:

$$p = \frac{2 \cdot \gamma}{r}$$

P ist der Druck in der Blase relativ zum Druck in der Flüssigkeit, γ die Oberflächenspannung zwischen Gas und Flüssigkeit und r der Radius der Blase. Je kleiner das Bläschen ist, desto höher ist der Innendruck, und ab einer gewissen Grenze kann kein CO_2 mehr ins Bläschen eindringen. Darum können sich auch keine Bläschen aus dem Nichts, d. h. nur aus dem gelösten Gas, bilden. Bei Champagner beträgt die Oberflächenspannung etwa $\gamma = 0,05$ N/m (Newton pro Meter). Damit ergibt sich bei einem Druck von 5–6 bar ein kritischer Radius von ca. 0,2 μm.

10

Die Zukunft steht in den Sternen

Herr Oskar steuert auf die Gruppe zu. „Ich soll Grüße ausrichten von Herrn Kuno, dem Handlungsreisenden. Er war gestern Abend kurz hier, hatte es aber sehr eilig." „Das ist aber ganz was Neues", vermeldet Frau Hofrat, „ich kann mich nicht erinnern, dass er es einmal nicht eilig gehabt hätte." „Ja, aber diesmal mit besonderem Grund. Er ist nämlich sehr kurzfristig befördert worden. Er wird Gebietsleiter in Tirol, Vorarlberg und, ich glaube, auch in Teilen der Schweiz. Und er musste gestern noch abreisen." „Es tut mir leid, dass er höchstwahrscheinlich nicht mehr so oft bei uns vorbeischauen wird. Aber ich freue mich für ihn, dass sein Fleiß und seine Tüchtigkeit Anerkennung gefunden haben." Diese Worte Karlas ergänzt Herr Oskar: „Ja. Aber Herr Kuno hat auch gesagt, dass er gewaltig Glück gehabt hat. Es war nämlich überhaupt nicht vorhersehbar, dass diese Position so rasch frei wird."

Nachdem sich Herr Oskar wieder entfernt hat, hört man den Prokuristen etwas später hinter seiner Zeitung murmeln: „Nicht nur bei Herrn Kuno, auch bei mir steht das Glück vor der Tür. So viel Gutes hat mir das Horoskop noch selten vorausgesagt." Frau Hofrat hört trotz ihres Alters noch sehr gut und reagiert prompt. „Dass Sie an einen solchen Unsinn glauben, enttäuscht mich jetzt aber sehr. Das hätte ich von Ihnen nicht gedacht." Gegen diesen Angriff verteidigt sich der Prokurist mit einem Lächeln:

„Natürlich glaube ich nicht an diese Vorhersage. Ich sehe es als Zeitvertreib. Ich lese auch den Witz des Tages, der immer auf derselben Seite zu finden ist wie das Horoskop. Wenn er gut ist, lache ich. Wenn er schlecht ist, ärgere

© Springer-Verlag GmbH Deutschland, ein Teil von Springer Nature 2019
L. Mathelitsch, *Physikalische Melange*, https://doi.org/10.1007/978-3-662-59260-1_10

ich mich aber nicht. Genauso geht es mir mit dem Horoskop. Wenn es etwas Positives ist, freue ich mich. Wenn etwas Negatives drinnen steht, habe ich es schon wieder vergessen. Aber es stehen ohnehin meist nur angenehme Prophezeiungen drinnen."

„Na, dann bin ich wieder beruhigt", schließt Frau Hofrat ab.

Anscheinend beschäftigt den Prokuristen das Thema doch noch weiter, denn nach einer Denkpause meint er: „Natürlich ist diese Art von Horoskop in Tageszeitungen ein völliger Unsinn. Dann würden ja je nach Sternzeichen für ein Zwölftel aller Menschen dieselben Dinge eintreffen. Die Astrologie hat allerdings auch einen seriösen Ansatz. Dabei wird nämlich genau auf die jeweilige Person eingegangen." „Seien Sie mir nicht böse", entgegnet Frau Hofrat wiederum, „aber ich kann auch damit nicht viel anfangen. Ich weiß, dass da vom genauen Geburtstermin einer Person ausgegangen wird. Aber erstens scheint mir der Zeitpunkt im Laufe einer Geburt nicht so genau bestimmbar zu sein. Aber vor allem: Wie soll ein weit entfernter Planet einen solchen Einfluss auf mich ausüben? Ich kann es einfach nicht glauben."

„Ich war genauso ein Skeptiker wie Sie", antwortet der Prokurist. „Meine Frau hat jedoch einmal eine Astrologin besucht, und die hat Ereignisse aus der Vergangenheit meiner Frau aus dem Horoskop gelesen, die eigentlich niemand wissen konnte. Da sie ihr auch Hinweise für die Zukunft gegeben hat, wollte ich mir das selbst auch ansehen." „Und?", wird Frau Hofrat doch neugierig.

„Ja, auch bei mir wurden vergangene Dinge sehr richtig angesprochen. Das hat mich ziemlich überrascht und auch überzeugt, dass da was dran ist. Auch bezüglich der Zukunft sind einige Dinge inzwischen eingetroffen. Andererseits wurde mir und meiner Frau nur ein Kind vorausgesagt, wir haben aber dann deren drei großgezogen. Aber wie die Astrologin das Horoskop aus den Tierkreiszeichen, Aszendenten, Häusern und Planetenstellungen erstellt hat, das war schon beeindruckend. Und es hat schließlich eine jahrhundertelange, vielleicht sogar jahrtausendealte Tradition."

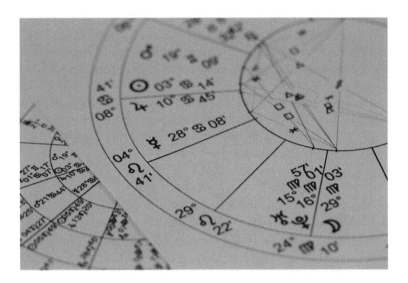

„Ich schließe mich der Skepsis an", erhält Frau Hofrat Unterstützung vom Studenten.

„Auch ich kann mir nicht vorstellen, wie die Gestirne einen solchen Einfluss haben sollen. Aber ich habe für mich noch ein anderes Gegenargument. Wenn bei einer großen Katastrophe, wie etwa einem Erdbeben, viele Leute in einer Stadt sterben, so trifft Menschen mit unterschiedlichsten Geburtsterminen und astrologischen Daten genau dasselbe Schicksal. Andererseits sollten solche lebensbedrohenden Situationen im Horoskop zu sehen sein. Da müssten die Astrologen doch stutzig werden, wenn für mehrere Menschen in einer Stadt derselbe Unfall errechnet wird, noch dazu zum gleichen Zeitpunkt. Ich habe aber noch nie gehört, dass ein Naturereignis von Astrologen vorhergesagt worden ist."

„Ihr Künstler seid ja auch ziemlich abergläubisch", erweitert Karla das Thema, indem sie sich an Renée wendet. „Glaubt ihr wirklich daran?" „Natürlich sind sehr viele Künstler abergläubisch und haben spezielle Macken. Auch ich. Meine Eltern haben mir vor meinem ersten größeren Auftritt ein Armband geschenkt. Da der Auftritt sehr erfolgreich war, nehme ich seit damals bei jedem großen Ereignis dasselbe Armband. Und wenn es nicht zum Kleid passt, dann trage ich es in einer Tasche bei mir." „Auch bei der Geburtstagsfeier der Chefin?", fragt Karla schmunzelnd. „Ja, obwohl ich nur eine kleine Zuhörerschaft erwartet habe, habe ich es getragen."

„Und nützt es etwas?" Frau Hofrat ist immer noch skeptisch. „Ich glaube schon", meint Renée.

„Allerdings nicht, weil das Metall des Armbands einen Einfluss ausübt, sondern weil man sich selbst beeinflusst. Man fühlt sich sicherer, wenn man jedes Mal die gleichen Rituale abspult. Wenn ein Schauspieler immer, bevor er die Bühne betritt, einen Schluck Kamillentee mit Traubenzucker trinkt, dann hat dies weniger eine stärkende Wirkung, sondern mehr eine abergläubische, suggestive. Umgekehrt kann es einen gehörig aus der Fassung bringen, wenn man merkt, dass man das Ritual nicht einhält. Ich bin einmal ganz schön erschrocken, als mir mitten im Auftritt eingefallen ist, dass ich das Armband vergessen habe. Prompt habe ich den nächsten Einsatz verpasst. Aber all das steckt in den Menschen drinnen und nicht in den Sternen."

„Bei uns auf dem Land", bringt sich Norbert ein, „richten sich Leute schon nach den Gestirnen. Allerdings nicht nach den fernen Sternen, sondern nach dem Mond. Ich kenne einige, die sich beim Pflanzen von Blumen oder beim Friseurtermin nach der Mondphase richten. Und Christbäume sollte man sowieso nur drei Tage vor Vollmond fällen. Da bleiben die Nadeln viel länger grün."

„An den Einfluss des Mondes glauben viele Leute", pflichtet der Student bei. „Ich hatte vor einiger Zeit eine Freundin, die war Krankenschwester." Nach einem kurzen Stocken berichtigt er sich. „Eigentlich ist sie noch immer

Krankenschwester, nur nicht mehr meine Freundin." „Was ist nun mit dem Mond und Ihrer Ex?", wird Frau Hofrat ungeduldig. „Sonja, so hieß …, so heißt sie, hat sich immer vor den Diensten bei Vollmond gefürchtet. Sie sagt, dass es während dieser Zeit mehr Komplikationen bei Operationen gibt, auch mehr Nachblutungen. Und ihre Freundin auf der Geburtenstation hat bei Vollmond ebenfalls immer mehr Betrieb."

„Das ist aber offensichtlich und verständlich", meint der Prokurist. „Dass der Mond eine große Wirkung auf die Erde hat, sieht man an den Gezeiten. Und da der Mensch zu mehr als der Hälfte aus Wasser besteht, ist es nicht verwunderlich, dass der Mond auch einen Einfluss auf die Menschen ausübt. Es gibt ja auch einen eigenen Mondkalender."

„Es tut mir leid, meine Freunde, aber dieser allgemeinen Zustimmung zum Einfluss des Mondes auf den Alltag kann ich mich absolut nicht anschließen", meldet sich der Professor energischer als sonst zu Wort. „Und dies ist nicht nur meine Meinung. Es hat dazu schon unzählige Untersuchungen gegeben. Ich hoffe, dass ich einige aus dem Kopf wiedergeben kann." „Da bin ich aber sehr neugierig", reagiert Norbert etwas angerührt. „Die Menschen auf dem Land sind ja nicht dumm. Ihre Tätigkeiten beruhen meist auf langjähriger Erfahrung, und sie machen nur dann etwas, wenn es ihnen nutzt."

„Beginnen wir mit Sonja, deiner ehemaligen Freundin", richtet sich der Professor zuerst an den Studenten. „Diese ihre Meinung ist unter den Bediensteten von Krankenhäusern sehr weit verbreitet. Nehmen wir einmal die Geburten. Es wird sehr genau aufgezeichnet, wer wann wo geboren wird. Diese Daten lassen sich sehr leicht für ein Spital, eine Stadt oder ein Land zusammenfassen und statistisch auswerten. Und dabei zeigt sich in keinem Fall eine Veränderung der Anzahl der Geburten, die dem Mondzyklus, also etwa 28 Tagen, entspricht." „Heißt das, dass jeden Tag gleich viele Kinder geboren werden?", fragt Karla. „Nein, überhaupt nicht. Es gibt ein Auf und Ab und sogar eine Regelmäßigkeit. Aber die betrifft die Wochenenden, an denen weniger Kinder geboren werden. Genauso kann man an der Geburtenrate die Feiertage erkennen." „Wollen die Babys keine Sonntagskinder werden?", amüsiert sich Karla. „Nein, aber relativ viele Geburten werden eingeleitet. Und die werden meist für normale Arbeitstage geplant und nicht für die Wochenenden, an denen weniger Personal zur Verfügung steht."

„Wie ist es mit den Pflanzen und den Bäumen? Spüren die den Mond auch nicht?", fragt Norbert den Professor. „Sie haben selbst das Beispiel mit den Christbäumen angeführt. Diesbezüglich gab es eine Studie an der Technischen Universität Dresden. Dabei wurden von genetisch gleichwertigen

Fichten jeden Tag einige Zweige abgeschnitten. Und man hat dann gezählt, wie viele Nadeln wann abgeworfen wurden." „Das muss ein Traumjob gewesen sein, Fichtennadeln zählen", murmelt Frau Hofrat vor sich hin. „Und das Ergebnis war wiederum", fährt der Professor fort, „dass keinerlei Mondrhythmus zu erkennen war. Es wurden noch viele weitere Mythen ausgeräumt, etwa dass die Anzahl von Hundebissen oder von Selbstmorden vom Mond abhängt. Dass man bei Vollmond eventuell schlechter schläft, hängt nur in dem Sinne mit dem Mond zusammen, dass es heller ist."

„Und wie ist es mit der Astrologie als Wissenschaft? Meine Astrologin hat ja penibel mit den astronomischen Daten gearbeitet und daraus mein Horoskop errechnet", fragt der Prokurist. „Auch diesbezüglich sieht es sehr schlecht aus", entgegnet der Professor.

„Der Mond hat neben der Sonne die größte Wirkung auf den Menschen, weit mehr als jeder Planet. Wir haben bereits bezüglich des Mondes keinen Einfluss feststellen können. Es ist also nicht zu erwarten, dass die weiter entfernten Planeten die Menschen an sich und insbesondere einzelne Schicksale beeinflussen. In vielen wissenschaftlichen Untersuchungen wurde die Aussagekraft von Horoskopen überprüft, immer mit demselben negativen Resultat. In dem Sinne ist die Astrologie keine Wissenschaft, sie hat keinerlei Aussagekraft."

„Aber es kann doch kein Zufall gewesen sein, dass die Astrologin so viel über meine Frau und mich aus dem Horoskop rausgelesen hat?", ist der Prokurist nicht überzeugt. „Nein, da haben Sie recht. Es war auch kein Zufall. Und genau diese Tatsache führt bei vielen Personen dazu, an die Astrologie zu glauben. Dieser Effekt ist so bekannt, dass er sogar einen Namen hat: Barnum-Effekt, nach dem amerikanischen Zirkusgründer Phileas Barnum." „Heute kommen wir aber weit herum", sinniert Frau Hofrat, „von Geburtsstationen zu den Fichtennadelzählern in Dresden bis zu einem amerikanischen Zirkus." Der Professor lässt sich nicht beirren.

„Kurz gesagt beruht der Effekt darauf, dass man sich bei mehreren Aussagen immer auf diejenigen konzentriert, denen man eher zustimmt. Und vage formulierte Sätze werden so interpretiert, dass sie zur eigenen Situation passen. Es gibt eine ganze Reihe von psychologischen Experimenten dazu: So wurden Personen Horoskope – sogar von Mördern – zugesandt und gefragt, ob dieses Horoskop auf sie zutrifft. In allen Fällen stimmten 70–90 % der Befragten zu, dass das Horoskop ihren Charakter ganz gut wiedergibt."

„Und warum nennt man dies Barnum-Effekt?", will Karla wissen. „Oh, das hatte ich vergessen", entschuldigt sich der Professor. „Phileas Barnum hat ursprünglich ein Kuriositätenkabinett geführt. Und darin hat er absichtlich ‚für jeden etwas' geboten."

„Zum Abschluss möchte ich noch einen großen Physiker erwähnen", fährt der Professor fort. „Johannes Kepler hat zeit seines Lebens viele Horoskope erstellt, unter anderem für den Feldherrn Wallenstein. Die Richtigkeit der Vorhersage war, nebenbei bemerkt, nicht groß."

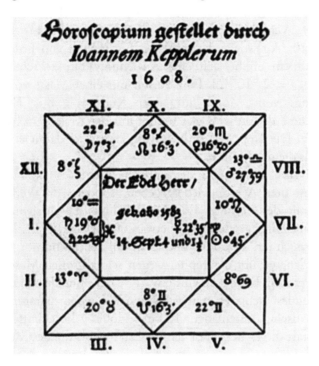

„Kepler hat die Beziehung zwischen Astronomie und Astrologie folgendermaßen gesehen: Die Astrologie ist ‚das närrische Töchterlein' und die Astronomie ‚die hochvernünftige Mutter'. Er billigte aber zu ‚dass die Mutter gewisslich Hunger leiden müsste, wenn die Tochter nichts erwürbe'."

„Das hat sich bis heute aber stark verändert", meint Frau Hofrat „Die Astrologie macht zwar immer noch einen guten Umsatz. Sie ernährt aber nur sich selbst und nicht mehr die Astronomie."

Gravitations-, Gezeiten- und andere Kräfte

Die anziehende Gravitationskraft F_{Grav} zwischen einem Körper mit Masse M und einem Körper mit Masse m, die sich in einem Abstand r voneinander befinden, ist durch das Newtonsche Gravitationsgesetz gegeben:

$$F_{\text{Grav}} = G \cdot \frac{M \cdot m}{r^2}$$

Die Gravitationskonstante G hat den Wert $G = 6{,}67 \cdot 10^{-11} \text{m}^3/(\text{kg} \cdot \text{s}^2)$.

Mit den Massen von Erde $(m_e = 6{,}0 \cdot 10^{24}\,\text{kg})$ und Mond $(m_m = 7{,}3 \cdot 10^{22}\,\text{kg})$ sowie der mittleren Entfernung von Erde und Mond $r_{em} = 384.000\,\text{km}$ ergibt sich eine Anziehungskraft zwischen Erde und Mond von $F_{em} = 2 \cdot 10^{20}\,\text{N}$. Eine Person mit einer Masse von $m = 70\,\text{kg}$ wird allerdings vom Mond mit einer Kraft von nur $F = 0{,}0024\,\text{N}$ angezogen. Diese Person wird gleichzeitig mit der Kraft $F = 690\,\text{N}$ auf der Erde gehalten. Die Kraft der Erde auf die Person ist damit etwa 300.000-mal stärker als die des Mondes.

Wie groß sind die Kräfte der anderen Gestirne? In Tab. 10.1 sind nicht die absoluten Werte wiedergegeben, sondern die Verhältnisse zur Anziehungskraft des Mondes. Es zeigt sich, dass die Anziehungskraft der Sonne aufgrund ihrer großen Masse etwa 200-mal stärker ist. Darum dreht sich die Erde auch um die Sonne und nicht um den Mond.

Von den Planeten übt der Jupiter wegen seiner großen Masse die größte Kraft aus. Allerdings beträgt sie nur etwa 1 % der ohnehin schon schwachen Kraft des Mondes. Befindet man sich 5 km von einem pyramidenförmigen Berg (quadratische Seitenlänge 10 km, Höhe 1 km) entfernt, ist die Anziehungskraft dieses Bergs fast zehnmal stärker als die des Mondes. Selbst

Tab. 10.1 Gravitations- und Gezeitenkräfte in Relation zu den entsprechenden Kräften des Mondes

	Masse (kg)	Kleinster Abstand (km)	Gravitationskraft	Gezeitenkraft
Mond	$7{,}3 \cdot 10^{22}$	$3{,}8 \cdot 10^5$	1	1
Sonne	$2{,}0 \cdot 10^{30}$	$1{,}5 \cdot 10^8$	180	0,5
Mars	$6{,}4 \cdot 10^{23}$	$5{,}5 \cdot 10^7$	$4 \cdot 10^{-4}$	$3 \cdot 10^{-6}$
Venus	$4{,}9 \cdot 10^{24}$	$3{,}8 \cdot 10^7$	$7 \cdot 10^{-3}$	$7 \cdot 10^{-5}$
Jupiter	$1{,}9 \cdot 10^{27}$	$5{,}9 \cdot 10^8$	$1 \cdot 10^{-2}$	$8 \cdot 10^{-6}$
Berg	$1 \cdot 10^{14}$	5	7,8	$6 \cdot 10^5$
Hebamme	70	$1 \cdot 10^{-3}$	$1{,}4 \cdot 10^{-4}$	$5 \cdot 10^4$

eine Person in 1 m Entfernung (in Tab. 10.1 als „Hebamme" bezeichnet) übt ein Drittel der Gravitationskraft des Mars aus.

Die Anziehungskraft des Mondes ist auf der Erde in erster Linie in den Gezeiten ersichtlich. Die Ursache der beiden Fluten auf mondnächster und mondabgewandter Seite ist durch die unterschiedlich starken Kräfte des Mondes auf das Wasser an diesen beiden extremen Entfernungen gegeben. Allgemeiner ausgedrückt: Befindet sich ein ausgedehnter Körper in einem Gravitationsfeld, so bewirken die unterschiedlichen Kräfte an den Enden des Körpers, dass dieser in Richtung des Kraftfeldes in die Länge gezogen wird: Obwohl die Kräfte in dieselbe Richtung zeigen, wird an einem Ende stärker gezogen als am anderen.

Diese sogenannte Gezeitenkraft ist durch folgende Formel gegeben:

$$F_{Gez} = G \cdot \frac{2 \cdot M \cdot m \cdot R}{r^3}$$

R ist der Radius der Masse m und r wiederum der Abstand zwischen den Massen (siehe Kasten am Ende des Kapitels). In Tab. 10.1 sind die Gezeitenkräfte für die angegebenen Situationen berechnet und wiederum in Relation zur Gezeitenkraft des Mondes dargestellt.

Ist die Sonne bezüglich der Gravitation die weitaus stärkste Kraftquelle, so ist die Gezeitenkraft der Sonne nur etwa die Hälfte der des Mondes. Damit verstärkt bzw. schwächt die Sonne lediglich die stärkeren Mondgezeiten: Liegen Sonne, Erde und Mond auf einer Linie (Voll- und Neumond), kommt es zur Springflut, bilden Sonne und Mond einen Winkel von 90°, von der Erde aus gesehen (Halbmond), tritt die schwach ausgeprägte Nippflut auf.

Die Gezeitenkräfte der Planeten sind im Vergleich zum Mond noch geringer als die Gravitationskräfte. Aufgrund der geringen Entfernungen entwickeln aber nahe liegende Gebirge und selbst Personen relativ starke Gezeitenkräfte. Diese ist etwa zwischen einer Hebamme und einem Neugeborenen mehr als eine Milliarde Mal stärker als die zwischen dem Planet Venus und dem Baby. Dass diese Gezeitenkraft dennoch keine Wirkung zeigt, erkennt man, wenn man nicht den relativen, sondern den realen Wert zwischen zwei Personen im Abstand von 1 m berechnet: Er beträgt etwa ein Millionstel eines Newton!

Es sind also, was Gravitations- und Gezeitenkräfte betrifft, die Einflüsse, die von den astrologischen Himmelkörpern auf eine Person wirken, äußerst gering.

Welche Kräfte könnten noch einen Einfluss ausüben?

Viele Planeten, inklusive die Erde, aber auch die Sonne haben ein Magnetfeld. Es könnten also magnetische Kräfte wirken. Dagegen spricht jedoch, dass astrologisch wichtige Planeten wie Venus und Mars kein Magnetfeld haben.

Reale Einflüsse auf das Geschehen der Erde haben sogenannte Sonnenstürme. Damit werden besonders starke Aussendungen elektromagnetischer Wellen und elementarer Teilchen aus der Sonne bezeichnet. Diese können so energiereich sein, dass sie auf der Erde trotz der Abschirmung durch das Erdmagnetfeld zu Nordlichtern, aber auch zu Störungen des Funkverkehrs führen. Diese Art von Wirkungen wird von Astrologen jedoch in ihren Berechnungen der Horoskope nicht berücksichtigt.

Doppelblindversuch

Eine sehr einfache Form astrologischer Aussagen betrifft Tierkreiszeichen: Im Zeichen der Waage Geborene sind sanftmütiger, Steinböcke sind ehrgeizig, Marsmenschen sind bessere Sportler usf. Es gibt viele Untersuchungen dazu, in einigen sind auch Zusammenhänge gesehen worden. Genauere Forschungen haben diese jedoch meist auf Fehler in der Methode zurückgeführt, sodass es letztlich keine Studie gibt, die einen Zusammenhang zwischen Tierkreiszeichen und Charaktereigenschaften zeigt.

Astrologische Horoskope arbeiten „genauer" und beziehen sich nicht nur auf die Tierkreiszeichen. Sie gehen von einem möglichst exakten Geburtstermin und -ort aus. Daraus werden die Konstellationen der Gestirne und ihre Beziehungen zueinander zu diesem Zeitpunkt errechnet. Diese Daten interpretiert der Astrologe und erstellt das persönliche Horoskop. Bezüglich der Aussagekraft solcher Horoskope hat der Physiker und Wissenschaftsjournalist Shawn Carlson eine viel beachtete Studie erstellt, die in der renommierten Zeitschrift *Nature* unter dem Titel „A double-blind test of astrology" publiziert wurde.

Diese Studie zeichnet sich durch mehrere Aspekte aus: Einerseits wurden namhafte Astrologen bereits in das Design der Studie mit einbezogen, und sie billigten der Studie im Vorhinein Aussagekraft zu. Doppelblindtest bezeichnet, dass über wichtige Einzelheiten des Tests weder die Testpersonen noch die mit ihnen in Kontakt stehenden Versuchsleiter Bescheid wissen.

Diese Technik wird z. B. bei Medikamententests angewandt, bei denen Patienten Arzneien oder unwirksame Placebos verabreicht werden. Es hat sich gezeigt, dass selbst dann ein Einfluss auf das Ergebnis besteht, wenn die Personen, die die Mittel verabreichen, darüber Bescheid wissen, welches das Placebo ist. Diese Kenntnis wird unbewusst und durch kaum ersichtliche Zeichen dem Patienten vermittelt und durch Doppelblindversuche unterbunden.

Die Studie von Carlson enthielt zwei Teile:

1. Versuchspersonen haben ihre Geburtsdaten bekannt gegeben, woraus 30 Astrologen, die von der Gesellschaft für Astrologie als namhaft und anerkannt genannt wurden, Horoskope erstellten. Danach wurden 177 Versuchspersonen drei Horoskope vorgelegt: das für ihre Person erstellte und zwei willkürliche. Sie sollten dann das auf sie zutreffendste auswählen. Astrologen erwarteten, dass mit einer Trefferwahrscheinlichkeit von 50 % und mehr das richtige Horoskop erkannt wird. Gibt es kein Erkennen des eigenen Horoskops, führt dies zu einer Wahrscheinlichkeit von 1/3 für jedes der drei.
2. Von Versuchspersonen wurden die Geburtsdaten erfragt, und zusätzlich wurden sie einem anerkannten Test unterzogen, in dem verschiedene Persönlichkeitsmerkmale erhoben wurden. Den Astrologen wurden die Geburtsdaten und drei Listen von Persönlichkeitsmerkmalen gegeben: eine von der Person, von der auch die Geburtsdaten stammen, und zwei zufällige. Wiederum gaben die Astrologen an, dass sie mit mehr als 50 % die richtige Zuordnung treffen würden.

Das Resultat war für die Astrologie sehr ernüchternd, ja katastrophal. In beiden Fällen wurden Wahrscheinlichkeiten um 33 % gemessen, sodass der Autor schließt: „Wir können damit behaupten, dass es eine überraschend starke Evidenz gegen die Gültigkeit von Geburtshoroskopen gibt, wie sie von anerkannten Astrologen erstellt werden."

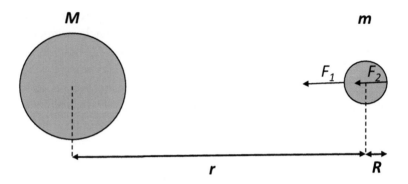

Abb. 10.1 Gravitationskräfte auf zwei Punkte der Masse *m*

Gezeitenkraft

Die Gezeitenkraft der Masse *M* auf die Masse *m* ergibt sich aus den unterschiedlichen Entfernungen der Punkte auf der Masse *m* relativ zu *M*. Am nächsten Punkt ist die Gravitation F_1 stärker als am fernsten Punkt (F_2) (Abb. 10.1).

Die Gezeitenkraft ist definiert als der Unterschied der Kräfte auf den Massenmittelpunkt von *m* (*F*) und dem nächsten (F_1) bzw. fernsten Punkt (F_2):

$$F_{\text{Gez}} = F_1 - F = G \cdot \frac{M \cdot m}{(r-R)^2} - G \cdot \frac{M \cdot m}{r^2} = G \cdot \frac{M \cdot m}{r^2} \cdot \left(\frac{1}{1 - 2\frac{R}{r} + \frac{R^2}{r^2}} - 1 \right)$$

Der Ausdruck $\frac{R^2}{r^2}$ ist in unserem Beispiel sehr klein, deshalb setzen wir ihn 0. Aus demselben Grund können wir den Bruch $\frac{1}{1-2\frac{R}{r}}$ in guter Näherung durch die Summe $1 + 2\frac{R}{r}$ ersetzen. Damit ergibt sich für die Gezeitenkraft:

$$F_{\text{Gez}} = G \cdot \frac{2 \cdot M \cdot m \cdot R}{r^3}$$

In ähnlicher Rechnung ergibt die Differenz zwischen *F* und F_2 denselben Wert.

11

Chaotisches Billard

„Wenn das stimmt, was ich gehört habe, dann sieht mich dieses Kaffeehaus niemals wieder." Derart aufgebracht stürmt Frau Hofrat herein. „Was
ist los?", fragt Karla. „Beruhigen Sie sich einmal, Frau Hofrat. Aufregung
ist nicht gesund. Setzen Sie sich und erzählen Sie uns, was passiert ist."
„Beruhigen? Dabei kann ich mich nicht beruhigen. Das ist eine gewaltige
Sauerei. Aber die werden sich schon anschauen. Und ich hoffe, dass Sie alle
mit mir mitziehen."

„Jetzt müssen Sie uns aber doch aufklären", fordert der Prokurist ein.
„Wer sind die, die sich anschauen werden? Und wohin sollen wir mit Ihnen
ziehen?" „Wohin ist mir egal. Nur fort von hier. Das müssen wir uns nicht
bieten lassen. Und die, das ist vor allem die Chefin. Von der hätte ich mir
dies nie gedacht." „Worum geht es jetzt wirklich?", fragt Carmen, vielleicht
auch aus beruflichem Interesse.

„Ja, haben Sie es noch nicht gehört?" Nach einer ungläubigen Pause
erklärt Frau Hofrat: „Im Nebenhaus ist ein großer Raum frei geworden.
Dort möchte die Chefin einen Billardsalon einrichten." „Wenn die Chefin meint, dass es sich rentiert, soll sie es tun", meint der Prokurist lapidar.
„Aber was betrifft das uns?" „Der Raum im Nebenhaus grenzt an diesen Teil
des Kaffeehauses, in dem wir sitzen", klärt Frau Hofrat auf. „Und der Salon
soll mit dem Raum verbunden werden. Diese Mauer wird also weggerissen,
und wir sitzen damit mitten zwischen den Billardtischen. Aber nicht mit
mir!"

© Springer-Verlag GmbH Deutschland, ein Teil von Springer Nature 2019
L. Mathelitsch, *Physikalische Melange*, https://doi.org/10.1007/978-3-662-59260-1_11

Der letzte Satz fällt ziemlich lautstark aus und führt dazu, dass der Ober, Herr Oskar, aufmerksam wird und herbeieilt. „Womit kann ich dienen, meine Herrschaften?", fragt er dienstbeflissen. „Indem Sie uns erklären, dass das, was uns Frau Hofrat gerade offenbart hat, nicht stimmt." „Und was soll das sein?" Carmen springt für Frau Hofrat ein: „Dass diese Wand weggerissen und damit eine Verbindung zu dem Raum nebenan geschaffen wird. Und damit soll ein großer Billardsalon entstehen." „Also diese Geschichte meinen Sie. Da kann ich Sie beruhigen. Diese Wand wird nicht abgerissen. Sie können also Ihren Teil des Kaffeehauses in Ruhe behalten."

„Dann ist die Geschichte mit dem Billardzimmer also ein falsches Gerücht?", fragt Karla. „Nein, nicht ganz", muss Herr Oskar zugeben, „etwas ist schon dran an der Geschichte. Die Chefin überlegt wirklich, den Raum zu mieten. Allerdings ist noch nichts entschieden." „Und wo ist der Eingang zu diesem Zimmer?", erkundigt sich Frau Hofrat. „Der ist wohl über das Kaffeehaus", räumt Herr Oskar ein, „allerdings nur über eine Tür." „Und alle, die dort spielen oder auch nur zusehen wollen, müssen dann zwischen unseren Tischen durch? Was habe ich euch gesagt?", wendet sie sich wieder an den Rest der Runde. „Die wollen uns nicht mehr haben. Na, wenn die Kugerlspieler mehr Gewinn bringen, dann soll es so sein. Wer geht mit mir mit?"

Nun wird Herrn Oskar der Ernst der Lage bewusst. Bevor die anderen ihre Meinung mit möglicher Zustimmung abgeben, versucht er die Lage zu entspannen. „Ich habe bereits gesagt, dass noch nichts entschieden ist. Aber ich werde jetzt gleich zur Chefin gehen und mit ihr nochmals darüber sprechen." Nach seinem Verschwinden meint Norbert. „Also mir ist diese Runde doch ans Herz gewachsen, und sie würde mir sehr fehlen. Wenn ihr weg geht, würde ich mich anschließen." „Und was ist, wenn sie uns andere Plätze anbieten?", fragt der Prokurist. „Könnt ihr mir sagen, wo es so gemütlich ist wie hier?" Frau Hofrat sieht keine Alternative. „Nein, hier oder gar nicht." Die anderen blicken suchend im restlichen Kaffeehaus umher.

Es bietet sich zwar kein adäquater Platz an, aber sie sehen Herrn Oskar mit der Chefin auf sie zusteuern. „Ich habe gehört, dass es einige Aufregung gibt bezüglich des geplanten Billardraums", spricht die Chefin gleich das Thema an. „Ja, und ich kann Ihnen sagen, dass wir alle in ein anderes Kaffeehaus übersiedeln werden", erklärt Frau Hofrat, obwohl zuvor noch keine allgemeine Zustimmung gegeben war. „Wie soll das werden?", fährt sie aufgebracht fort. „Wir sitzen hier gemütlich, und alle fünf Minuten kommen diese Leute mit ihren Stöcken …" – „Queue heißt das", kann es sich der Student nicht verkneifen zu korrigieren. – „… also stoßen mit diesen Dingern bei uns an, stören uns, dauernd hören wir das Klick-Klack der Kugeln. Nein, das wird das reinste Chaos, und da machen wir nicht mit." Erschöpft sinkt Frau Hofrat zurück.

„Frau Hofrat, ich kann Sie und auch alle anderen beruhigen", lächelt die Chefin. „Ich habe die Idee mit dem Billardsalon inzwischen wieder verworfen. Und ich werde auch den angrenzenden Raum weder kaufen noch anmieten. Es tut mir leid, dass es bei Ihnen zu einer derartigen Aufregung gekommen ist. Es wird also doch kein Chaos geben", schließt sie an die Worte von Frau Hofrat an und entschwindet.

„Na, das ist ja nochmals gut gegangen", meint Karla. „Ja, aber bereits ein solcher Gedanke …", will Frau Hofrat nochmals in die Thematik einsteigen. Wohl um das Feuer der Diskussion nicht wieder aufflammen zu lassen, unterbricht der Professor. „Wir haben vorhin mehrere Male die Worte Chaos und Billard zusammen erwähnt. Wissen Sie, dass es auch ein chaotisches Billard gibt? Es hat sogar einen zweiten Namen, nämlich Sinai-Billard." „Was hat die Halbinsel Sinai mit Billard und Chaos zu tun?", fragt Carmen. „Nichts, sondern der Name kommt vom russischen Mathematiker Jakow Sinai." „Und was ist das Besondere an diesem Billard?", ist nun auch der Student interessiert. „Beim üblichen Billard ist die Umrandung rechteckig. Bei einer Form des Sinai-Billard ist der Tisch ein Oval, es gibt keine Ecken."

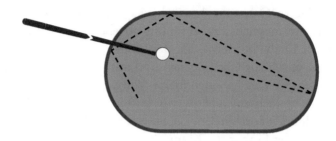

„Das ist mir schon ein paarmal durch den Kopf gegangen", erinnert sich der Student. „Ich spiele manchmal Snooker. Bei dieser Art von Billard ist der Tisch so groß, dass man Mühe hat, den Spielball an allen Stellen des Tisches zu erreichen. Es gibt deshalb sogar eine Verlängerung des Queues und ein Behelfsmittel zum Auflegen des Queues, Brücke genannt. Wenn die Ecken abgerundet wären, wäre es viel einfacher, überall hinzukommen."

„Ja, das mag schon zutreffen", stimmt der Professor zu. „Aber Sie können die Bahn der Balles weitaus weniger kontrollieren. Die Bahn des Balles wird bald so unvorhersehbar, dass man es chaotisch nennt." „Das verstehe ich aber nun überhaupt nicht." Der Student begründet sein Nichtverständnis auch: „Wenn ich die Kugel ohne Drall anspiele, so läuft sie in einer geradlinigen Bahn. Und bei Berührung mit der Bande gilt das Reflexionsgesetz: Der Winkel beim Aufprall ist gleich groß wie der Winkel, unter dem der Ball die Bande wieder verlässt. Und dies sollte sowohl bei einer geraden als auch bei einer runden Umrandung gelten, zumindest habe ich nie vom Gegenteil gehört. Jetzt müssen Sie mir den Unterschied aber erklären."

„Ja gerne, wenn dies auf allgemeines Interesse trifft. Aber ich muss dazu etwas weiter ausholen." „Jetzt, da keine Delogierung mehr droht, haben wir ja wieder Muße, uns anderen Dingen zu widmen", meint der Prokurist lächelnd. Frau Hofrat ist noch zu mitgenommen, um einen Einwand einzubringen.

„Im Leben gehen wir davon aus", beginnt der Professor, „dass jede Bewegung eine bestimmte Ursache hat. Bewegt sich die Kugel im Billard, so war die Ursache der Stoß mit dem Queue. Bewegt sich das Auto in einer Kurve, dann deshalb, weil wir das Lenkrad eingeschlagen haben. Das wissen wir, und darauf vertrauen wir." „Das ist aber keine große Weisheit." Mit dieser Aussage zeigt Frau Hofrat, dass sie den Schock schon langsam verdaut hat. „Nein, überhaupt nicht", fährt der Professor fort. „Aber wir vertrauen eigentlich auf noch mehr: Ist die Ursache nur etwas verschieden, so soll sich auch in der Wirkung nicht sehr viel ändern. Wenn ich das Lenkrad etwas mehr einschlage, darf das Auto nicht in eine völlig andere Richtung fahren als zuvor. Alles andere wäre lebensgefährlich." „Ja, und auch das Billardspiel wäre völlig unmöglich, wenn bei einer kleinen Änderung der Richtung des Queues der Ball ganz woanders hinrollen würde", meint der Student. „Richtig. Und diese Verbindung von Ursache und Wirkung ist so logisch, dass man über viele Jahrhunderte gar nicht auf die Idee gekommen ist, dass es auch andere Möglichkeiten gibt."

„Darum war die Überraschung groß", fährt der Professor fort, „als man im 20. Jahrhundert Systeme untersucht hat, die völlig anders ablaufen: Eine kleine Änderung der Ursache zeigt nach kurzer Zeit eine sehr starke Änderung der Wirkung. Und zwar so stark, dass man nie glauben würde, dass diese aus ähnlichen Ursachen entstanden ist." „Das müssen Sie aber jetzt doch noch genauer ausführen", ist der Prokurist noch nicht überzeugt.

„Bleiben wir beim Billard. Ich stoße den Ball mit dem Queue zweimal sehr ähnlich an. Damit werden die Bahnen, nicht nur nach dem Anstoß, sondern auch nach drei oder vier Kontakten mit einer Bande sehr ähnlich verlaufen. Aber nur, wenn die Bande gerade ist. Ist die Bande gekrümmt, so wirkt sich eine Änderung des Anfangswinkels zur Bande viel stärker aus. Nehmen Sie als Extrembeispiel, dass der Ball auf eine kleine, feste Kugel mit sehr großer Krümmung stößt. Ist der Stoßpunkt nur etwas verschoben, ist die Richtung des auslaufenden Balles sehr verschieden."

„Und damit sind wir jetzt bei Ihrem Sinai-Billard gelandet", folgert der Prokurist. „Das heißt, dass mit einem solchen runden Billardtisch Bandenspiele nichts bringen, weil ich es nicht in meiner Hand habe, wohin der Ball nach ein paar Kontakten mit der Bande rollt." „Genauso ist es. Obwohl die Bahn nach einem Kontakt noch vorhersehbar ist – das nennt man deterministisch –, geht die Vorhersagbarkeit nach mehreren Kontakten verloren. Darum spricht man von deterministischem Chaos. Übrigens kann man ein rechteckiges Billard sehr einfach zu einem chaotischen umbauen – man muss nur ein rundes Hindernis einbauen. Sehr ähnliche Bahnen zu Beginn können nach zwei Kontakten bereits sehr unterschiedlich verlaufen."

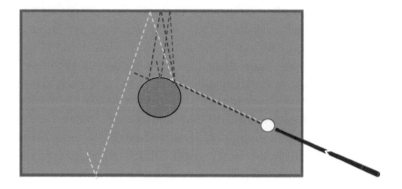

„Auch mehrere Stöße zwischen Kugeln zeigen chaotisches Verhalten. Darum werden bei der Fernsehlotterie *6 aus 45* Kugeln durch die Luft geblasen: Durch die mehrfachen Stöße wird letztlich eine rein zufällige Auswahl getroffen." „Heute haben Sie uns wieder einmal den Elfenbeinturm der Wissenschaft gezeigt", meint Frau Hofrat. „Was haben wir gelernt? Dass man auf einem runden Tisch nicht Billard spielen soll. Das bringt aber wohl nicht viel Nutzen für die Menschheit. Gibt es nicht einen Nobelpreis für sinnlose Erkenntnisse? Ein runder Billardtisch würde wohl dafür passen."

„Einen solchen Preis gibt es wirklich, Frau Hofrat ist gut informiert", pflichtet der Professor bei.

„Aber das deterministische Chaos wäre das Letzte, das damit ausgezeichnet würde. Im Gegenteil: Diese Art von Chaos ist unheimlich wichtig für unser aller Leben. Man hat z. B. gefunden, dass unser Herzschlag nicht völlig gleichmäßig verläuft, sondern um einen Mittelwert chaotische Abweichungen zeigt. Damit kann auf unterschiedliche Leistungsansprüche besser reagiert werden. Nehmen Sie ein Zahnrad als einfachen technischen Vergleich: Würde es immer genau an denselben Punkten belastet, würde es dort bald abgenützt. Verteilt sich die Berührung auf eine kleine Fläche, ist die Haltbarkeit länger."

„Gibt es noch weitere solche Beispiele?", interessiert sich Karla. „Ja, ein weiteres betrifft unser Gehirn", fährt der Professor fort. „Die Neuronen im Gehirn feuern auch in einem deterministisch chaotischen Bereich. Bei einem epileptischen Anfall zeigt sich jedoch eine synchrone, gleichzeitige Aktivierung. Man hat gefunden, dass ein nicht getaktetes, sondern zufälliges Feuern einen größeren Bereich effizienter erreicht."

„Ein weiterer Anwendungsbereich betrifft das Wettergeschehen. Eigentlich war dies einer der Auslöser für das intensive wissenschaftliche Interesse an dem Gebiet. Auch hier können kleine Veränderungen der jetzigen Bedingungen nicht vorhersehbare Folgen verursachen." „Ist das nicht der berühmte Schmetterlingseffekt, den Sie uns vor einiger Zeit erklärt haben, als ich mich über das Wetter so aufgeregt habe?", erinnert sich Karla. „Genau. Mit diesem Beispiel wollte der amerikanische Meteorologe Edward Lorenz pointiert auf die Verbindung von Wetter und deterministischem Chaos hinweisen."

„Man hat mir öfter gesagt, dass ich nicht nur cholerisch, sondern auch chaotisch reagiere. Aber dass mein Herz und mein Hirn wirklich chaotisch funktionieren, hätte ich mir nicht gedacht", resümiert Frau Hofrat.

Phasendiagramm

Die zeitliche Entwicklung von Systemen kann auf verschiedene Art und Weise dargestellt werden. Sehr häufig und auch anschaulich wird z. B. in einem Weg-Zeit-Diagramm die Bahn eines Gegenstands eingezeichnet, die er während seiner Bewegung durchläuft. Manchmal sind andere Darstellungen jedoch aussagekräftiger, indem etwa der Ort und die Geschwindigkeit des Gegenstands gegenübergestellt werden und ihre zeitliche Entwicklung in einem Diagramm visualisiert wird. Eine solche Darstellung nennt man Phasendiagramm, genauer Phasenraumdiagramm oder -porträt. Damit kann auch sehr deutlich der Unterschied zwischen chaotischen und deterministischen Systemen gezeigt werden.

Nehmen wir als Beispiel Zahlenfolgen, z. B. 30 Zahlen im Intervall von 0 und 1. In Abb. 11.1 sind zwei solcher Folgen von Zahlen aufgetragen, wobei auf der horizontalen Achse die Zahlen durchnummeriert sind ($n = 1 - 30$) und auf der vertikalen Achse der Wert der Zahlen $x(n)$ ersichtlich ist. Für das freie Auge sehen beide Zahlenreihen zufällig verteilt aus.

Wählen wir für die Zahlen $x(n)$ nun eine andere Darstellung: Auf der horizontalen Achse tragen wir die Werte $x(n)$ ein und auf der vertikalen Achse die jeweils nachfolgenden Werte $x(n + 1)$ (Abb. 11.2). Eine solche Abbildung entspricht ebenfalls einem Phasen(raum)diagramm.

Die Resultate sehen nun völlig anders aus. Abb. 11.2a zeigt das Bild, das man von einem chaotischen System erwartet: Die Punkte sind völlig zufällig verteilt, und dementsprechend sind Werte und Folgewerte nicht korreliert. Würde man sehr viele Punkte eintragen, würden sie das gesamte Quadrat mit Seitenlänge 1 ausfüllen.

In Abb. 11.2b sehen wir jedoch eine strenge Korrelation zwischen den Werten und den Folgewerten. Die Form ist eine Parabel und weist darauf hin, dass ein quadratischer Zusammenhang zwischen den Werten besteht. Analysiert man die Daten, so erhält man folgende Relation:

$$x_{n+1} = 3{,}999 \cdot x_n \cdot (1 - x_n)$$

Obwohl sich also der Folgewert eindeutig, deterministisch aus dem vorhergehenden ergibt, sieht die Zahlenfolge zufällig aus (Abb. 11.1b). Mit Phasendiagrammen hat man ein Werkzeug zur Hand, um zwischen totalem und deterministischem Chaos zu unterscheiden.

a

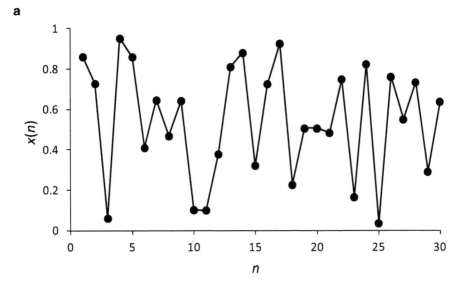

b

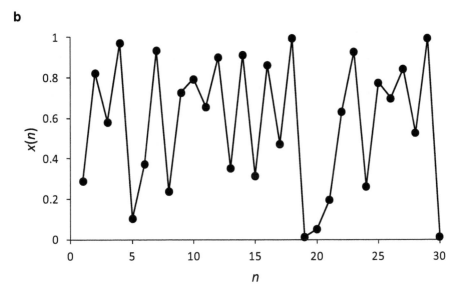

Abb. 11.1 **a** und **b** 30 Zahlenwerte $x(n)$ zwischen 0 und 1 sind der Reihe nach aufgetragen

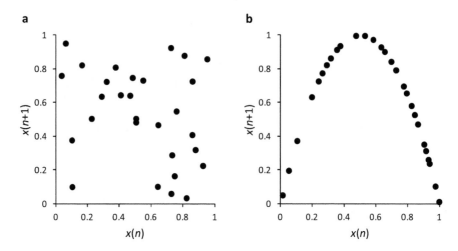

Abb. 11.2 **a** und **b** Phasendiagramme für die Daten von Abb. 11.1

Wege ins Chaos

Wählen wir als Beispiel für einen Zugang zum deterministischen Chaos ein biologisches System, nämlich die Entwicklung der Population einer oder mehrerer Arten.

Nehmen wir an, dass in einer bestimmten Generation einer Population x_n Exemplare leben, in der nächsten Generation x_{n+1}. Beim einfachsten Ansatz für die Entwicklung der Population können wir davon ausgehen, dass die Anzahl der Individuen der nächsten Generation von der Anzahl der jetzigen Generation abhängt: Wenn derzeit schon viele leben, wird dies auch in der nächsten Generation so sein. Und wenn nur wenige Exemplare existieren, wird die Anzahl kaum explodieren. Die Anzahl hängt aber auch von der Stärke des Nachwuchses ab, den wir mit *NW* bezeichnen. Damit können wir folgendes einfache Gesetz aufstellen:

$$x_{n+1} = NW \cdot x_n$$

Ist $NW = 1$, so ändert sich nichts: Die nächste Generation ist genauso zahlreich wie die vorige. Pflanzen sich weniger Tiere fort als existieren, ist also $NW < 1$, nimmt die Population immer mehr ab und stirbt mit der Zeit aus. Für $NW > 1$ steigt die Populationszahl. Sie explodiert gewissermaßen, weil durch die fortwährende Multiplikation mit *NW* ein exponentielles Wachstum gegeben ist (siehe Kasten in Kap. 1).

Das ist nicht realistisch, weil jedem Wachstum irgendwann und irgendwie Einhalt geboten wird, z. B. durch Ressourcenknappheit in Form von zu wenig Nahrung oder Raum. Deshalb sollte man in dem Modell ein Regulativ einbauen, das eine Explosion verhindert. Wenn die Bevölkerung zu groß wird, sollte es zu einer Abnahme kommen. Wir führen dafür in die vorige Gleichung einen weiteren Term mit einem negativen Vorzeichen für die Reduktion ein. Eine Konstante *ABN* gibt die Stärke der Abnahme an, wobei dieser Wert zusätzlich mit dem Quadrat der Populationszahl x_n multipliziert wird. Dieses Quadrat hat zur Folge, dass die Abnahme bei größer werdenden Populationszahlen x_n immer stärker zum Tragen kommt:

$$x_{n+1} = NW \cdot x_n - ABN \cdot x_n \cdot x_n$$

Der belgische Mathematiker Pierre-Francois Verhulst hat die Gleichung noch etwas vereinfacht:

$$x_n = r \cdot x_n \cdot (1 - x_n)$$

Diese Form der Gleichung nennt man *Verhulst-Gleichung* oder *logistische Gleichung*. Obwohl die Gleichung nur einen freien Parameter r hat, zeigt sie erstaunliche Eigenschaften.

Für $r < 1$ geht die Population gegen null, egal von welch hohem Wert man auch ausgeht. Für Werte von r zwischen 1 und 3 stabilisiert sich die Population. Sie erreicht einen konstanten Endwert, der für $1 < r < 2$ kleiner ist als der Anfangswert, jedoch nicht null. Für $2 < r < 3$ ergibt sich ein stabiler Endwert größer als der Anfangswert.

Für $r = 3{,}2$ ergibt sich ein interessanter Fall (Abb. 11.3): Die Population springt zwischen zwei Werten hin und her.

Ein solches Verhalten kann etwa im Wettkampf von zwei Populationen verschiedener Tiere auftreten. Nehmen wir als Beispiel Hasen und Füchse (Abb. 11.4).

Beginnen wir mit einer Situation, in der es relativ wenige Hasen und Füchse gibt (Abb. 11.4, links unten). Da sich Hasen naturgemäß effizienter fortpflanzen als Füchse, wird die Zahl der Hasen rascher steigen als die der Füchse. Wenn es genügend Hasen gibt, werden sich auch die Füchse stark vermehren. Außerdem kann es durch Ressourcenknappheit zu einer Abflachung des Hasenzuwachses kommen (Abb. 11.4, rechts oben). Die große Anzahl der Füchse dezimiert allerdings die Hasenpopulation. Wenn es nur mehr wenige Hasen und damit wenig Nahrung für die Füchse gibt, geht auch deren Anzahl zurück, und wir sind wieder am Anfangspunkt angelangt. Beide Populationen, Hasen und Füchse, weisen also das Verhalten von Abb. 11.3 auf, allerdings zeitverschoben – das Maximum der Füchse folgt dem Maximum der Hasen.

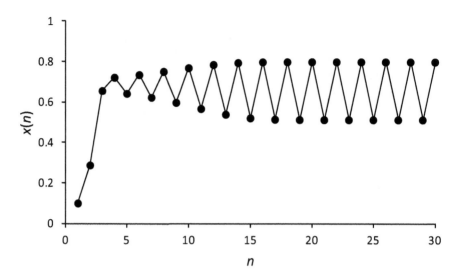

Abb. 11.3 Entwicklung der logistischen Gleichung mit $r = 3{,}2$

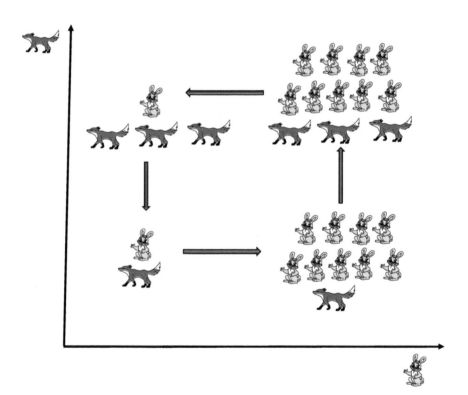

Abb. 11.4 Zyklus der Populationen von Hasen und Füchsen. Auf der horizontalen Achse ist die Anzahl der Hasen, auf der vertikalen die der Füchse aufgetragen

Dass dies kein theoretisches Konstrukt ist, zeigen Daten aus dem Norden Amerikas. Die Populationen von Schneehasen und Luchsen zeigen einen neun- bis elfjährigen Rhythmus, ähnlich dem gerade skizzierten. Auch der sogenannte Schweinezyklus folgt demselben Muster: In der Wirtschaftswissenschaft wird damit der Zusammenhang zwischen Angebot und Nachfrage eines Produkts bezeichnet, die ebenfalls zeitlich versetzte periodische Schwankungen aufweisen. Der Name geht auf eine agrartechnische Dissertation aus dem Jahre 1927 zurück, in der das Verhalten von Schweinepreisen untersucht wurde.

Bei größeren Werten von r zeigt sich ein reguläres Hin- und Herspringen zuerst zwischen vier, dann zwischen acht Werten usf. Noch höhere Werte führen letztlich zu einem deterministischen Chaos, wie es in Abb. 11.1b mit einem Wert von $r = 3{,}999$ gezeigt ist. Die Verhulst-Gleichung birgt aber noch weitere Überraschungen: Die Werte von r, bei denen die oben genannten Verdoppelungen auftreten, rücken immer näher zusammen. Bildet man das Verhältnis zweier benachbarte Abstände von Verdoppelungen, so nähert sich diese Zahl einer Konstanten, die nach dem amerikanischen Mathematiker Mitchell Feigenbaum benannt ist. Feigenbaum hat noch eine weitere Konstante gefunden, nämlich im Verhältnis der Differenz der Werte x_n, wenn man von einer Verdoppelung zur nächsten geht. Eine weitere Überraschung besteht darin, dass innerhalb des chaotischen Bereichs dennoch immer wieder stabile Bereiche („Inseln der Stabilität") auftreten.

12

Dreidimensionale Bilder

„Heute habe ich mich wirklich aufraffen müssen zu kommen." Frau Hofrat lässt sich in ihren Sessel fallen. „Meine Füße wollen nicht mehr so, wie sie sollen und wie ich will. Ich war bereits beim zweiten Arzt, aber richtig helfen konnte mir keiner."

Nach einer Pause erinnert sich Frau Hofrat. „Herr Professor! Haben Sie nicht einmal die Möglichkeit angedeutet, dass ich bequem daheim auf meinem Sofa sitze und gleichzeitig bei euch hier bin? Könnten Sie mir das ein bisschen erklären? Ist das so eine Science-Fiction-Story, oder kann das in naher Zukunft wirklich möglich sein?"

„Ob es in nächster Zeit schon realisiert wird, getraue ich mich nicht zu prophezeien. Aber die grundlegende Technik dafür ist seit einiger Zeit bekannt, und eine Anwendung davon haben Sie selbst bereits in ihrer Tasche." Auf die überraschten und auch ungläubigen Blicke nicht nur von Frau Hofrat zückt der Professor seine Geldtasche und legt einen 50-EUR-Schein auf den Tisch. „Was soll das wieder? Wollen Sie mir Geld geben, damit ich mir ein Taxi nehme und nicht gehen muss? Das kann ich mir selbst auch leisten!" Frau Hofrat reagiert empört auf die Geldaktion.

© Springer-Verlag GmbH Deutschland, ein Teil von Springer Nature 2019
L. Mathelitsch, *Physikalische Melange*, https://doi.org/10.1007/978-3-662-59260-1_12

„Nein. Der Geldschein ist nur zum Anschauen. Ich bitte Sie, ihn genau zu betrachten, besonders den Streifen auf der rechten Seite." Nachdem nicht nur Frau Hofrat, sondern auch andere diesen und eigene Scheine begutachtet haben, äußert sich Carmen: „Ich habe für einen Artikel in meiner Zeitung vor einiger Zeit über Euro-Noten recherchiert, da einige neu gestaltet worden sind. Daher weiß ich, dass auf einem solchen Schein eine Reihe von bekannten und nicht veröffentlichten Sicherheitsmerkmalen eingebaut sind, um Fälschern ein Nachdrucken möglichst zu erschweren. Und diese Bilder auf der rechten Seite sollen besonders fälschungssicher sein."

„Im oberen Bild sieht es aus, als ob sich kleine Euro-Symbole um die Zahl 50 drehen", beobachtet der Prokurist. „Wenn ich den Geldschein kippe, so sehe ich einmal einen Frauenkopf, einmal eine 50 oder farbige Ringe", bewundert Frau Karla die zweite Abbildung. „Ja, und außerdem ist diese Figur durchsichtig, ich sehe meinen Finger dahinter", ist auch Norbert überrascht.

„Aber was soll das mit dem Wunschtraum von Frau Hofrat zu tun haben, nämlich gleichzeitig zuhause und im Kaffeehaus zu sein?" Der Prokurist kommt wieder zum ursprünglichen Thema zurück.

„Die Bilder, die Sie eben beschrieben haben, nennt man Hologramme. Wie Carmen richtig gesagt hat, sind sie auf den Banknoten eingearbeitet, wie auch auf Pässen, um Fälschungen möglichst zu erschweren. Die ursprüngliche Idee von Hologrammen war aber, dreidimensionale Bilder zu erzeugen. Man soll

einen abgebildeten Gegenstand im Raum vor sich sehen, und nicht zweidimensional als Foto auf Papier. Wenn es gelingt, diese Technik auf bewegte
Objekte anzuwenden, dann wird es möglich sein, dass Frau Hofrat zuhause
mit Kameras aufgenommen wird. Gleichzeitig sehen wir hier ihre dreidimensionale Projektion. Wir sitzen um sie herum und sprechen über Mikro-
fone und Lausprecher mit ihr."

„Ich habe in einem Museum bereits ein solches Hologramm gesehen. Es
war von einer antiken Statue, in Originalgröße, und man konnte um das
Bild herumgehen. Wirklich beeindruckend. Aber wie es funktioniert, weiß
ich nicht. Kann man dies einfach erklären?" Nicht nur der Prokurist blickt
mit Erwartung auf den Professor. „Ich will es zumindest versuchen." Nach
einem Schluck Rotwein beginnt der Professor mit einer Frage.

„Kann mir wer sagen, was der Unterschied zwischen diesem Glas mit Rotwein und einem Schwarz-Weiß- bzw. einem Farbfoto dieses Glases ist?" „Das
ist wohl nicht so schwer", meint der Student. „Das Glas steht real vor mir,
und ich kann es von allen Seiten betrachten. Das Bild ist von einer Kamera
aus einer bestimmten Position gemacht. Ich sehe das Bild damit nur aus diesem Blickwinkel, egal aus welcher Richtung ich auf das Foto schaue. Es ist
derselbe Winkel, den die Kamera hatte." „Das kann aber nicht alles sein",
wirft der Prokurist ein. „Ich blicke jetzt auch nur aus einem bestimmten
Winkel auf das Glas. Und dennoch sieht es anders aus, als wenn ich statt-
dessen ein sehr gutes Farbfoto vor mir hätte." „Der räumliche Eindruck fehlt
bei einem Bild", resümiert Frau Karla. Nach allgemeiner Zustimmung fragt

Renée: „Und was ist das Spezielle eines räumlichen Eindrucks, das in einem Bild nicht eingefangen werden kann?"

„Zur Beantwortung dieser Frage muss ich etwas ausholen." Ohne die Bemerkung von Frau Hofrat „Hoffentlich nicht zu weit" zu beachten, fährt der Professor fort.

„Unsere Augen, aber auch eine Kamera, erhalten Informationen über einen Gegenstand nur über die Lichtwellen, die von dem Objekt ausgehen. Entweder strahlt der Gegenstand das Licht selbst aus, wie eine Lampe, oder er reflektiert ein Teil des Lichts, das auf ihn fällt. In diesen Lichtwellen sind alle Informationen enthalten, aus denen unser Sehsystem ein Bild des Gegenstands erstellt. Ein Teil der Information ist die Stärke des Lichts: Hellere Stellen strahlen mehr als dunkle. Dies wird in einem Schwarz-Weiß-Bild wiedergegeben. Starke Lichtstrahlen schwärzen eine Fotoplatte mehr. Bei den meisten neuen Fotoapparaten, wie etwa in einem Handy, wird die Stärke des Lichts von kleinen lichtempfindlichen elektronischen Sensoren gemessen und gespeichert."

„Und wie ist es bei einem Farbfoto?", will Frau Karla wissen. „Dies betrifft eine zweite Eigenschaft einer Lichtwelle, nämlich ihre Frequenz beziehungsweise eng damit verknüpft die Wellenlänge: Je öfter eine Welle pro Sekunde schwingt, desto kleiner ist die Wellenlänge. Bei Rot geschieht die Schwingung weniger rasch, die Wellenlänge ist größer als zum Beispiel bei Blau. Auch diese Eigenschaft kann aufgenommen und in einem Bild wiedergegeben werden."

„Damit haben wir aber noch immer kein räumliches Bild", stellt Renée fest. „Ja, weil in einem Schwarz-Weiß- oder Farbbild eine weitere Besonderheit von Wellen nicht aufscheint. Diese Eigenschaft nennt man Phase, und sie ist etwas schwieriger zu erklären", baut der Professor schon vor.

„Ich möchte dies an Wasserwellen erklären. Stellen Sie sich vor, Sie stehen in einem Swimmingpool. Sie halten eine Handfläche auf die Wasseroberfläche. Wenn Sie die Hand gleichmäßig etwas auf und ab bewegen, so breitet sich eine Welle aus. Wenn Sie jetzt die zweite Hand völlig synchron, also gleich schnell und gleich heftig, auf und ab bewegen, so breitet sich eine zweite Welle aus. Diese hat dieselbe Wellenlänge – das ist der Abstand zwischen zwei Wellenbergen –, und die Wellenberge sind auch gleich hoch wie bei der ersten Welle. Bewegen sich die Hände im gleichen Takt, also gleichzeitig nach oben und unten, so nennt man dies ‚in Phase'."

„Und was hat dies mit räumlichem Sehen zu tun?", wird Frau Hofrat ungeduldig. „Sehr viel –und wir sind schon fast am Ende", beruhigt der Professor.

„Nehmen wir einen Punkt abseits der beiden Hände. Die Wellen, die dort ankommen, werden im Allgemeinen nicht ‚in Phase' dort ankommen, also gleichzeitig Wellenberge oder Wellentäler. Es gibt damit einen Phasenunterschied zwischen den Wellen. Diese Phasendifferenz hängt jedoch auch von der Position der beiden Hände ab: Befindet sich die eine Hand weiter hinten, so hat diese Welle einen längeren Weg, und damit ergibt sich ein anderer Phasenunterschied zur zweiten Welle. Nehmen wir als Beispiel wieder dieses Rotweinglas: Es gibt Punkte, die weiter vorne, und andere, die weiter hinten liegen. Von beiden Punkten gelangen Wellen an mein Auge. Aber der Phasenunterschied zwischen den beiden Wellen ist mit dem Abstand der Punkte verknüpft ist. Wenn es nun möglich ist, die relativen Phasen der Lichtwellen, die von einem Gegenstand ausgehen, zu bestimmen, dann haben wir die räumliche Form des Gegenstands eingefangen."

Der Professor nimmt einen weiteren Schluck vom Rotwein, ehe er fortfährt. „Genau das ist dem geborenen Ungarn Dennis Gabor mit seinen Arbeiten in England in den 1940er Jahren gelungen. Er hat auch den Namen dafür geprägt, nämlich Holografie. *Holo* ist aus dem Griechischen und bedeutet ‚völlig', ‚ganz'. Er hat damit ausgedrückt, dass ein Gegenstand als Ganzes in einem Bild eingefangen wird."

Dennis Gabor (1900 – 1979)

„Aber wie kann man die Phasen der Lichtwellen einfangen und speichern?",
will es Renée jetzt doch genauer wissen. „Die Idee dafür ist relativ einfach
und schon viel länger bekannt", erklärt der Professor überraschend. „Nämlich durch Vergleich mit einer gleichartigen Welle. Der Vergleich geschieht
durch Überlagerung: Sind die beiden phasengleich, so verstärken sich die
Berge; sind sie genau eine halbe Wellenlänge verschoben, löschen sie sich
aus. Aus der Summe der beiden Wellen kann man damit die relative Phase
feststellen."

„So weit ich mich an die Physik erinnern kann, nennt man eine solche Überlagerung von Wellen Interferenz. Aber wenn dies schon so lange
bekannt ist, warum ist die Holografie dann so neu?", wundert sich der Student. „Weil die Testwelle bestimmte Voraussetzungen erfüllen sollte und
diese erst mit der Erfindung des Lasers erreicht worden sind. Ein Laserstrahl
ist einerseits sehr intensiv, andererseits haben die darin enthaltenen Wellen alle genau dieselbe Frequenz und sind auch phasengleich. Darum hat

Dennis Gabor erst relativ spät, 1971, den Nobelpreis erhalten, erst nachdem sich die praktische Umsetzung seiner Erfindung mittels Laser gezeigt hat."

„Lassen Sie mich kurz zusammenfassen, wie Holografie funktioniert", möchte der Professor abschließen.

„Ein Teil eines Laserstrahls trifft auf einen Gegenstand, etwa eine Vase. Das von der Vase reflektierte Licht wird mit einem ungestörten Anteil des Laserstrahls zusammengeführt und die Überlagerung beider wird auf einem fotografischen Film festgehalten. Wenn man diese Platte dann mit einem Laserstrahl gleicher Eigenschaften bescheint, so ergibt sich quasi eine Umkehrung des Aufnahmeprozesses: Es wird ein Lichtbündel erzeugt, das genau dem ähnelt, das ursprünglich von der Vase ausgegangen ist. Blickt man in dieses Lichtbündel, so sieht man die Vase als dreidimensionales Gebilde vor sich."

„Das klingt ja alles sehr schön", vermeldet Frau Hofrat. „Aber was fehlt dann noch, dass ich wirklich zuhause bleibe und Sie mich hier hier dreidimensional sitzen sehen können?" „Das größte Problem ist die Bewegung", muss der Professor einräumen.

„Derzeit wird die Überlagerung auf einem Film, dem Hologramm, festgehalten. Dieses liefert bei geeigneter Beleuchtung zwar ein sehr realistisches, aber dennoch nur ein ruhendes Bild. Bei einer Bewegung müssen aber laufend Bilder holografisch aufgenommen, weitergegeben und dann an anderer Stelle abgespielt werden. Damit das Bild nicht ruckelt, müssen es mehr als 20 Bilder in der Sekunde sein. Im Film muss also 20-mal in einer Sekunde ein Bild aufgenommen werden. In der Zeit zwischen zwei Aufnahmen müssen die Daten weitergegeben werden, damit dann die Platte wieder aufnahmebereit ist. Sie können sich auch vorstellen, dass die Übertragung einer so großen Datenmenge noch nicht vollständig gelöst ist. Die hängt natürlich auch stark von der Größe des betrachteten Gegenstands ab."

„Es ist also doch nur eine Utopie." Man sieht Frau Hofrat die Enttäuschung an. „Nein, überhaupt nicht. Japanischen Wissenschaftlern ist es bereits gelungen, kleine Objekte mit einer Bildrate von einigen Bildern pro Sekunde zu übertragen. Wenn einmal der Anfang gemacht und das Prinzip praktisch umgesetzt ist, so geht die technische Entwicklung oft rascher, als man gedacht hat."

„Also schön wäre es schon. Bequem daheim sitzen und mich zu euch schalten, wenn es mir gefällt", sieht Frau Hofrat doch wieder Hoffnung. „Aber auch wir können ein- und abschalten, wie es uns gefällt", wirft Renée lächelnd ein. „Oder wenn es uns zu viel wird", schließt sich der Student an. „Was soll das heißen?", fragt Frau Hofrat pikiert nach. „Wollen Sie ausdrücken, dass ich euch über bin? Dass ich euch zu viel bin, wie es der Herr Student soeben formuliert hat?" Das überraschte Schweigen der Runde wird von Frau Hofrat gar nicht gut aufgenommen. „Dass keiner etwas erwidert, zeigt mir, dass anscheinend alle derselben Meinung sind. Das hätte ich nicht erwartet. Aber bevor ich mich von euch abschalten lasse, gehe ich von selbst." Und damit steht Frau Hofrat abrupt auf, eilt zur Garderobe und verlässt das Café.

Die Runde ist nicht nur überrascht über die Reaktion von Frau Hofrat, sondern auch ziemlich betroffen. „Dass Frau Hofrat meine spaßhafte Bemerkung so in die falsche Kehle kriegt, hätte ich nicht erwartet und tut mir wirklich leid", gibt der Student kleinlaut von sich. „Ich bin genauso schuld, weil ich mit dem Abschalten begonnen habe", schließt sich Renée an. „Vielleicht hat auch mitgespielt, dass Frau Hofrat gesundheitlich angeschlagen ist, ihre Füße machen ihr ja wirklich Probleme", vermutet Karla. „Ich hoffe, dass sie ihren Ärger ausschläft und morgen wiederkommt", ist der Prokurist optimistisch, „sogar ihre Rechnung zu bezahlen hat sie aus Ärger vergessen." „Die begleiche natürlich ich", sagen Renée und der Student unisono – beide mit schlechtem Gewissen.

Holografie in verschiedener Gestalt

Das Prinzip der Holografie wurde durch Dennis Gabor entdeckt und 1948 publiziert: Die von einem Gegenstand ausgehenden Lichtwellen (Objektwelle) werden bezüglich ihrer relativen Phasen zueinander bestimmt, indem das Interferenzbild mit einer anderen Lichtwelle (Referenzwelle) in einem Film gespeichert wird. Durch Beleuchtung dieses Films mit der Referenzwelle wird der ursprüngliche Strahlengang rekonstruiert und damit der Gegenstand als dreidimensionales Bild wiedergegeben.

Gabor hat seine Experimente mit grünem Licht durchgeführt. Damit der Strahl halbwegs in Phase ist, hat er ihn durch einen sehr dünnen Spalt geführt. Die Qualität dieses Hologramms war allerdings nicht sehr gut. Erst durch die Erfindung und technische Umsetzung des Lasers konnte intensives phasengleiches Licht erzeugt werden, und es wurden verschiedene Techniken entwickelt, um Hologramme zu erzeugen.

Mit Hologramm sollte eigentlich nur das gespeicherte Bild bezeichnet werden. Durch dessen Belichtung ergibt sich dann eine räumliche holografische Abbildung. Umgangssprachlich wird häufig auch die dreidimensionale Abbildung als Hologramm bezeichnet.

Transmissionsholografie

Um den Objektstrahl, der den Gegenstand beleuchtet, und den Referenzstrahl möglichst ähnlich zu halten, wird ein Laserstrahl durch eine Streulinse aufgeweitet und dann geteilt. In Abb. 12.1 geschieht die Teilung durch einen halbdurchlässigen Spiegel. Die schwächere Referenzwelle wird über einen Spiegel auf den Film geleitet, die stärkere Welle bestrahlt das Objekt, und die reflektierten Wellen überlagern sich mit der Referenzwelle. Das Interferenzbild beider Wellen wird im Film festgehalten. Wie bei einem Fotofilm wird durch die Belichtung vorerst ein Negativ erzeugt, das noch entwickelt werden muss.

Der Name „Transmission" rührt daher, dass zum Aufbau des holografischen Bildes der entwickelte Film mit einem gleichartigen Laser durchschienen werden muss. Die schwarz-weißen Stellen des Hologramms wirken wie ein Gitter, durch das die Lichtwellen gebeugt werden. Im Prinzip wird der Strahlengang, der zur Erzeugung des Interferenzmusters geführt hat, umgekehrt; es entsteht quasi ein Duplikat der ursprünglichen Objektwelle.

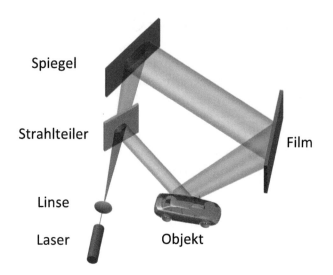

Abb. 12.1 Transmissionsholografie

In diesem sind über die relativen Phasen aber auch die räumlichen Strukturen enthalten, sodass ein dreidimensionales, allerdings einfärbiges, Abbild des Objekts entsteht.

Ein weiterer Unterschied zwischen einem Foto und einem Hologramm ist folgender: Wird ein Foto in der Mitte entzweigeschnitten, so sieht man auf jedem Teil nur die Hälfte des Objekts. Der holografische Film wird aber zur Gänze von allen Punkten des Objekts beleuchtet. Deshalb kommt es beim Durchscheinen eines halben Hologramms mit dem Laserstrahl dazu, dass dennoch das gesamte Objekt zu sehen ist. Als Einschränkung ergibt sich nur, dass das Bild lichtschwächer ist und man es nicht mehr von allen Seiten betrachten kann.

Das in Abb. 12.1 skizzierte Prinzip der Transmissionsholografie wurde von Emmett Leith und Juris Upatnieks an der Universität Michigan erfunden, wobei sie erstmals Rubinlaser dafür verwendeten. 1964 stellten sie ein dreidimensionales Bild einer Lokomotive bei der Tagung der Optical Society of America vor. Die Güte der Wiedergaben war so eindrucksvoll, dass in der Folge Transmissionsholografie rund um die Welt nicht nur in der Wissenschaft, sondern auch als Showeffekt eingesetzt wurde.

Prägeholografie

Ein Transmissionshologramm lässt sich nicht einfach kopieren. Um ein vielfach kopierbares Hologramm (Prägehologramm), wie es auf Banknoten

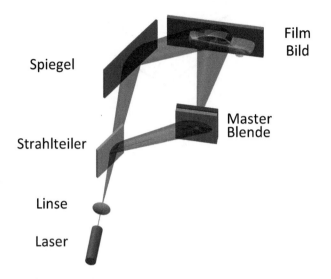

Film
Bild

Spiegel

Master
Blende

Strahlteiler

Linse

Laser

Abb. 12.2 Prägeholografie

aufgebracht ist, zu erstellen, ist ein mehrstufiger Prozess notwendig. Grundlage ist die Herstellung eines Transmissionshologramms, das als Master bezeichnet wird. Durch eine Blende, einen schmalen Schlitz, wird ein kleiner Teil dieses Hologramms mit einem Laserstrahl durchleuchtet. Es entsteht ein reelles Bild, das wiederum mit einem ungestörten Referenzstrahl zur Interferenz gebracht und in einem Film gespeichert wird (Abb. 12.2).

Die Interferenzstrukturen dieses Films, d. h. die Abfolge der dunkleren und helleren Stellen, werden zu einem Oberflächenrelief mit Erhöhungen und Vertiefungen umgeformt. Dieses Relief wird zuerst mit einer dünnen Silberschicht überzogen, um die Oberfläche elektrisch leitend zu machen. Diese wird dann mittels Galvanisierung mit einer dickeren Nickelschicht bedeckt. Der Nickelteil wird abgehoben und dient als Stempel, mit dem die Oberflächenstruktur in eine Kunststoffschicht eingeprägt wird. Dieser Prägevorgang kann beliebig oft wiederholt werden. Der Holografieeffekt tritt bei Prägehologrammen sogar bei weißem Licht auf (siehe Kasten „Hologramme im Sonnenlicht").

Aufgrund der feinen Interferenzstrukturen können Hologramme sehr schwer kopiert werden. Darum werden sie als Sicherheitsmerkmal auf Pässen oder Geldscheinen verwendet. Dient als Vorlage bei Ausweisen das Foto einer entsprechenden Person, ist das Hologramm natürlich auch nur zweidimensional und nicht räumlich. Aber in jedem Teil des Hologramms ist das gesamte Bild gespeichert.

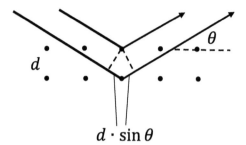

Abb. 12.3 Bragg-Bedingung

Hologramme im Sonnenlicht

Hologramme, für die man zur Betrachtung kein Laserlicht benötigt, werden Weißlichthologramme genannt.

Das Interferenzmuster eines Hologramms ist dabei auf mehreren (Molekül-)Ebenen des Films gespeichert (Volumenhologramme). Fällt Licht auf die Oberfläche eines Materials, so wird es an den Materieteilchen gebeugt. Die gebeugten Strahlen der verschiedenen Netzebenen interferieren miteinander, die meisten löschen sich allerdings aus. Es werden nur solche Wellen von der Oberfläche abgestrahlt, bei denen sich die einzelnen Teilwellen verstärken (konstruktive Interferenz). Dies passiert dann, wenn die einzelnen Teilwellen einen Phasenunterschied einer ganzen Wellenlänge haben (Abb. 12.3).

Die mathematische Formulierung dafür liefert die Bragg-Gleichung:

$$n \cdot \lambda = 2 \cdot d \cdot \sin \theta$$

λ ist die Wellenlänge des Lichts, d der Abstand der Ebenen, der Winkel des einfallenden und reflektierten Strahls, und n steht für $n = 1, 2, 3, \ldots$ Kennt Kennt man die Wellenlänge, kann man aus dem Winkel mit maximaler Intensität den Abstand der Netzebenen bzw. aus einem bekannten Abstand der Ebenen die Wellenlänge berechnen.

Für ein Weißlichthologramm bedeutet dies, dass ein bestimmter Winkel mit einer bestimmten Wellenlänge, d. h. mit einer Farbe, korreliert ist. Ändert man den Blickwinkel, ändert sich die Farbe des Dargestellten. Man kann auch zwei oder mehrere Hologramme überlagern – je nach Blickwinkel erkennt man das eine oder das andere.

13

Tarock

Herr Oskar tritt zur Runde und fragt, was mit Frau Hofrat geschehen sei. Sie ist gestern zu ungewohnter Stunde ins Kaffeehaus gekommen und wollte ihre Rechnung vom Vormittag begleichen. „Als ich ihr gesagt habe, dass diese bereits bezahlt wäre, hat sie mir trotzdem das Geld gegeben und gesagt, ich soll es retournieren. Dann hat sie noch was Kryptisches wie ‚nicht abschalten lassen‘ gemurmelt und ist gegangen. Mir kam sie ziemlich bedrückt vor, und ich vermeinte, Tränen in den Augen gesehen zu haben.“ Nachdem Herr Oskar über den misslungenen Spaß aufgeklärt wurde, lässt er die Runde ziemlich geknickt zurück.

Herr Oskar wird alsbald von einem wohlbekannten Stammgast, den alle unter „Herr Redakteur“ kennen, abgelöst. Er ist vorher an anderen Tischen gewesen und richtet sich nun an die uns schon wohlbekannte Runde.

„Wir haben ein Problem. Sie wissen, dass wir regelmäßig Tarock spielen. Um sicherzugehen, dass keine Partie ausfällt, sind wir normalerweise zu fünft, obwohl das Spiel nur zu viert gespielt wird. Einer pausiert dann beim Spielen halt immer der Reihe nach. Aus diesem Grund ist seit genau 15 Jahren keine einzige Partie entfallen. Bis auf heute. Plötzlich sind zwei Kollegen so krank geworden, dass sie nicht kommen konnten. Man kann zwar Tarock auch zu dritt spielen, aber das ist bei Weitem nicht so interessant.“

Nach dieser langen Einleitung kommt das Eigentliche: „Kann jemand von Ihnen Tarock spielen und würde für die heutige Partie einspringen?“ Das allgemeine Kopfschütteln wird vom Studenten unterbrochen: „Ich habe

© Springer-Verlag GmbH Deutschland, ein Teil von Springer Nature 2019
L. Mathelitsch, *Physikalische Melange*, https://doi.org/10.1007/978-3-662-59260-1_13

zwar noch nie Tarock gespielt, kenne aber sonst viele Kartenspiele. Wenn man mir die Regeln erklärt, könnte ich schon einspringen, Zeit habe ich." Mit einem sehr kurzen „Danke" entschwindet der Redakteur zum nächsten Tisch.

„Was ist das für ein komisches Kartenspiel?", fragt Frau Karla. „Wir haben ja vor einiger Zeit diskutiert und gesehen, dass Karten auflegen und die Zukunft vorhersagen ein ziemlicher Blödsinn sind, um mit den Worten von Frau Hofrat zu sprechen." „Sie verwechseln Tarot mit hartem t am Ende mit Tarock, das mit ck endet", klärt der Prokurist auf. „Tarot ist Kartenlesen, Tarock ist ein altes Spiel. Es entstand im 15. Jahrhundert in Italien, wanderte dann nach Frankreich und kam im 17. Jahrhundert in deutsche Lande. Seine Blüte erlebte das Tarockspiel im 19. Jahrhundert in der österreichisch-ungarischen Monarchie. Aber wie Sie sehen, wird es immer noch mit Begeisterung gespielt." „Und warum wissen Sie dies so genau?", fragt Karla, die diesmal von einem großgewachsenen Burschen, einem ihrer unzähligen Neffen, begleitet wird.

„Ich habe selbst vor einigen Jahren gespielt und mich damals auch für die Geschichte des Tarockspiels interessiert." „Und warum haben Sie sich dann nicht gemeldet, als der Redakteur anfragte?", will Renée wissen. „Weil ich schon so lange nicht gespielt habe und die Runde um den Redakteur auf sehr hohem Niveau spielt." „Da habe ich mich mit meiner Bemerkung aber schön blamiert", meint der Student. „Ja, aber der Herr Redakteur hat Sie ohnehin mit völliger Ignoranz bestraft", befindet der Prokurist.

„Und was ist das Besondere am Tarock?", will Norbert wissen. „Bei uns auf dem Land wird meistens geschnapst oder prefranzt." „Prefranzt?", fragt der Prokurist. „Na ja, Preference heißt das Spiel, wenn man es schreibt", erklärt Norbert und fährt fort: „Und das Watten ist ein ganz spezielles Kartenspiel. Da tauscht man mit seinem Partner Information über die eigenen Karten aus, allerdings so durch Handzeichen, gewisse Worte und Anspielungen, dass die Gegner dies nicht verstehen sollen." „Beim Tarock ist dies streng verpönt und würde sofort zum Abbruch des Spiels führen", erklärt der Prokurist.

„Eine Spezialität von Tarock", geht der Prokurist nun auf die Frage Norberts ein, „ist, dass es nicht vier, sondern fünf Farben gibt. Insgesamt gibt es 54 verschiedene Karten, je acht in den Farben Pik, Treff, Herz und Karo und dann noch 22 weitere, die sogenannten Tarock. Diese sind mit römischen Zahlen von I bis XXI gekennzeichnet, die höchste Tarockkarte weist keine Zahl auf."

„Ich habe mit Kartenspielen nichts am Hut", meint Renée, „ich finde es einfach öd. Und wenn dann diese fünf Herren seit 15 Jahren Tarock spielen, dann muss es doch ungemein langweilig werden, weil immer wieder dieselben Karten kommen. Ich verstehe nicht, dass man nach dieser Zeit immer noch begeistert davon ist und die Welt untergeht, wenn einmal eine Partie ausfallen sollte."

Nun horcht der junge Begleiter von Frau Karla auf, der sich bisher nur mit seinem iPhone beschäftigt hat, und fragt: „Wie viele Karten gibt es bei diesem Spiel?" Auf die nochmalige Auskunft, dass 54 Karten verteilt werden, tippt er auf dem iPhone herum und sagt nach kurzer Zeit: „Die 54 Karten können auf fast unheimlich viele verschiedene Arten verteilt werden. Genau genommen ergibt sich eine Zahl mit 71 Stellen. 1 Million hat sechs Stellen, die Anzahl der Sterne in unserer Galaxie, der Milchstraße, ist etwa 100 Milliarden, also eine Zahl mit elf Stellen. Die Anzahl der Zellen eines erwachsenen Menschen hat etwa 14 Stellen. Sie sehen also, dass es praktisch unmöglich ist, dass zweimal dasselbe Spiel zustande kommt." Auf das verwunderte Aufblicken der Runde erklärt Karla: „Mein Neffe Julius hat eben die Schule abgeschlossen und möchte Mathematik studieren. Zuvor macht er aber noch seinen Zivildienst und hat mich in Wien für ein paar Tage besucht."

„Ganz kann die Rechnung aber nicht aufgehen", entgegnet der Prokurist. „Denn irgendwie sollte auch berücksichtigt werden, wie die Karten verteilt werden." „Und wie werden sie verteilt?", fragt Julius nach. „Jeder Spieler erhält zwölf Karten, die restlichen sechs werden in zwei Dreierpaketen als

Talon abgelegt. Aber für jeden Spieler ist es völlig egal, in welcher Reihenfolge er seine zwölf Karten erhält. Darum müsste die Anzahl der verschiedenen Spiele doch um einiges geringer sein." Nach einem „Ja, das stimmt" widmet sich Julius wiederum seinem Gerät.

In der nun etwas längeren Pause erscheint Herr Oskar und berichtet, dass Frau Kommerzialrat eingesprungen ist und die Tarockrunde gerettet hat. Die weitere Bemerkung, dass sie soeben einen „Bettler ouvers" mit Bravour gewonnen hat, zeigt, dass auch Herr Oskar des Tarockspielens kundig ist und dass Frau Kommerzialrat einer aktiven Tarockrunde angehören muss. Der Prokurist weist darauf hin, dass Frauen auch in der Vergangenheit Tarock gespielt haben, wie etwa Anna in der Runde ihres Vaters Sigmund Freud. Die Dichterin Marie von Ebner-Eschenbach unterhielt eine eigene Tarockrunde.

Julius meldet sich wieder.

„Dass jeder Spieler zwölf Karten hat und dass dabei die Reihenfolge völlig egal ist, reduziert die Zahl der möglichen Verteilungen gewaltig, und zwar von einer Zahl mit 71 Stellen auf eine mit 35 Stellen. Aber auch dies ist noch so groß, dass es zu Lebzeiten eines Spielers wohl kaum passieren wird, dass dieselbe Kartenverteilung zustande kommt. Die Wahrscheinlichkeit, dass nur ein Spieler dieselben Karten erhält, ist natürlich größer, diese Zahl hat etwa elf Stellen. Aber das bringt keine Hilfe, weil ja die Kartenverteilung der anderen unterschiedlich ist und sich damit ein völlig anderes Spiel ergibt."

„Ich will Sie ja nicht ärgern", meint der Prokurist. „Aber die Anzahl reduziert sich noch weiter, allerdings um nicht viel, würde ich vermuten. Wenn nämlich ein Spieler zu Beginn kein Tarock in seinen Karten hat oder nur eine der drei speziellen Tarockkarten, nämlich I oder XXI oder die 22., dann muss auch neu geteilt werden. Können Sie errechnen, mit welcher Wahrscheinlichkeit man kein Tarock oder nur eine dieser drei Karten erhält?"

Während Julius wieder zu rechnen beginnt, nennt der Prokurist die Namen der drei besonderen Tarockkarten: Pagat, Mond und Sküs. „Die Historie hinter diesen Namen ist eine interessante", zeigt sich der Prokurist weiter sehr sattelfest in der Geschichte des Tarockspiels.

„Der Einser, Pagat genannt, ist wohl der älteste Name, weil er aus dem Ursprungsland Italien stammt. Es leitet sich von *bagatella* („Geringfügigkeit') ab und zeigt, dass dies der kleinste Tarock ist. Tarock XXI hat den Namen Mond. In der ursprünglichen französischen Version war diese Karte die Welt *le monde*. Im Deutschen wurde daraus der Mond, und ein solcher ist auch auf der Karte abgebildet. Die Tarockkarte ohne römische Zahl – sie zeigt einen Gaukler – ist die höchste, sie sticht alles. Für den Einsatz dieser Karte hat man sich im Französischen mit *Excusez* entschuldigt. Daraus wurde mit der Zeit der Sküs oder noch Wienerischer der Gstieß. Auch alle drei zusammen haben einen Namen, nämlich Trull. Das ist ebenfalls eine Verballhornung aus dem Französischen. Ursprünglich waren dies *tous les trois*, das heißt „alle drei', woraus sich dann die Trull entwickelte."

Julius hat seine Rechnung beendet. „Die Wahrscheinlichkeit, kein Tarock in den Anfangskarten zu haben, ist etwa 0,07 %, passiert also ungefähr alle 1400 Mal. Und natürlich ist die Wahrscheinlichkeit, nur ein Trullstück zu haben, etwas höher, nämlich 0,11 %." „Dennoch glaube ich, mich erinnern zu können, dass es doch öfters vorgekommen ist, dass wir neu geben mussten, weil einer von uns kein Tarock oder nur ein Trullstück hatte", erinnert sich der Prokurist. Nach kurzem Nachdenken versucht sich Julius an einer Erklärung:

„Erstens gilt die Zahl 1400 für einen einzelnen Spieler, bei vier Spielern reduziert sich die Zahl auf ein Viertel, es muss etwa alle 350 Mal neu gegeben werden. Und zweitens bin ich immer von einer perfekten Kartenverteilung ausgegangen. In einem wirklichen Spiel sind vor dem Mischen immer vom vorigen Spiel Kartenpakete mit ähnlichen Karten beisammen. Diese werden durch das Mischen kaum vollständig aufgelöst. Wenn es also kleine Pakete von Tarock gibt, dann ist die Wahrscheinlichkeit, dass man kein Tarock oder sehr viele davon erhält, natürlich größer."

„Meine Hochachtung", bekundet der Prokurist, „nicht nur für die Rechnungen, sondern auch die verständlichen Erklärungen. Ich wünsche Ihnen jedenfalls viel Erfolg beim Studium."

Julius ist sichtlich stolz auf dieses Lob, hat aber seinerseits nun eine Frage, die eher soziologisch ist. „Sie haben gesagt, dass die Blüte des Spiels in der Monarchie war. War dies nun ein Spiel für die Oberschicht oder das Volk?"

„Damals war dies eher der besseren Gesellschaft vorbehalten. Dabei gibt es viele sehr bekannte Namen, die dem Tarock ausgiebig gefrönt haben. So etwa Wolfgang Amadeus Mozart, Johann Nestroy und der Feldherr Graf Radetzky; Siegmund Freud habe ich schon angesprochen. Vom Dichter Alfred Polgar wurde gesagt: ,Herrgott, was könnte aus dem Manne werden, wenn er hier nicht dauernd Tarock spielen würde.' Heutzutage wird das Spiel eigentlich von jedermann gespielt, der Freude daran hat."

Norbert schließt den Diskurs ab. „Obwohl ich von diesem Spiel vorher nie etwas gehört habe, war die Diskussion für mich interessant. Auch ich danke Julius für die Bereicherung. Wenn Sie in Wien studieren, können Sie ja einmal vorbeikommen. Wir würden uns freuen."

Renée und der Student haben zu Ende an der Diskussion eigentlich kaum mehr teilgenommen, sondern sich im Stillen miteinander unterhalten. „Weiß jemand, wo Frau Hofrat wohnt?", fragt letztendlich der Student. Da niemand aushelfen kann, wird die Frage an Herrn Oskar weitergegeben. „Ja, zufällig weiß ich es. Frau Hofrat hat einmal eine Torte bei Maurice bestellt, und ich habe sie ihr geliefert. Eigentlich wohnt sie ganz in der Nähe, die Straße runter, rechts um die Ecke und dann das zweite Haus. Ihre Wohnung ist im ersten Stock über der Kleiderreinigung." Renée erklärt, dass sie beide sich entschuldigen wollen. „Vielleicht nimmt sie die Entschuldigung an, wenn wir mit Blumen aufkreuzen", meint Renée. „Bitte sprechen Sie in unser aller Namen", fügt Karla hinzu, „und sagen Sie ihr, dass sie uns fehlt."

Mathematisches Tarock

Der Zweig der Mathematik, der sich mit Verteilungen und Wahrscheinlichkeiten beschäftigt, ist die Statistische Mathematik. Im Folgenden wollen wir die vorhin aufgetretenen Fragen etwas genauer besprechen.

Mögliche sich unterscheidende Verteilungen

Bei zwei Karten gibt es nur zwei verschiedene Möglichkeiten: $1 - 2$ und $2 - 1$. Bei drei sind es bereits sechs: $1 - 2 - 3, 1 - 3 - 2, 2 - 1 - 3, 2 - 3 - 1, 3 - 1 - 2, 3 - 2 - 1$. Das sind dreimal die zwei Untergruppen von vorhin, also $3 \cdot 2 = 6$ Möglichkeiten. Bei vier Zahlen sind dies viermal die Variationen von drei Zahlen, also $4 \cdot 6 = 4 \cdot 3 \cdot 2 = 24$. In weiterer Folge ergibt sich für n Zahlen als Anzahl der möglichen Verteilungen:

$$n \cdot (n - 1) \cdot (n - 2) \cdot \ldots \cdot 3 \cdot 2 \cdot 1$$

Für dieses Produkt ist in der Mathematik die Abkürzung $n!$ und der Name *Fakultät n* gebräuchlich.

Für die 54 Karten beim Tarockspiel ergeben sich damit $54! = 2{,}308 \cdot 10^{71}$ Möglichkeiten, die Karten unterschiedlich aufzulegen.

Unterschiedliche Verteilungen beim Tarock

Jeder Spieler erhält zwölf Karten, und zweimal drei Karten liegen im Talon. Bei allen diesen Gruppen ist die Reihenfolge egal, die Zahlenfolgen $1 - 2$ und $2 - 1$ sind also gleichwertig. Darum muss man die Gesamtzahl der Möglichkeiten durch die Anzahl der gleichwertigen Kartenverteilungen dividieren. Die Anzahl der Verteilungen der zwölf Karten eines Spielers ist jedoch wiederum $12!$. Dies gilt für jeden der vier Spieler und außerdem für die zweimal drei Karten, die im Talon liegen.

Die Anzahl der unterschiedlichen Verteilungen ergibt sich damit zu

$$\frac{54!}{12! \cdot 12! \cdot 12! \cdot 12! \cdot 3! \cdot 3!} = 1{,}22 \cdot 10^{35}.$$

Unterschiedliche Verteilungen für einen Spieler

Für die möglichen Verteilungen der zwölf Karten eines Spielers ist die Verteilung der restlichen 42 Karten unwichtig. Die Anzahl der Möglichkeiten errechnet sich damit ähnlich wie zuvor, nämlich aus den zwölf Karten des Spielers und den restlichen 42:

$$\frac{54!}{12! \cdot 42!} = 3{,}34 \cdot 10^{11}$$

Ein Spieler erhält kein Tarock

Es gibt bei insgesamt 54 Karten 22 Tarockkarten und 32 Farbkarten. Die Wahrscheinlichkeit, bei erstem Ziehen kein Tarock zu erhalten, ist demnach $\frac{32}{54}$. Beim zweiten Ziehen ist die Wahrscheinlichkeit $\frac{31}{53}$, weil nur mehr 53 Karten und 31 Farbkarten vorhanden sind. Die Wahrscheinlichkeit, zweimal hintereinander kein Tarock zu erhalten, ist also $\frac{32 \cdot 31}{54 \cdot 53}$.

Führt man dies für die zwölf Karten eines Blatts weiter, ergibt sich als Wahrscheinlichkeit, kein Tarock zu bekommen:

$$\frac{32}{54} \cdot \frac{31}{53} \cdot \frac{30}{52} \cdots \frac{22}{44} \cdot \frac{21}{43}$$

Diesen Ausdruck kann man umschreiben in Termen von Fakultät:

$$\frac{32!}{20!} \Big/ \frac{54!}{42!}$$

Als Resultat ergibt sich die Zahl 0,00066. Die Wahrscheinlichkeit, dass ein Spieler in seinen Karten kein Tarock erhält, ist damit etwa 0,07 %.

Ein Spieler erhält elf Farbkarten und nur eine Trullkarte

Wenn ein Spieler nur eine Trullkarte und keine weitere Tarockkarte erhält, muss ebenfalls nochmals geteilt werden. Die Wahrscheinlichkeit dafür berechnet sich folgendermaßen: Die Wahrscheinlichkeit, dass man als erste

Karte eine der drei Trullkarten erhält, ist $\frac{3}{54}$. Da bei den nächsten elf Karten kein Tarock dabei sein darf, errechnet sich die Wahrscheinlichkeit zu

$$\frac{3}{54} \cdot \frac{32}{53} \cdot \frac{31}{52} \cdot \ldots \cdot \frac{23}{44} \cdot \frac{22}{43} = 3 \cdot \frac{32!}{21!} \cdot \frac{42!}{54!} = 0{,}000094.$$

Dabei wurde die Trullkarte als Erstes geteilt. Diese Karte kann aber auch als Zweites, Drittes … gezogen werden, sodass die bisher berechnete Wahrscheinlichkeit noch mit einem Faktor 12 multipliziert werden muss.

Die Wahrscheinlichkeit, als einziges Tarock nur eine Trullkarte zu erhalten, ist damit 0,0011, also 0,1 %.

14

Papierln

Offensichtlich waren der Besuch und die Bemühungen Renées und des Studenten erfolgreich, denn Frau Hofrat kommt zur üblichen Zeit ins Kaffeehaus. Die Begrüßung ist von beiden Seiten so, als ob nichts vorgefallen wäre. Die darauffolgende Stille wird aber doch von Frau Hofrat unterbrochen. „Ich möchte mich entschuldigen, dass ich vor einigen Tagen wohl etwas überreagiert habe. Umso mehr habe ich mich über den Besuch der beiden jungen Leute gefreut. Und ich möchte euch sagen, dass ich gerne unter euch bin und die Gespräche immer sehr genieße. Man hat ja sonst nicht mehr so viel Freude. Ich weiß, dass ich mich manchmal etwas spitz ausdrücke. Dennoch bitte ich euch, dass ihr mich etwas behutsam anfasst und nicht zu sehr papierlt."

Hier muss für Nichtkundige das wienerische Wort „papierln" erklärt werden. Es bedeutet so viel wie „zum Narren halten", vielleicht auch mit einem Schuss „ärgern" versehen. „Papierln" hat aber auch noch eine weitere Bedeutung, nämlich als Mehrzahl von „Papierl", das ist ein kleines Stück Papier. Und um Papier geht es auch in diesem Kapitel.

„Wegen des Regenwetters sind mir jetzt Wassertropfen auf die Zeitung geraten", ärgert sich der Prokurist. Nach einiger Zeit meldet er sich wieder. „Das verstehe ich jetzt aber nicht. Die Tropfen waren zuerst kleine Kügelchen. Danach wurde das Wasser vom Papier allmählich aufgesaugt. Es sind aber keine kreisrunden Wasserflecke entstanden, sondern ovale, alle in die gleiche Richtung weisend." Da genügend Feuchtigkeit auf den Kleidungsstücken vorhanden ist, werden auch andere Papiersorten probiert: verschiedene in- und ausländische Zeitungen, eine Serviette und sogar der

© Springer-Verlag GmbH Deutschland, ein Teil von Springer Nature 2019
L. Mathelitsch, *Physikalische Melange*, https://doi.org/10.1007/978-3-662-59260-1_14

Rechnungsblock von Herrn Oskar muss als Versuchsobjekt herhalten. Zu aller Überraschung ist der Effekt, mehr oder weniger ausgeprägt, überall zu sehen. „Es sieht so aus, als ob Papier, obwohl es so schön gleichmäßig aussieht, eine innere Richtung hat", meint der Prokurist.

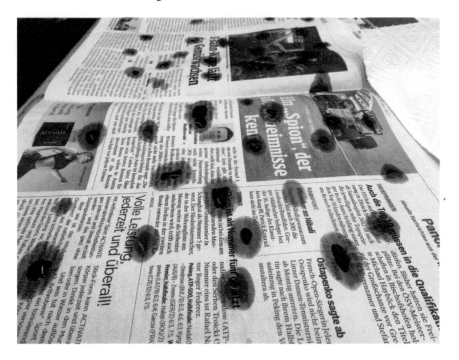

„Ich glaube, ich kann zu einer Erklärung dieses Phänomens beitragen", bringt sich Norbert ein. „Als ich noch auf dem Land war, habe ich einige Zeit in einer Papierfabrik gearbeitet. Ich hoffe, dass noch etwas von meinem Wissen hängen geblieben ist." „Und ist da zufällig auch haften geblieben, warum keine runden Wasserflecke entstehen?" Mit dieser Frage meldet sich Frau Hofrat in alter Direktheit zurück.

„Ja, ist es. Das Verhalten hängt mit dem Herstellungsprozess zusammen. Wenn gewünscht, kann ich später genauer darüber berichten. Aber fürs Erste nur so viel: Die Grundlage von Papier sind kleine Zellulosefasern. Die sind etwa 100-mal so lang wie breit. Darum versuchen sie sich der Länge nach anzuordnen, wenn sie aus einer wässrigen Lösung in einen festeren Zustand übergeführt werden. Das Wasser breitet sich dann leichter entlang der Fasern aus als quer dazu, deshalb die ovale Form der Flecke."

„Sollte sich diese Anordnung der Fasern nicht auch beim Zerreißen zeigen?"
Diese Frage des Studenten wurde sofort in Aktivität umgesetzt, und Zeitungs- und andere Seiten wurden der Länge und der Quere nach angerissen.
Tatsächlich war es nur in einer Richtung möglich, einen möglichst geraden Riss zu erzielen. Versuche in andere Richtungen führten sofort zu einer
Abweichung des Risses, und zwar in die Richtung, die durch die Anordnung
der Fasern gegeben ist.

„Woher kommt Papier eigentlich? Stammt das Wort nicht vom ägyptischen Papyrus ab?" Diese Frage richtet sich an das historische Wissen von
Carmen. „Ja, das ist richtig", geht die Journalistin auch gleich darauf ein.
„Papyrus ist ein Schilfrohr. Daraus wurden dünne Streifen von 1–2 cm
Breite geschnitten und nebeneinandergelegt. Eine zweite solche Lage wurde
quer darübergegeben. Durch Schlagen und Pressen wurden beide Lagen verbunden, und es wurde ein handliches Blatt geformt, das noch getrocknet
werden musste." „Ich habe aber gehört, dass das Papier in China erfunden
wurde und von dort nach Europa gekommen ist", entgegnet der Student.
„Auch das ist richtig", bestätigt Carmen wiederum. „Also was ist nun? Ägypten oder China?", kann sich Frau Hofrat nicht zurückhalten.

„Das Wort kommt aus dem Ägyptischen. Aber die Kunst des Papierschöpfens,
wie sie auch noch die Grundlage der heutigen Technik ist, wurde in China
entwickelt. Dies geschah höchstwahrscheinlich schon in den Jahrhunderten
vor Christi Geburt. Fasern von Pflanzen wurden in Wasser aufgelöst, dann
durch ein Sieb aus dem Wasserbad gehoben, und das gleichmäßig verteilte
Fasergeflecht wurde getrocknet. Mit der Zeit wurde die Technik verfeinert,
indem das nasse Blatt gleich nach dem Schöpfen abgelöst – das nennt man
,gautschen' – gestapelt und gepresst wurde und anderes mehr."

„Und wann kam diese Technik nach Europa?", fragt Karla. „Das ging nicht so schnell", fährt Carmen fort.

„Obwohl die Kunst des Papierschöpfens von den Chinesen als Geheimnis gehütet wurde, gelangte das Wissen in benachbarte Länder, etwa im 6. Jahrhundert nach Korea und dann nach Japan. Mitte des 8. Jahrhunderts waren unter den Kriegsgefangenen des arabisch-chinesischen Krieges auch Papierschöpfer, die die Kunst – wohl unfreiwillig – in den Vorderen Orient brachten. Mit den Mauren gelangte die Technik nach Spanien, von wo sie sich in ganz Europa verbreitete. Allerdings war die Qualität vorerst sehr dürftig, und noch im 13. Jahrhundert gab es Erlässe, dass Urkunden auf Papier nicht rechtskräftig sind."

„Die Urkunden vorher waren auf Papyrus geschrieben?", fragt Karla nach.

„Nein, es hat noch eine weitere Form von Schreibunterlage gegeben, das Pergament. Felle von Rindern, Schafen oder Ziegen wurden so gebeizt und zubereitet, dass man sie auf beiden Seiten beschreiben konnte. Mit einem Bimsstein war sogar ein Radieren möglich, sodass man das Pergament wiederverwenden konnte. Der Name geht wohl auf die kleinasiatische Stadt Pergamon zurück, in der eine derartige Verbesserung der Qualität erzielt wurde, dass damit der Papyrus übertroffen wurde."

„Sie haben vorhin gesagt, dass Sie früher in einem Betrieb beschäftigt waren, der Papier herstellt. Können Sie uns kurz erklären, wie das heute gemacht wird?" Eifriges Nicken der anderen bekräftigt diesen Wunsch Renées an Norbert. „Gerne. Kurioserweise sind die Einzelschritte eigentlich von den Chinesen bis heute gleich geblieben, lediglich die Technik hat sich von der Handschöpfung auf die Produktion mit einige Hundert Meter langen Maschinen gewandelt."

„Und was sind nun diese einzelnen Schritte?", wird Frau Hofrat wieder etwas ungeduldig. „Kommt schon", beruhigt Norbert.

„Ich werde aber die einzelnen Schritte nur ganz kurz anreißen. Grundstoff ist seit dem 19. Jahrhundert Holz, davor waren es Baumwoll-, Leinen- oder Flachsstoffe bzw.-lumpen. Lumpen waren damals daher sehr begehrt; es wurden Exportverbote verhängt und eigene Sammelbezirke festgelegt. Da die Lumpen nicht selten Infektionskeime enthielten, war das Lumpensammeln eine äußerst ungesunde Tätigkeit; es gab sogar den Begriff ‚Hadernkrankheit'. Doch zurück zum Holz, das auf zwei Arten aufbereitet werden kann: zum einen mechanisch, indem das Holz unter Zufuhr von Wasser mittels schnell drehender Walzen zerfasert wird, zum anderen chemisch. Das heißt, kleine Holzstücke werden chemisch bearbeitet, der Holzstoff Lignin wird dabei herausgelöst und die Zellulose als Zellstoff gewonnen. Dieser Rohstoff muss für die weitere Verarbeitung erst gebleicht werden. Für das Bleichen sind Chlor und Chlorverbindungen sehr geeignet, aus Umweltschutzgründen sind aber auch chlorfreie Verfahren entwickelt worden. Nach der Zufuhr von Füllstoffen, wie etwa Kreide, wird das Gemisch auf ein großes Sieb aufgebracht. Darauf folgt die Entwässerung durch Filtrierung, Absaugung, Pressung, Verdampfung. Als letzte Prozesse kommen noch Glättung und Oberflächenbehandlung. Dabei werden beim sogenannten Streichen auf das Rohpapier Pigmente wie Kreide und Bindemittel aufgebracht."

„Sind Papierfabriken nicht reine Giftanlagen?", fragt Frau Hofrat und erinnert sich: „Als ich ein Mädchen war, gingen wir an heißen Sommertagen im nahe gelegenen Fluss baden. Nicht nur, dass das Wasser auch im Sommer saukalt war, was uns Kindern nichts ausmachte, durften wir nur im Flussbereich vor der Papierfabrik baden, nie dahinter. Und das Wasser sah nach der Fabrik auch nicht sehr einladend aus." „Sie haben recht, was die Vergangenheit betrifft", stimmt Norbert zu. „Einerseits ist Papiererzeugung sehr wasserintensiv. Für 1 kg Papier benötigt man etwa 100 l Wasser. Und besonders die Chlorbleichung hat die Umwelt sehr belastet. Heute bleiben jedoch etwa 90 % des Wassers in einem geschlossenen Kreislauf, und für die abgeführten Chemikalien gibt es sehr strenge Auflagen. Heute können Sie auch hinter einer Papierfabrik im Fluss baden." „Heute habe ich keine Lust mehr dazu", murmelt Frau Hofrat vor sich hin.

„Darf ich auch noch etwas Interessantes zum Papier einbringen?", meldet sich der Professor. „Das ist sicher physikalisch", kommentiert Frau Hofrat. „Da haben Sie natürlich recht, es berührt aber eine andere Anwendung des Papiers, die oftmals übersehen wird." „Und die wäre?" „Papier als Verpackungsmaterial. Dabei meine ich aber nicht, dass ein Paket außen mit Papier umhüllt wird, sondern dass Papier zusammengeknüllt und zwischen Gegenstand und Verpackung, etwa in einer Kiste, gegeben wird, um damit wertvolle, zerbrechliche Gegenstände zu schützen." „Das haben wir doch immer so gemacht, was soll da so besonders sein? Und noch dazu physikalisch?", fragt Frau Hofrat.

„Was sind die Anforderungen an ein derartiges Verpackungsmaterial?",
fragt der Professor in die Runde. „Na, es soll wohl weich sein, damit der
Gegenstand nicht an der Verpackung zerbricht", meint Karla. „Ja, aber zu
weich soll es auch nicht sein. Es soll bei einem harten Stoß nicht so weit
zusammengedrückt werden, dass der Gegenstand an die Umrandung stößt",
meint Renée. „Das heißt, das Material soll zuerst weich sein, aber dann
doch einen Widerstand gegen eine weitere Bewegung des Gegenstands bieten", fasst der Prokurist zusammen. „Ja, und genau das kann ein zusammen-
geknülltes Papier. Es entfaltet auf der einen Seite kaum Widerstand gegen
eine leichte Kraft, aber enorme gegen eine starke Verformung. Wissenschaftler in Amerika haben herausgefunden, dass man Papierknäuel nur
unter Aufwendung einer sehr hohen Kraft noch weiter zusammendrücken
kann, wenn bereits weniger als 90 % Luft im Knäuel ist." „Weiß man auch,
warum dies so ist?" „Nur zum Teil", gibt der Professor zu. „Es hängt mit den
scharfen Kanten zusammen. In diesen ist die Energie konzentriert, die man
beim Zusammenknüllen hineinsteckt. Ich kann mich auch erinnern, gehört
zu haben, dass es nicht möglich ist, ein Papier mit den Kräften der Hand
mehr als siebenmal zu falten. Versuchen Sie es."

Der Student hat ein DIN-A4-Blatt in seiner Mappe und beginnt, es unter
Beobachtung der Gruppe zu falten. Bis zum sechsten Mal geht es ohne
Probleme, aber das folgende Abknicken ist nicht mehr möglich. „Das geht
wirklich nicht", bestätigt der Student. „Aber ich glaube, dass dies damit

zusammenhängt, dass der Stapel bereits so klein ist, dass man ihn nicht mehr so leicht angreifen kann." Renée ergänzt: „Und außerdem ist dieses Papier ja gar nicht so extrem dünn. Ich kann mir vorstellen, dass es doch funktioniert, wenn man einen Bogen mit feinem Seidenpapier nimmt." „Das sollte Herr Oskar aber auftreiben können. Torten werden ja zum Mitnehmen fein eingepackt, da sollte solches Papier vorrätig sein", meint Karla, und tatsächlich liegt nach kurzer Zeit ein Bogen feines, weißes Papier am Tisch. Und dem Studenten ist es sogar möglich, das Papier achtmal und mit viel Kraft neunmal zu falten. „Da war Ihre Erinnerung einmal nicht perfekt", meint Frau Hofrat zum Professor gewandt.

„Wenn man jedoch Papier intensiv rippelt, so wird es weich. Vielleicht hängt dies damit zusammen, dass dann sehr viele kleine Kanten vorhanden sind. Das erinnert mich an meine Jugend auf dem Land, wo wir Zeitungspapier für hinterlistige Zwecke verwendet haben." „Was sind hinterlistige Zwecke?" Mit dieser Frage zeigt Frau Karla erneut, dass sie des Landlebens nicht besonders kundig ist. „Früher gab es auf dem Land keine Wassertoiletten", beginnt Norbert seine Erklärung, „sondern sogenannte Plumpsklos. Auf dem Land waren die oftmals im Freien. Und statt Klopapier gab es Zeitungspapier, das in Stück …" „Danke, so genau wollte ich es eigentlich nicht wissen", unterbrach Frau Karla seinen Redefluss. Aber Norbert lässt sich nicht aufhalten. „… das in Stücke geschnitten und an einem Bindfaden aufgehängt wurde. Vor der Anwendung wurde es mehr oder weniger gerippelt, um es weich zu machen." Nach einer kleinen Pause ergänzt er: „Das System hatte aber auch eine sicher nicht beabsichtigte Nebenwirkung. Man las Zeitungsmeldungen, die mehrere Tage oder oft Wochen alt waren. Man merkt dabei, wie viele Meldungen im Nachhinein gesehen eigentlich unwichtig waren, aber auch, wie viele nicht der Wahrheit entsprochen haben. Deshalb würde ich auch für heute empfehlen, manchmal alte Zeitungen durchzusehen."

Vom Holz zum Papier

Rohstoffe und Altstoffe

Das geeignetste Rohmaterial für die Papiererzeugung sind entrindete Nadelhölzer, hauptsächlich wegen deren großen Faserlänge von etwa 4 mm. Daneben werden auch das Holz von Laubbäumen (Faserlänge um die 2 mm) und vor allem Altpapier verwendet.

Holz kann prinzipiell auf zwei Arten aufbereitet werden. In *mechanischer* Form werden Holzstücke unter Hinzufügung von Wasser durch schnelldrehende Walzen geschliffen. Dabei kommen mehr als 90 % des Holzes zur weiteren Verwertung. Allerdings können die Fasern beschädigt werden, und sie sind auch noch verunreinigt. Beim *chemischen* Prozess werden die Holzstücke in einer wässrigen Lösung gekocht, wobei Sulfate und Sulfite zur Anwendung kommen. In beiden Fällen wird der Holzstoff (Lignin) von der Faser gelöst, sodass Zellstoff als Endprodukt geliefert wird. Die Ausbeute beträgt zwar nur 50 %, liefert aber reinen Zellstoff mit intakten Fasern. Die Fasern sind 2–3 mm lang und etwa 3 μm dick.

Lignin ist ein Hauptbestandteil von Holz, die netzartige Struktur dient vor allem als Stützbaustoff und Stabilisator. Neben der Stütz- hat Lignin auch eine Abwehrfunktion: Es ist ein Fraßschutz, und Verletzungen werden durch verstärkte Verholzung abgeschirmt. Lignin ist chemisch kein reiner Stoff; es baut sich aus Phenylpropaneinheiten auf und bildet ein dreidimensionales, besonders auf Druck sehr stabiles Netzwerk. Lignin ist neben der Zellulose die häufigste organische Verbindung auf der Erde.

Nimmt man *Altpapier* als Rohstoff, so erspart man sich diese Aufbereitungsprozesse. Tatsächlich werden große Anstrengungen unternommen, Papier wieder einzusammeln, und derzeit liegt der Altpapieranteil an der gesamten Papierproduktion bei mehr als 70 %. Allerdings ist dieser Einsatz nicht problemlos. Durch Verarbeitung, Gebrauch und Alterung des Papiers werden die Fasern kürzer, und deren Bindungsfähigkeit wird geringer. Deshalb muss einerseits neues Fasermaterial beigemischt werden, andererseits wird daraus geringerwertiges Papier (Pack-, Zeitungspapier) erzeugt.

Außerdem müssen Farbstoffe entfernt werden. Dieser Prozess wird als Deinking (De-inking: Entfernung von Tinte) bezeichnet. Eine dafür angewandte Technik ist die *Flotation*. An Holzfasern lagert sich Wasser leichter an als an den Füllstoffen. Gase setzen sich dafür leichter an hydrophoben (wasserabweisenden) Stoffen an. Darum kann durch Zufuhr von Gasen eine Trennung der Holzfasern von Füllstoffen erzielt werden. In Nordamerika wird das wasserintensivere *Waschdeinking* genutzt: Die längeren Holzfasern werden aus der wässrigen Lösung gesiebt, und die kleineren Füllstoffe bleiben zurück.

Bleichen

Ligninreste führen dazu, dass ungebleichter Zellstoff bräunlich gefärbt ist. Für die Bleichung wurde früher reines Chlor verwendet, was dazu führte, dass der gebleichte Zellstoff noch chlororganische Verbindungen enthielt. Wird mit Chlordioxid, Sauerstoff, Ozon und Wasserstoffperoxid gebleicht, wird dies ECF-Bleiche genannt (elementarchlorfreie Bleiche). Bei der TFC-Bleiche (totalchlorfreie Bleiche) wird auch auf Chlordioxid verzichtet.

Sieben, Pressen und Trocknen

Der Anteil von Faserstoffen im Wasser beträgt nur etwa 0,1–1 %, wenn diese Suspension auf das sogenannte Sieb gegeben wird. Durch verschiedene Mechanismen, vor allem Unterdrucksaugen, wird der Wassergehalt auf zirka 80 % gesenkt. Die Papierbahn wird dann auf einem saugfähigen Filztuch durch Walzen geführt, und der Pressvorgang verdichtet das Fasergeflecht weiter. Beim darauffolgenden Trocknungsprozess wird unter Einsatz von Wärme der Endzustand des Feuchtigkeitsgrades von Papier erreicht. Es sind dies bei Papier etwa 4–6 %, bei Karton das doppelte.

Leimen

Unterschiede zwischen verschiedenen Papiersorten wie Gewicht, Festigkeit, Lichtdurchlässigkeit, Glattheit, Saugfähigkeit etc. werden neben einem differenzierten Siebprozess auch durch unterschiedliche Füllstoffe erzeugt. Dabei wird zwischen Masse- oder Oberflächenleimung unterschieden. Bei Masseleimung werden die Zusatzstoffe bereits vor dem Siebprozess zur Suspension gegeben, bei der Oberflächenleimung wird das Leimungsmittel nach dem Trocknen auf das Papier aufgebracht, was auch als Streichen bezeichnet wird. Masseleimungsmittel sind modifizierte Baumharze, bei der Oberflächenleimung werden Polyacrylate und Polyurethane auf dem Papier fixiert.

Großtechnische Umsetzung

Die oben skizzierten Prozesse werden der Reihe nach häufig in einer einzelnen Maschine abgearbeitet. Diese Maschinen sind wahre Ungetüme: Einige sind bis zu 300 m lang, die Bandbreite des Papiers kann bis zu 10 m betragen. Die Papierbahn läuft mit Geschwindigkeiten bis zu 100 km/h durch die Maschine, und eine einzige solche Anlage kann bis zu 400.000 t Papier pro Jahr erzeugen, also mehr als 1000 t pro Tag. Das Papier wird zuerst aufgerollt, wobei eine Rolle eine Papierbahn von 60 km Länge aufnehmen kann und bis zu 25 t wiegt.

Festigkeit

Die Grundeinheit von Zellulose ist Zellobiose, das sind zwei um 180° verdrehte Glukosemoleküle mit der Summenformel $C_{12}H_{22}O_{11}$ (Abb. 14.1).

Zellobiose hat eine starke Tendenz, sich mittels Wasserstoffbrücken linear aneinanderzubinden. Eine Zellulosefaser kann bis zu einige Tausend Glukoseeinheiten enthalten. Auch zwischen den Zellulosefäden bauen sich Wasserstoffbrücken auf, allerdings schwache. Dennoch beruht die Festigkeit von Papier auf den Wasserstoffbindungen zwischen den Fasern (Abb. 14.2).

Zwischen zwei Fasern bestehen etwa 10 bis 40 Wasserstoffbindungen. Eine Faser ist von mehreren anderen umgeben. Darum müssen einige Hundert Bindungen gelöst werden, um eine Faser freizusetzen. Schreibpapier hat eine Dicke von etwa 0,1 mm und enthält mindestens zehn Zelluloselagen. In 1 mm^2 Papier befinden sich etwa 100 bis 200 Fasern. Kommt Papier mit Wasser in Berührung, so spaltet das Wasser die Wasserstoffbindungen zwischen den Fasern.

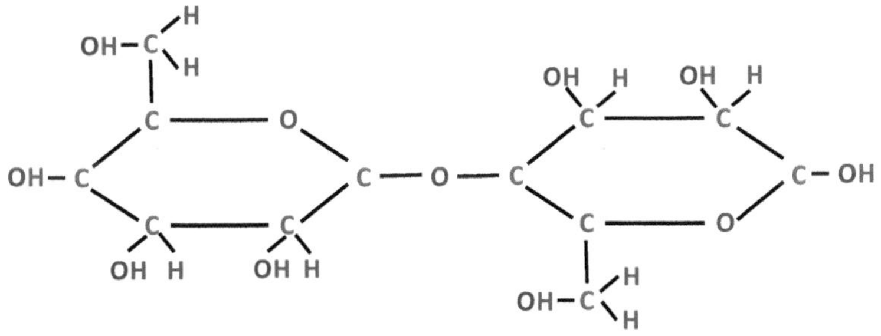

Abb. 14.1 Zellobioseeinheit

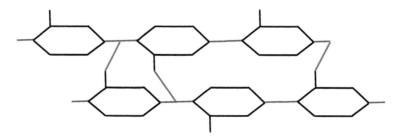

Abb. 14.2 Struktur von Zellulosefäden. Starke Bindungen sind rot, schwache grün eingezeichnet

Haltbarkeit

Wie Beispiele zeigen, kann Papier – und damit die darauf gespeicherte Information – bei geeigneter Lagerung über Jahrhunderte erhalten bleiben. Der schlimmste Feind des Papiers ist Wasser. Aber selbst bei trockener Lagerung gibt es zwei Schwachpunkte, die ein langes Altern von bedrucktem Papier verhindern: der Säure- und der Tintenfraß.

Bei maschineller Papierherstellung wird das zum Leimen verwendete Baumharz mit Alaun an die Fasern gebunden. Alaun ist aber als Aluminiumsulfat ein Salz der Schwefelsäure, und darum weist Papier einen pH-Wert von etwa 4,5 auf. Die Säure bewirkt in Verbindung mit Feuchtigkeit, aber auch durch UV-Licht, dass das Papier braun und brüchig wird und letztlich zerfällt. In früheren Jahrhunderten waren meist Lumpen die Basis des handgeschöpften Papiers. Dieses Papier war nicht sauer, sondern alkalisch und hat sich bis heute erhalten. Deshalb ist man inzwischen zum Teil auch dazu übergegangen, neutral geleimtes Papier zu erzeugen.

Bis Mitte des 19. Jahrhunderts war eisenvitriolhaltige Tinte die meist verwendete Schreibflüssigkeit. Eisenvitriol ist wie Alaun ein Salz der Schwefelsäure, und damit wird derselbe Zerfallsprozess ausgelöst wie oben beschrieben.

Dennoch wird bezüglich einer Langzeitarchivierung von Information Papier derzeit nur von Gestein, Ton oder Keramik übertroffen. Am nächsten kommen noch Filme, die aus Zelluloid oder PET (Polyethylenterephthalat) gefertigt sind und eine Haltbarkeit von einigen Hundert Jahren aufweisen können. Moderne Speichermedien wie Disketten, Magnetplatten, USB-Sticks kommen kaum über ein Funktionsalter von 30 Jahren hinaus.

15

Gefährliches Telefonieren

„Bin ich froh, dass Sie heute hier sind, Herr Professor!" In diesem Begrü-
ßungssatz von Frau Karla spürt man ihre Erleichterung. Karla wird von
einer jungen Dame mit kurzen schwarzen Haaren begleitet. Nachdem beide
einen Tisch ganz in der Nähe des Professors gewählt haben, stellt Frau Karla
ihre Begleiterin auch gleich vor. „Das ist Uschi, meine Nichte." „Es hätte
mich gewundert, wenn sie nicht mit Ihnen verwandt wäre", äußert sich Frau
Hofrat, auf die weit verzweigte Familie Karlas anspielend. „Uschi studiert in
Wien Betriebswirtschaftslehre und lebt seit einigen Monaten in einer WG
ganz in der Nähe." „Was ist eine WG?", zeigt sich Norbert nicht ganz auf
der Höhe der Zeit. „Bei uns auf dem Land kenne ich sowas nicht." „Eine
WG ist eine Wohngemeinschaft. Ich habe mir gemeinsam mit Judith – sie
ist mit mir bereits ins selbe Gymnasium gegangen und studiert auch BWL –
eine kleine Wohnung gemietet, und wir teilen uns die Kosten."

„Aber das ist sicher nicht der Grund, warum Sie über meine Anwesenheit
erfreut sind", mutmaßt der Professor. „Eigentlich schon", überrascht Karla
mit dieser Antwort nicht nur den Professor. „Aber das soll Ihnen bitte Uschi
selbst erzählen." „Judith und ich verstehen uns im Allgemeinen blendend",
beginnt Uschi. „Sie hat allerdings Angst vor Strahlen, und deshalb haben wir
keinen Radiowecker. Und bei Computer, Fernseher und der Stereoanlage
nutzen wir nie die Standby-Funktion." „Das ist vernünftig, weil es ja auch
einige Stromkosten erspart", ergänzt der Professor.

„Mir macht das auch überhaupt nichts aus", fährt Uschi fort. „Allerdings hat sich die Situation vor einigen Wochen dramatisch verändert:
Am Haus schräg gegenüber wurde ein Handymast installiert. In unserem

© Springer-Verlag GmbH Deutschland, ein Teil von Springer Nature 2019
L. Mathelitsch, *Physikalische Melange*, https://doi.org/10.1007/978-3-662-59260-1_15

Haus ist niemand gefragt worden, ob wir zustimmen. Die Aufstellung und Inbetriebnahme haben sich aber rasch herumgesprochen. Auf Nachfrage des Hausmeisters beim Eigentümer wurde uns gesagt, dass wir kein Einspruchsrecht haben. Dies auch deshalb, weil die Strahlung völlig harmlos sei." „Das mit dem Einspruchsrecht stimmt", pflichtet Carmen bei. „Bei meiner Zeitung kommen immer wieder Anfragen dazu, und da haben wir natürlich die Rechtslage recherchiert."

„Ja, aber seit diesem Zeitpunkt hat Judith Probleme verschiedenster Art. Einerseits sagt sie, dass sie sich nicht konzentrieren kann, wenn sie den Mast vor ihrem Fenster sieht, außerdem hat sie vermehrt Kopfschmerzen. Wir haben deshalb unsere Zimmer getauscht. Es half aber nichts. Ganz im Gegenteil, sie bekam auch noch Schlafstörungen, sie wacht in der Nacht auf und kann stundenlang nicht mehr einschlafen. Sie sagt, sie wisse, dass sie elektrosensibel ist und dass sie die Strahlung vom Mast spürt. Und gestern hat sie mir gesagt, dass sie aus dieser Wohnung ausziehen muss, um nicht völlig krank zu werden. Ich überlege nun, mit Judith auszuziehen, obwohl mir das Apartment sehr gut gefällt. Denn einerseits ist Judith wirklich eine enge Freundin, und zweitens bin ich in den letzten Tagen auch schon ein paarmal in der Nacht aufgewacht, obwohl ich früher wie ein Murmeltier geschlafen habe."

Nach dieser langen Erklärung fügt Karla hinzu: „Ja, und gestern ist Uschi zu mir gekommen und hat mir die ganze Geschichte erzählt. Ich meinte jedoch, dass sie vorerst mit einem Experten sprechen sollte, bevor sie einen derartigen Entschluss umsetzt. Und deshalb sind wir hier und würden gerne Ihren Rat hören."

„Also Experte im engeren Sinne bin ich keiner. Aber ein Großteil des Themas ist physikalischer Natur, und da bin ich gerne bereit weiterzugeben, was ich dazu weiß." Nicht nur Uschi und ihre Tante blicken nun erwartungsvoll auf den Professor. „Sie werden sehen, dass hier verschiedene Aspekte eine Rolle spielen, und ich werde versuchen, sie der Reihe nach anzusprechen." „Geht das auch so, dass ich es ebenfalls verstehe?", fragt Frau Hofrat. „Ich werde mich bemühen. Bitte unterbrechen Sie mich sofort, wenn etwas unklar wird."

„Als Erstes möchte ich erklären, warum erst jetzt in eurer Nähe, Uschi, eine neue Sendestation gebaut wird, obwohl es die Handys schon viel länger gibt", beginnt der Professor. „Eine Basisstation Mobiltelefon, wie der korrekte Name dafür lautet, bildet die Verbindung zu allen mobilen Geräten in einem bestimmten Umkreis. Allerdings kann nur eine bestimmte Anzahl von Handys gleichzeitig bedient werden. In Gebieten, in denen viele Personen telefonieren, etwa in der Innenstadt, müssen deshalb mehr Stationen aufgebaut werden. Allerdings hat dies auch etwas Gutes. Je kleiner das Gebiet ist, das eine Station umfasst, desto weniger stark muss die Strahlung sein, die ausgesendet wird." „Bei meiner Recherche damals wurde noch auf einen anderen Grund für mehr Stationen hingewiesen", erinnert sich Carmen. „Je näher die Basisstation ist, desto weniger Energie benötigt das Handy beim Senden, und damit muss es weniger schnell wieder aufgeladen werden. Das ist komfortabel, und die Leute telefonieren mehr."

„Dieser Grund mag sicher auch zutreffen", pflichtet der Professor bei.

„Aber die paradoxe Situation bleibt bestehen, dass es fürs Telefonieren eigentlich weniger Strahlenbelastung bedeutet, wenn mehr Stationen existieren. Außerdem sind sich die Experten ziemlich einig, dass die Strahlung aus den Basisstationen so gering ist, dass keine gesundheitliche Auswirkung besteht. Dies auch deshalb, weil sich die Stationen doch meist in einiger Entfernung von den Menschen befinden. Die Strahlung der Basisstation ist für eine Person um einiges geringer als die Strahlung, die vom eigenen Handy ausgesendet wird. Aber dazu komme ich später noch."

„Sagen Sie damit, dass die Strahlung der Station völlig ungefährlich ist?"
Im Ton von Uschis Fragestellung ist viel Ungläubigkeit zu hören. „Können Sie mir irgendeinen Beweis geben, mit dem ich Judith überzeugen
kann?" „Damit habe ich ein Problem, Uschi. Es ist praktisch unmöglich zu
beweisen, dass es etwas nicht gibt. In unserem Fall, dass keine Wirkung zwischen einer Sendestation und einer Person im Umfeld besteht." „Ich habe
einmal gehört, dass es unmöglich ist zu beweisen, dass es den Weihnachtsmann nicht gibt", wirft der Student ein. „Jetzt wird es mir aber zu bunt",
ärgert sich Frau Hofrat. „Uschi kommt mit einem wirklichen Problem, und
ihr albert da so kindisch mit Weihnachtsmännern herum. Helft ihr lieber!
Jeder Vernünftige weiß, dass es den Weihnachtsmann nicht gibt." Der letzte
Satz soll wohl auch ihren Zweifel an der Vernunft der Leute ausdrücken, die
sich mit solchen Fragen beschäftigen.

„Natürlich gibt es den Weihnachtsmann nicht in der Form, dass er mit
dem Schlitten durch die Luft saust und Geschenke bringt. Aber Ihre
Bemerkung", sagt der Professor in Richtung Student, „trifft dennoch den
Punkt. Das Beispiel ist vielleicht nicht gut gewählt. Nehmen wir ein anderes Beispiel, den Yeti." Frau Hofrat rollt mit den Augen. Der Professor fährt
aber unbeirrt fort.

„Es gab eine Reihe von Hinweisen, dass es den Yeti, ein menschähnli-
ches behaartes Wesen im Himalaya-Gebiet, gibt: Beobachtungen von Ein-
heimischen und Bergsteigern sowie Fußspuren wurden als Beweise genannt.

Nun hat man aus Fellresten in diesen Spuren mittels DNA-Analyse gezeigt, dass es sich um Bären handelt. Dies hat die Wahrscheinlichkeit, dass es einen menschenähnlichen Yeti gibt, sehr verringert. Aber es könnte trotzdem sein, dass es außer den Bären auch den wirklichen Yeti gibt. Wenn man ihn findet, ist das natürlich der Beweis, dass er existiert. Wenn man ihn nicht findet, hat man immer noch keinen Beweis, dass es ihn nicht gibt. Dasselbe gilt zum Beispiel auch für UFOs."

„Können Sie mir bitte dennoch nochmals erklären, wie dies nun genau mit den Sendemasten zusammenhängt", möchte Uschi wieder zur Sache kommen. „Gerne. Es gibt viele Hinweise, dass die Strahlung, die von den Basisstationen ausgesandt wird, für Menschen in der Umgebung ungefährlich ist", fährt der Professor fort.

„Die Energie der Strahlung und ihre Intensität in der üblichen Entfernung sind so gering, dass man davon ausgehen kann, dass keine gesundheitsschädlichen Wirkungen ausgelöst werden. Vergleiche haben gezeigt, dass Personen, die in der Nähe von solchen Stationen wohnen, nicht mehr oder andere Krankheiten aufweisen als solche, deren Haus oder Wohnung sich weit weg von Handymasten befindet. Es gibt sogar Stationen mit stärkerer Strahlung, wie etwa Radiosender, und auch hier hat man keine Auswirkungen gesehen. Aber wie gesagt, das sind keine Beweise. Es könnte dennoch sein, dass es Wirkungen gibt. Nur sind diese so schwach, dass sie bis heute nicht nachweisbar sind."

„Heißt das jetzt, dass sich Uschis Freundin das Ganze nur einbildet? Das mit der Elektrosensibilität und mit dem Nicht-schlafen-können?", fragt Frau Hofrat. „Ja und nein, aus meiner Sicht", differenziert der Professor.

„Zuerst zur Elektrosensibilität: Diesbezüglich hat es bereits einige aufwendige Untersuchungen gegeben. Ich möchte eine aus Deutschland etwas genauer beschreiben: Eine Gruppe von etwa 50 Personen, die sich als elektrosensibel betrachteten, wurde mit einer ähnlich großen Gruppe verglichen, die nach ihren Aussagen elektromagnetische Strahlen nicht wahrnahm. In zufälliger Abfolge wurde ein Strahlenfeld ein- und abgeschaltet. Nach jedem Schaltvorgang wurden die Personen befragt, ob sie einen Strahleneinfluss spürten. Keine der beiden Gruppen erkannte, ob das Feld an- oder ausgeschaltet war. Aus dieser und anderen Untersuchungen mit gleichem Resultat muss man schließen, dass der Mensch elektromagnetische Strahlen dieser Art nicht wahrnimmt."

„Also hat sich Judith doch alles eingebildet? Strahlen und Kopfweh?", ist Frau Hofrat weiter skeptisch. „Nein, überhaupt nicht", entgegnet der Professor.

„Dass sie die Strahlen spürt, hat sie sich wohl eingebildet. Aber das Kopfweh und die Schlafstörungen sind real und müssen sehr ernst genommen werden. Die Ursachen dafür kommen nicht von außen, von den Strahlen, sondern von innen. Sie glaubt, dass sie die Strahlen spürt und dass diese sie krank machen. Eine solche innere Ursache-Wirkung-Beziehung ist durch viele Untersuchungen bewiesen, wobei sie auch in die andere Richtung führen kann. Man hat Patienten mit medizinisch festgestellten Krankheitssymptomen Mittel gegeben, von denen gesagt wurde, dass sie Abhilfe schaffen, die in Wirklichkeit aber keinerlei Wirkstoff enthielten. Dennoch wurden die Symptome geringer." „Ist dies nicht eine Sauerei, kranken Menschen keine wirksame Medizin zu geben, wenn es eine solche gibt?", empört sich Frau Hofrat. „Sie haben recht, und es gibt sehr strenge ethische Auflagen für derartige Untersuchungen. Aber die Tatsache bleibt bestehen, dass der Glaube an etwas enorme und auch überraschende Auswirkungen auf die Gesundheit einer Person haben kann, in positiver und negativer Richtung."

„Und was soll ich nun Judith sagen?", fragt Uschi.

„Ich würde ihr sagen, dass es keinerlei Anzeichen gibt, dass Strahlen aus einer Basisstation gesundheitliche Auswirkungen haben. Dass aber der Glaube daran reale Krankheitssymptome auslösen kann. Vielleicht helfen zur Argumentation noch folgende Beispiele. Nach dem, was ich gesagt habe, ist nicht verwunderlich, dass manchmal bereits die Aufstellung eines Handymasts Auswirkungen auf Personen gehabt hat, nämlich bevor der Sender aktiviert worden ist. Weiters sind in Skandinavien die Wirkungen eher allergische Reaktionen, in Mitteleuropa, so wie bei Judith, vermehrte Nervosität, Schlafstörungen und Kopfschmerzen." „Und glauben Sie, dass dieses Wissen Judith hilft?" „Das kann ich nicht sagen. Logische Argumente haben es sehr schwer, gegen Gefühle zu bestehen."

„Sie haben gesagt, dass die Strahlung von Handymasten viel ungefährlicher ist als die von den Mobiltelefonen selbst", erinnert sich Renée an eine Aussage des Professors. „Sind diese nun gesundheitsgefährdend?" „Meiner Meinung nach nicht. Für mich ist das stärkste Argument die enorme Menge an Telefonaten, die bereits mit Handys geführt wurden und werden. Wenn Handys eine schädliche Wirkung hätten, dann hätte man das wohl schon in irgendeiner Form erkennen müssen. Noch dazu, da die ersten Generationen an Mobiltelefonen eine viel stärkere Strahlung abgegeben haben." „Warum gibt es dann noch immer Diskussionen darüber und auch Empfehlungen, wie man Handys benutzen soll?", will der Student wissen.

„Weil es doch einige wenige Untersuchungen gibt, die einen möglichen Zusammenhang mit einer seltenen Art von Gehirntumoren gezeigt haben. Darum wurde von der WHO, der Weltgesundheitsorganisation, die Benutzung von Handys auch in die Kategorie 2A (‚möglicherweise krebserregend bei Menschen') eingeordnet. Allerdings finden sich in dieser Gruppe 2A auch viele Chemikalien und Tätigkeiten, zum Beispiel die Arbeit als Feuerwehrmann oder in einer chemischen Reinigung oder Kaffee als Risikofaktor für Blasenkrebs. Aber dennoch soll man die Hinweise ernst nehmen, wie man mit Handys sicherer telefonieren kann."

„Und wie kann man sich hier besser schützen?", bringt sich Uschi wieder ein, die bisher eher noch in Gedanken war, was sie ihrer Freundin sagen soll und vor allem wie. „Es gibt ein paar Trivialempfehlungen, wie weniger telefonieren oder mit Headset telefonieren, weil dann das Handy weiter weg vom Körper ist. Telefonieren in einem Auto oder im Keller ist sicher kritischer als im Freien, weil in Räumen die Strahlung abgeschirmt wird. Um dennoch die Signale übertragen zu können, schaltet das Handy automatisch auf eine stärkere Leistung."

„Es gibt aber einen ganz anderen Punkt, wodurch ein Handy erwiesenermaßen gesundheitsgefährdend ist. Es hat diesbezüglich nämlich auch bereits viele Tote gegeben." „Und was soll dies sein?", zeigt sich Frau Hofrat überrascht. „Telefonieren am Lenkrad eines Autos", ist die kurze Antwort des Professors. „Das stimmt wirklich, und dafür kann ich sogar einen persönlichen Beweis liefern." Alle schauen verdutzt, als Uschi dies vermeldet. „Sag nicht, dass du schon einen Autounfall hattest wegen des Telefonierens?", ist Karla mehr besorgt als verwundert.

„Nein, keine Angst, liebe Tante. Aber in der Schule haben wir folgendes Experiment durchgeführt: Wir haben eine Autorennbahn aufgebaut, bei der man mit Funk die Geschwindigkeit von kleinen Autos steuern kann. Besonders die Buben haben Wettkämpfe ausgetragen, wer am schnellsten ins Ziel kommt, und sie haben eine Rangliste der schnellsten Zeiten zusammengestellt. Dann bekamen sie die Zusatzaufgabe, während des Steuerns der kleinen Autos zu telefonieren, wobei sie über das Handy Fragen beantworten sollten. Das Ergebnis war für uns alle verblüffend. Entweder sind die Autos

aus einer Kurve geflogen, oder die Rundenzeiten sind drastisch runter-
gegangen. Wenn man bedenkt, dass es beim richtigen Autofahren manchmal
auf die Reaktion innerhalb von Zehntelsekunden ankommt, sieht man, dass
nicht nur das Hantieren mit Handys, sondern auch das bloße Telefonieren
bereits eine ganz schöne Beeinträchtigung darstellt."

„Meine Hochachtung vor deinen Lehrern, die eine so wichtige Sache derart
anschaulich im Unterricht bringen", lobt der Prokurist. „Ja, das war schon
cool", pflichtet Uschi bei und wird dann ganz aufgeregt. „Da fällt mir noch
etwas ein. Ich habe gesehen, dass Judith während des Autofahrens ein paarmal mit ihrem Handy telefoniert und auch Leute angerufen hat. Wenn ich
ihr sage, dass das tausendmal gefährlicher ist, als es die Strahlen sind, gibt
ihr dies vielleicht zu denken. Es wäre schön, wenn sie bei mir in der WG
bliebe."

Elektromagnetisches Spektrum

Elektromagnetische Wellen kann man anhand ihrer *Frequenz* einteilen. Die Frequenz in der Einheit *Hertz* (Hz) gibt an, wie oft in der Sekunde das elektrische bzw. damit verbunden das magnetische Feld sein Maximum oder Minimum einnimmt. Dies kann von sehr niederen Frequenzen, wie etwa 50 Hz beim Wechselstrom, bis zu enorm hohen Frequenzen (10^{22} Hz bei Gammastrahlung) reichen (Abb. 15.1).

Je höher die Frequenz, desto höher ist auch die *Energie* der Strahlung. Hochenergetische Strahlung wird auch *ionisierende Strahlung* genannt, weil sie Elektronen aus der Atomhülle entfernen kann. Dadurch wird der Rest des Atoms oder Moleküls positiv geladen, was als Ion bezeichnet wird. Hochfrequente UV-Strahlung, Röntgenstrahlung und Gammastrahlung haben eine entsprechende Energie. Diese Arten von Strahlung sind nachweislich gesundheitsgefährdend, insbesondere weil sie auch chemische Bindungen aufbrechen können.

Unterhalb des *sichtbaren Spektrums* schließt die *Infrarotstrahlung* und die *Mikrowellenstrahlung* an. In diesem Bereich befindet sich auch die Strahlung für den Mobilfunk. Die Wirkung auf Material ist eine erwärmende, wobei es sehr stark auf die Art des Materials ankommt, wie effektiv die Energieübertragung von der Strahlung auf den Körper erfolgt. Im Mikrowellenherd und auch im Bereich der Handystrahlung wird die Energie vor allem an Wassermoleküle weitergegeben, sodass wasserreiches Gewebe besonders stark erwärmt wird.

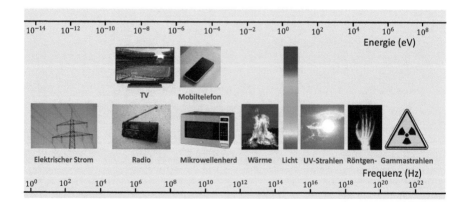

Abb. 15.1 Der Frequenzbereich elektromagnetischer Strahlung mit einigen typischen Anwendungen. Die Energieeinheit Elektronenvolt (eV) ist im ersten Kasten am Ende des Kapitels erklärt

In Kap. 6 haben wir den Wellen- und Teilchencharakter quantenmechanischer Objekte kennengelernt. In dem gleichen Sinne kann elektromagnetische Strahlung als die Aussendung von Teilchen, Photonen, gesehen werden. Am oberen Rand von Abb. 15.1 ist neben der Frequenz der Strahlung auch die Energie der entsprechenden Photonen aufgetragen.

Wichtig ist die Unterscheidung zwischen der Gesamtenergie, die durch Strahlung übertragen wird, und der Energie der Strahlung selbst. In einem Mikrowellenherd übertragen sehr viele Photonen geringer Energie insgesamt eine beträchtliche Energie auf das Gargut. Die Energie eines Photons ist jedoch kleiner als die chemische Bindungsenergie von Molekülen, die damit intakt bleiben. Ein einzelnes hochenergetisches Photon kann jedoch eine chemische Bindung aufbrechen oder einen DNA-Strang so zerstören, dass genetische Folgeschäden auftreten können. Diese auf ein Teilchen konzentrierte Energie ist jedoch um vieles geringer als die Energie, die im Mikrowellenherd durch viele Photonen übertragen wird.

Strahlungsleistungen

Die *Leistung* gibt an, wie viel Energie pro Zeiteinheit ein Strahler abgibt. Diese Energie pro Sekunde wird in Watt (W) angegeben. In der Tab. 15.1 sind abgestrahlte Leistungen von verschiedenen Sendern angeführt. Die Angaben verschiedener Datenquellen unterscheiden sich, die Zahlenwerte der Tabelle entsprechen einem Durchschnitt davon.

Die Leistung des Mikrowellenherds bezieht sich nur auf den Innenraum. Im Außenraum darf in einem Abstand von 5 cm nur eine Strahlungsleistung von maximal 5 Milliwatt (mW) pro Quadratzentimeter vorhanden sein.

In der Praxis werden meist nur Bruchteile der Maximalwerte von Tab. 15.1 erreicht. So stehen z. B. bei Bluetooth Höchstwerte von 100 mW Normalwerten von 1–5 mW gegenüber.

Tab. 15.1 Maximale Strahlungsleistungen und Frequenzen verschiedener Sender

Sender	Maximale Sendeleistung	Frequenz
Fernsehsender	500 kW	50–800 MHz
Rundfunksender (UKW)	100 kW	30–300 MHz
Mikrowellenherd	1,5 kW	2,41 GHz
Mobilfunk Basisstation	50 W	800 bzw. 1900 MHz
Mobiles Telefon	2 W	800 bzw. 1900 MHz
WLAN	200 mW	2,4 bzw. 5 GHz
Bluetooth	100 mW	2,4 GHz

Antennen

Die Art der Abstrahlung hängt sehr stark vom Antennentyp ab, ob z. B. die Strahlung in alle Richtungen gleich oder nur in bestimmte Bereiche (sogenannte Keulen) ausgesandt wird.

Parabolantennen erzeugen einen sehr eng begrenzten Strahl. Sie werden im Richtfunk eingesetzt, und Sende- und Empfangsantenne müssen sehr genau aufeinander eingerichtet sein.

Omni-Antennen oder Rundstrahler senden hauptsächlich in einem horizontalen Bereich aus. Fernsehstationen und auch Basisstationen von Mobilfunkgeräten operieren auf diese Weise.

Bei *Sektor-Antennen* wird der horizontale Bereich eingeschränkt.

Die Antennen in einem Mobiltelefon sind im Prinzip *Kugelantennen,* die in alle Richtung gleich stark strahlen. Allerdings sind sie so modifiziert, dass die maximale Leistung von der Rückseite des Handys abgestrahlt wird.

Der *Antennengewinn* gibt an, wie sich diese verschiedenen Typen in der Stärke der Abstrahlung in eine bestimmte Richtung unterscheiden: Der Wert 1 gilt für einen Kugelstrahler, eine Omni-Antenne hat einen Gewinn von etwa 10, eine Sektor-Antenne einen um die 40.

Wirkung der Strahlung

Für eine gesundheitliche Auswirkung durch Strahlung sind zwei Punkte entscheidend: wie hoch die *Strahlungsstärke* an dem Ort ist, an dem man sich befindet, und wie viel *Energie* Teile des Körpers aus der Strahlung aufnehmen.

Die Strahlungsstärke wird durch die *Leistungsflussdichte* angegeben, die quadratisch mit der Entfernung zum Sender abnimmt. Dies macht den großen Unterschied zwischen Basisstation und Handy aus: Die Abstände von einem Handymast zu einer Person betragen meist Hunderte Meter und mehr, von der Antenne des Handys oft nur wenige Zentimeter.

Die Energieaufnahme wird durch die *spezifische Absorptionsrate* (SAR-Wert) angegeben. Die Angabe erfolgt in Watt pro Kilogramm und zeigt, wie viel Energie pro Sekunde von 1 kg Material aufgenommen wird. Es gibt genaue Vorschriften, wie der SAR-Wert eines Handys bestimmt wird. Ein Phantomkopf, der in Ausmaß und Gewebe einem menschlichen Kopf entspricht, wird der Strahlung eines Handys ausgesetzt, und die entsprechende aufgenommene Energie wird bestimmt.

Der empfohlene Grenzwert wird von der Weltgesundheitsbehörde (WHO) mit 2 W/kg angegeben. Handys weisen Werte von 0,2–1,5 W/kg auf. Es empfiehlt sich, beim Kauf eines Handys auf den SAR-Wert zu achten.

Energie elektromagnetischer Strahlung

Die Frequenz f einer elektromagnetischen Strahlung ist mit der Energie E der Lichtteilchen (Photonen) durch die Beziehung

$$E = h \cdot f$$

verbunden. h ist das Plancksche Wirkungsquantum, eine Konstante mit dem Wert

$$h = 6,63 \cdot 10^{-34} \text{ J} \cdot \text{s}$$

Für einen Mikrowellenherd ergibt sich für die Frequenz $f = 2,41$ GHz eine Energie der Photonen von $E = 1,6 \cdot 10^{-24}$ J.

Allerdings wird für Photonen meist die Energieeinheit Elektronenvolt (eV) verwendet:

$$1 \text{ eV} = 1,6 \cdot 10^{-19} \text{ J}$$

Damit ergibt sich die Energie eines Photons im Mikrowellenherd zu $E = 9,4 \cdot 10^{-6}$ eV.

Die Strahlung bei Mobiltelefonen hat Frequenzbänder um $f = 900$ MHz und 800 MHz. Die entsprechenden Energien sind $E = 3,7 \cdot 10^{-6}$ eV bzw. $7,4 \cdot 10^{-6}$ eV.

Die benötigte Energie, um eine chemische Bindung, etwa in der DNA, aufzubrechen, ist um etwa eine Million Mal höher und liegt bei einigen Elektronenvolt.

Leistungsflussdichte

Die Leistungsflussdichte (oftmals als Leistungsdichte *LD* bezeichnet) gibt an, wie viel Strahlungsenergie pro Zeiteinheit senkrecht durch eine bestimmte Fläche strömt.

Die Einheit ist Watt pro Quadratmeter (W/m^2).

Wenn ein Sender mit einer Leistung *P* nach allen Richtungen abstrahlt, so geht Strahlung dieser Leistung durch jede Kugelschale um den Sender, unabhängig vom Abstand *R*.

Jede Kugelschale hat eine Oberfläche $O = 4 \cdot \pi \cdot R^2$.

Die Leistungsflussdichte beträgt damit $LD = \frac{P}{4 \cdot \pi \cdot R^2}$ und nimmt quadratisch mit dem Abstand zur Quelle ab.

Antennengewinn

Mit dem Antennengewinnfaktor *G* wird angegeben, wie sehr sich die maximale Leistungsdichte in einer bestimmten Richtung von einer kugelsymmetrischen Leistungsdichte unterscheidet: *G* = maximale Leistungsdichte einer Richtantenne/Leistungsdichte eines Kugelstrahlers gleicher Leistung.

Die Leistungsdichte einer solchen Antenne ergibt sich damit zu

$$LD = \frac{P \cdot G}{4 \cdot \pi \cdot R^2}$$

SAR

Die spezifische Absorptionsrate kann auf verschiedene Art definiert und auch experimentell unterschiedlich bestimmt werden:

Über die *elektrische Feldstärke E:*

$$SAR = \frac{1}{2} \cdot \frac{\sigma \cdot E^2}{\rho}$$

σ ist die elektrische Leitfähigkeit, *E* der Effektivwert der elektrischen Feldstärke und ρ die Dichte des Gewebes.

Über die *Temperaturerhöhung:*

$$SAR = c \cdot \frac{dT}{dt}$$

c ist die Wärmekapazität des Gewebes und $\frac{dT}{dt}$ die zeitliche Änderung der Temperatur *T* des Gewebes.

Beide Methoden werden angewandt, um den SAR-Wert eines Handys an Phantomköpfen zu bestimmen.

16

Groß und Klein

„So etwas ist mir noch nicht passiert. Das gehört eigentlich polizeilich angezeigt. Und das arme Hascherl. Kann sich nicht wehren." Mit diesen Worten stürmt Frau Karla herein und entledigt sich ihres Mantels. „Nun beruhigen Sie sich, Frau Karla", versucht sie der Prokurist zu besänftigen. „Um welches arme Hascherl geht es denn?" „Na, um das Baby. Das ist noch keine paar Wochen alt. Diese Leute sollte man in einen Elternkurs schicken – und zwar verpflichtend!" Nach dieser Aussage, die man eher Frau Hofrat zugetraut hätte, ist die Aufmerksamkeit aller noch mehr gegeben. „Nun erzählen Sie mal in Ruhe, was passiert ist", versucht auch die Journalistin Carmen, Frau Karla mit sanfter Stimme zu beruhigen.

„Zuerst brauche ich etwas zur Stärkung. Herr Oskar, bitte bringen Sie mir statt meiner üblichen Melange einen Fiaker." Damit ist nicht die touristisch genutzte Pferdekutsche gemeint, sondern ein Espresso, der mit Hochgeistigem verfeinert ist. Je nach Kaffeehaus kann dies ein Sliwowitz oder Rum sein, der Fiaker dieses Kaffeehauses zeichnet sich durch die Beigabe von Kirschwasser aus. „Da muss vorhin ja was Schreckliches passiert sein", mutmaßt Frau Hofrat nach Karlas Bestellung.

Nach einem Schluck Fiaker beginnt Frau Karla zu erzählen. „Ich gehe gemütlich in Richtung Kaffeehaus. Bei der Straßenbahnhaltestelle sehe ich zwei junge Leute, und bei genauerem Hinschauen erkenne ich, dass der Bursche ein Baby vor sich trägt. Das Baby hat aber kein Häubchen auf, sondern nur ein dünnes kurzärmeliges Hemderl und die Windelhose an.

Es zitterte auch bereits, und die Haut war schon mehr blau als rötlich." Nach einem weiteren Schluck fährt sie fort. „Ich gehe natürlich auf die beiden zu und mache sie höflich darauf aufmerksam, dass dem Baby kalt ist und dass man es zumindest in eine Decke hüllen sollte. Darauf werden beide zornig, beschimpfen mich und sagen …" – Karla stockt – „… und sagen Dinge, die ich hier nicht wiederholen will." „Und wie ist es weitergegangen?", will der Prokurist wissen. „Gar nicht. Die Straßenbahn ist gekommen, und sie sind eingestiegen. Aber ich habe gesehen, dass sie nicht einmal eine Tasche für eine Decke oder für ein Gewand mitgehabt haben. Das Baby hat mir so leidgetan. Es kann sich eine Lungenentzündung holen, wenn nicht mehr."

Nach einer allgemeinen Pause versucht Carmen, sie nochmals zu beruhigen. „So kalt war es aber doch nicht. Ich habe heute auch auf meinen Pullover verzichtet, und es war nur etwas frisch." „Aber Sie können sich doch nicht mit einem Baby vergleichen", echauffiert sich Karla wiederum, „da ist wohl ein großer Unterschied." „Ja, das schon", muss Carmen zugeben, „aber die Temperatur ist doch wohl für uns beide dieselbe." „Sie können mir erklären, was Sie wollen. Ich weiß, dass Babys viel schneller frieren und dass man sie warm anziehen soll." „Vielleicht liegt dies daran, dass sie sich nicht bewegen können, weil sie meist in einem Sack eingepackt sind?", vermutet Norbert.

„Nein, die fehlende Bewegung ist nicht der Hauptgrund, warum Babys viel schneller frieren als Erwachsene." Der Professor bestärkt Frau Karlas Meinung. „Sie hatten völlig recht, dass Sie die Eltern aufmerksam gemacht haben. Auch wenn es anscheinend wirkungslos war. Aber vielleicht haben sie doch noch nachzudenken begonnen." „Warum ist dem Baby nun so viel kälter als mir, wenn wir beide uns doch in derselben Außentemperatur aufhalten?", fragt Carmen nach. „Der Grund liegt schlichtweg in der Größe. Oder genauer gesagt im Verhältnis von Masse beziehungsweise Volumen und der entsprechenden Oberfläche", führt der Professor aus. „Ich verstehe jetzt nur Bahnhof", meint Frau Hofrat. „Wenn Sie wollen, dass ich es verstehe, dann müssen Sie mir das wohl genauer erklären."

Statt einer Antwort bittet der Professor Herrn Oskar um einige Stück Würfelzucker. „Nehmen wir fürs Erste an, diese Stücke wären wirklich Würfel und nicht Quader", beginnt er etwas überraschend. „Das heißt, alle Kanten wären gleich lang und die Oberfläche des Würfels bildeten sechs Quadrate."

Dann fügt der Professor ein zweites Stück an das erste.

„Können Sie mir sagen, wie sich jetzt das Volumen und die Oberfläche verändert haben?" Ohne zu wissen, worauf die Frage hinzielt, antwortet der Prokurist: „Das Volumen hat sich verdoppelt. Die Oberfläche besteht jetzt aus …" – er beginnt zu zählen – „… zehn Quadraten." „Gut", bestätigt der Professor „und nun geben wir zwei weitere hinzu." Er legt die beiden nächsten auf die zwei vorigen.

„Jetzt haben wir die vierfache Masse und …" – der Prokurist zählt wiederum und verkündet „16 Quadrate".

„Wir könnten das fortsetzen, aber ich frage Sie jetzt schon, ob man eine Gesetzmäßigkeit erkennen kann." Carmen versucht sich: „Also das Volumen verdoppelt sich immer. Aber für die Oberflächen kann ich keine Gesetzmäßigkeit erkennen. Außer vielleicht, dass sich die Oberfläche nicht verdoppelt, sondern immer weniger als das Doppelte zunimmt." „Perfekt", pflichtet der Professor bei „und genau dies ist die Lösung des Problems." „Wenn Sie glauben, dass ich jetzt gescheiter bin, dann irren Sie sich, sehr geehrter Herr Professor. Was hat das arme Baby mit diesen komischen Zucker- und Würfelspielen zu tun?" Frau Hofrat erkennt offensichtlich keinen Zusammenhang. „Sehr viel", entgegnet der Professor. „Man muss nur zwei Tatsachen noch hinzufügen. Die erste ist, dass ein menschlicher Körper Wärme erzeugt. Wir nehmen Nahrung zu uns, die wird zum Großteil in Wärme übergeführt, und wir benötigen diese Wärme auch, um unsere Körpertemperatur konstant zu halten. Die Wärme bleibt jedoch nicht im Körper, sondern fließt über die Oberfläche zum Teil nach außen."

„Tut mir leid", Karla blickt in die Runde, „auch ich verstehe es immer noch nicht. Wie geht es euch dabei?" Da keine Antwort oftmals auch eine ist, ist der Professor weiter gefordert. „Wir haben vorhin gesehen, dass bei größer werdenden Körpern die Masse stärker wächst als die Oberfläche. Da die Wärme im ganzen Körper erzeugt, aber nur über die Oberfläche abgeführt werden kann, haben größere Körper Probleme, die Wärme genügend schnell abzuführen. Umgekehrt aber – und nun sind wir bei unserem armen Baby: Wenn der Körper kleiner wird, sinken das Volumen und die Wärmeerzeugung rascher, als die Oberfläche abnimmt. Es fließt relativ mehr Wärme nach außen, der Körper kühlt ab."

„Nun verstehe ich", ruft Norbert und rückt seinen Hut nach hinten, „warum dem Bären nie kalt geworden ist." „Was ist das wieder für ein Blödsinn? Welcher Bär?" Frau Hofrat sieht wieder eine unwichtige Abschweifung. „Das ist kein Blödsinn", entgegnet Norbert. „Bei uns auf dem Land hat es einen Zimmermann gegeben. Der war ein Koloss von Mann, an die zwei Meter groß und über hundert Kilo schwer, alles Muskeln, kein Fett. Wegen seiner Stärke und auch seiner Behaarung haben wir ihn Bär genannt. Und der Bär hat sogar im tiefsten Winter immer nur im Hemd gearbeitet und dabei sogar vorne noch einige Knöpfe offengelassen."

„Dabei kommt zusätzlich zum Tragen, dass ein Zimmerman im Allgemeinen körperlich schwer arbeitet und damit noch mehr Wärme erzeugt", ergänzt der Professor. „Nun verstehe ich auch, warum meiner Oma immer kalt war", erinnert sich Karla. „Sie war eine kleine Frau, aber im hohen Alter wog sie wohl nur noch etwas mehr als vierzig Kilo." „Ja, wobei hier noch andere Faktoren, wie die Durchblutung, hinzukommen. Aber Frauen frieren ohnehin im Allgemeinen eher als Männer." „Wollen Sie nun gar noch behaupten, wir Frauen seien nicht nur kleiner, sondern würden auch weniger arbeiten als zum Beispiel jener Bär?", wird Frau Hofrat misstrauisch. „Nein, nichts läge mir ferner", besänftigt der Professor. „Aber nicht nur, dass Frauen im Durchschnitt kleiner sind, sie haben auch weniger Muskelanteil am Gesamtgewicht. Eine etwas dünnere Haut verstärkt noch den Effekt. Frauen frieren um etwa fünf Grad früher als Männer."

Nach einer kurzen Pause fragt der Prokurist. „Apropos Bär. Was Sie uns eben erzählt haben, das muss ja auch auf Tiere zutreffen, oder?" „Ja, voll und ganz, und zwar für warmblütige Tiere wie Vögel und Säugetiere. Große Tiere haben Schwierigkeiten, ihre Wärme abzuführen, kleinen droht die Gefahr, zu stark abzukühlen." Der Professor gibt auch Beispiele: „Der Hund hechelt, weil er Wärme durch die gut durchblutete Zunge sehr effektiv abführen kann. Wüstenfüchse haben große Ohren, um die Oberfläche zu vergrößern. Polarfüchse haben fast keine sichtbaren Ohren. Und in der Arktis und Antarktis gibt es praktisch keine kleinen Tiere."

„Kleine Tiere haben aber ein weiteres Problem", bleibt der Professor noch beim selben Thema. „Wie wir gesehen haben, befinden sie sich immer in Gefahr auszukühlen. Wärme wird durch Umsetzung der Nahrung erzeugt. Je kleiner Tiere sind, umso mehr müssen sie im Vergleich zu ihrem Körpergewicht an Nahrung zu sich nehmen. Das kann ganz extreme Ausmaße annehmen: Kolibris etwa müssen täglich das Doppelte ihres Körpergewichts an Nahrung zu sich nehmen. Elefanten fressen täglich etwa 200–300 kg. Das ist zwar ansehnlich viel, bei einer Masse von 6 t jedoch weniger als 5 % ihres Gewichts."

„Bei großen und kleinen Menschen fällt mir etwas ganz anderes ein", kommt Renée wieder auf das ursprüngliche Thema zurück. „Ich habe als Kind *Gullivers Reisen* verschlungen. Da kommt Gulliver sowohl zu Riesen als auch zu Liliputanern. Wie funktioniert dies im Lichte dessen, was wir eben gehört haben?" „Gar nicht", ist die lapidare Antwort des Professors. „Heißt das, dass die Liliputaner erfrieren, und die Riesen an Wärmestau sterben würden?", fragt Karla. „Genau. Aber dieses Problem wäre vielleicht nicht so kritisch", stimmt der Professor zum Teil zu. „Da könnten sich intelligente Wesen helfen, etwa mit warmer Kleidung oder technischen Geräten zur Kühlung. Aber es gibt noch weit größere Schwierigkeiten." „Können Sie uns ein Beispiel geben?", wird Frau Hofrat neugierig. Dann setzt sie jedoch relativierend fort: „Aber bitte in kurzer, verständlicher Form."

„Gut, zwei kurze Beispiele. In dem Buch gibt es auch Illustrationen. Dabei sehen sowohl die Liliputaner als auch die Riesen genauso aus wie Menschen, nur eben kleiner oder größer. Das ist nicht möglich." „Es gibt aber auch Filme, in denen Menschen verkleinert werden und noch immer dieselbe Gestalt behalten. Würde dies auch nicht gehen?", verweist Renée auf weitere Beispiele.

„Nein. Kurz erklärt: Wir haben gesehen, dass die Masse stärker zunimmt als die Oberfläche. Sie nimmt aber auch stärker zu als die Kraft der Beine. Die Kraft der Beine steigt nämlich nicht mit der Masse der Muskeln, sondern mit deren Querschnitt. Das ist wiederum eine Fläche. Wenn die Masse der Tiere steigt, müssen die Muskeln, die das Gewicht tragen, überproportional steigen. Darum werden die Beine immer dicker und stärker, je größer die Tiere sind. Denken Sie sich einen Elefanten oder ein Nashorn. Die Riesen Gullivers müssten extrem dicke Beine haben, um sich fortbewegen zu können."

„Und das zweite Beispiel?", lässt Frau Hofrat nun doch nicht locker. „Das betrifft die Kommunikation. Gulliver könnte sich nicht mit Zwergen und Riesen unterhalten, selbst wenn sie dieselbe Sprache sprächen." „Warum nicht, sie haben ja genauso Mund und Ohren", fragt Frau Karla. „Ja, aber diese sind nicht auf uns abgestimmt. Wir haben vor einiger Zeit über Renées wunderbare Stimme gesprochen. Dabei haben wir gesehen, dass die Tonhöhe mit der Länge der Stimmbänder zusammenhängt. Je kürzer sie sind, desto schneller schwingen sie und ein desto höherer Ton entsteht. Zwerge würden zirpen und Riesen ganz tief grummeln. Dasselbe gilt aber für das Gehörsystem. Auch das kann nicht einfach vergrößert oder verkleinert werden und dennoch dieselben Tonhöhen aufnehmen wie zuvor."

„Heute hat uns das unliebsame Erlebnis von Frau Karla aber wieder weit herumgeführt", schließt Frau Hofrat in bewährter Manier den Diskurs ab.

Stark wie eine Ameise

Eine Ameise kann ein Mehrfaches ihres Körpergewichts tragen, ein Mensch nur etwa das Doppelte, nämlich sich selbst und einen zweiten auf den Schultern. Wie ist das möglich, obwohl doch die Beine von Ameisen eher dünn sind? Und sie bleiben auch relativ dünn, selbst wenn die Ameise auf die Größe eines Menschen gezoomt wird (Abb. 16.1).

Eine Ameise von der Größe eines Menschen könnte nicht auf diesen dünnen Beinen stehen; sie würden unweigerlich einknicken, weil sie zu schwach wären, um die Masse des Körpers zu tragen.

Der Grund für diese Diskrepanz liegt darin, dass die Stärke eines Muskels nicht durch seine Masse bestimmt ist, sondern durch seinen Querschnitt. Die Masse eines Körpers hängt vom Volumen ab. Das Volumen jedes Körpers kann durch das Produkt von drei Längen ausgedrückt werden. Beim Würfel ist dies am einfachsten zu sehen, weil alle drei Kantenlängen L gleich sind:

$$V = L^3$$

Eine Fläche, wie etwa der Querschnitt eines Muskels, ist als Produkt von zwei Längen gegeben; bei einem Quadrat gilt

$$A = L^2.$$

Das bedeutet aber, dass bei größerer Länge L das Volumen V ungleich rascher wächst als die Fläche A. Damit nimmt das Gewicht eines Körpers rascher zu als die Kraft der Beine. Um den Körper dennoch auf den Beinen zu halten bzw. ihn fortzubewegen, müssen notgedrungen die Querschnitte der Muskeln und damit die Dicke der Beine überproportional steigen.

Wenn ich ein Mehrfaches meiner Körperkraft tragen will, darf ich mir also nicht die Beine einer Ameise wünschen, sondern die eines Elefanten. Und die Beine von Kraftsportlern wie die von Gewichthebern tendieren tatsächlich in diese Richtung.

Hochspringen wie ein Floh

Ein Floh überspringt ein Vielfaches seiner Körpergröße. Größere Tiere, wie auch der Mensch, bleiben weit darunter. Wie ist das möglich, da wir doch bei den Ameisen gesehen haben, dass die Beinkraft sogar relativ geringer ist im Vergleich mit größeren Tieren?

Abb. 16.1 Ameise und Hochspringerin auf die gleiche Größe skaliert

Beim Hochsprung wird die Energie, die von den Muskeln aufgebracht wird, in Hubenergie des Körpers umgesetzt. Die Beinkraft F_B wird längs einer Strecke s (vom tiefsten Punkt der Sprungbewegung bis zum endgültigen Absprung) eingesetzt. Die entsprechende Energie, die dabei umgesetzt wird, ist

$$E = F_B \cdot s.$$

Diese Energie wird in Hubenergie umgewandelt:

$$E = m \cdot g \cdot H$$

m ist die Masse des Körpers, H die Sprunghöhe und g die Gravitationskonstante. Durch Gleichsetzung der beiden Energien können wir die Sprunghöhe berechnen:

$$H = \frac{F_B \cdot s}{m \cdot g}$$

Nun verwenden wir wieder die einfachen Vergleiche mittels einer Länge L:F_B entspricht einer Fläche, verhält sich also wie L^2. s ist eine Länge, entspricht damit L. Und in der Masse m steckt das Volumen V und damit L^3. Setzen wir dies in die Höhe ein, so sehen wir, dass sich die Länge L weg kürzt. Die Sprunghöhe ist damit von der Größe des Springers unabhängig!

Und dies ist tatsächlich der Fall: Viele Tiere, inklusive Mensch, springen etwa 1 m hoch. Unterschiede ergeben sich aus dem anatomischen Aufbau, nicht so sehr aus der Größe. So erreichen etwa Kängurus aufgrund ihrer Anatomie eine Sprunghöhe zwischen 2 und 2,5 m und dies relativ unabhängig von ihrer Größe, vom Ratten- bis zum Riesenkänguru.

Der Floh springt jedoch nur etwa 10 cm hoch, er bleibt also unter der berechneten Höhe von etwa 1 m. Der Grund ist eben seine Kleinheit: Er benötigt für sein kleines Gewicht keine stärkeren Beine und kann mit ihnen aber auch nicht so hoch springen.

Alt werden wie Methusalem

Vergleicht man das Lebensalter von Tieren, so zeigt sich sehr deutlich, dass größere Tiere älter werden als kleine (Abb. 16.2). Warum das so ist, kann aus der bisherigen Diskussion relativ gut abgeleitet werden.

Wir haben gesehen, dass kleine Tiere mehr Nahrung zu sich nehmen müssen, um ihrem Körper genügend Energie zuführen zu können, etwa um die Körpertemperatur annähernd konstant zu halten. Die Verteilung der Energie erfolgt über das Blutsystem, und das Herz ist die Pumpe dafür. Bei kleinen Tieren muss das Herz damit relativ mehr leisten, um den erhöhten Energiebedarf abzudecken. Die Leistung des Herzens als Pumpe zeigt sich in der Herzfrequenz, und tatsächlich ist die Anzahl der Herzschläge pro Minute bei kleinen Tieren um einiges höher als bei großen: Das Herz einer Maus schlägt etwa 500-mal in der Minute, wohingegen sich der Herzmuskel eines Elefanten in der Minute nur zirka 25-mal kontrahiert (Abb. 16.3).

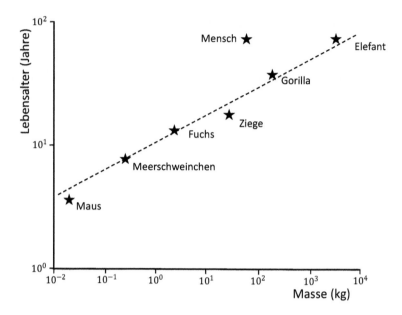

Abb. 16.2 Lebensalter in Relation zur Körpermasse

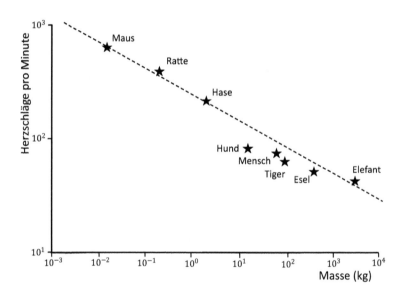

Abb. 16.3 Herzschläge pro Minute in Relation zur Körpermasse

Der Aufbau des Herzmuskels ist bei vielen Tieren sehr ähnlich. Aus diesem Grund ist auch das Arbeitsvermögen in etwa dasselbe: Die Herzen schlagen im Mittel im Laufe eines Lebens etwa eine Milliarde Mal. Damit ist aber das Lebensalter mit dem Körpergewicht korreliert: Kleine Tiere, deren Herzen schneller schlagen müssen, leben kürzer, große um einiges länger.

In Abb. 16.2 sticht der Mensch heraus, dessen Lebenszeit einem Tier mit der Masse von 1 t entspricht. Dieser Ausreißer ist durch die soziale und medizinische Entwicklung der letzten Jahrtausende begründet: Sowohl die Neandertaler als auch unsere zur gleichen Zeit lebenden Vorfahren erreichten ein Alter von nur etwa 20 bis 40 Jahren.

17

Ein Traum aus Schaum

„Heute kann ich den Herrschaften etwas ganz Spezielles anbieten." Mit diesen Worten erregt Herr Oskar Aufmerksamkeit in unserer bekannten Runde. „Etwas zum Essen oder zum Trinken?", ist Norbert neugierig und schiebt seinen Hut von rechts nach links. „Wir haben heute Gäste aus dem Fernen Osten", kommt die etwas unerwartete Antwort. „Danke. Bitte nicht", reagiert Norbert sofort. „Was der Bauer nicht kennt, das isst er nicht, sagt man bei uns auf dem Land." „Nein, im Gegenteil", schmunzelt Herr Oskar. „Unsere Gäste wollen etwas Besonderes aus Österreich, und sie wünschen sich Salzburger Nockerln. Obwohl wir in Wien ja auch mit einmaligen Süßigkeiten aufwarten könnten. In dem Zusammenhang hat unser Koch Maurice an euch gedacht und gemeint, dass ihr eventuell mit einer Extraportion Salzburger Nockerln Freude hättet." Dieser Vorschlag wird natürlich erwartungsvoll angenommen.

Nach einer geraumen Weile kommt Maurice persönlich mit einer großen Tasse, auf der sich ein bizarres Gebilde auftürmt, an der Oberseite schön gebräunt.

© Springer-Verlag GmbH Deutschland, ein Teil von Springer Nature 2019
L. Mathelitsch, *Physikalische Melange*, https://doi.org/10.1007/978-3-662-59260-1_17

Er lässt es sich auch nicht nehmen, die Portionen für jeden zu verteilen. Die roten Preiselbeeren zuunterst der Nockerln bilden einen wunderbaren Kontrast zum gelben Inneren und zum weißen Zucker. „Wunderbar, traumhaft", zeigt sich Frau Karla bereits vom Äußeren überwältigt und erklärt warum: „Ich habe mich mal an Salzburger Nockerln versucht. Das ist kläglich schiefgegangen. Zuerst sind sie wohl in die Höhe gegangen, dann aber zusammengefallen, wie wenn man von einem Ballon die Luft auslässt."

„Ja, die Zubereitung dieser Süßspeise benötigt einiges an Können und Geschick", bestätigt der Koch. „Haben Sie dies bereits bei Ihrer Ausbildung im Sacher gelernt?", nimmt Frau Hofrat auf Maurice' Lehrzeit Bezug. „Ja, aber perfektioniert habe ich es bei meiner ersten Anstellung in Salzburg." „No na!", meint Norbert. „Dieses Gericht war aber auch der Grund, warum ich bereits nach einem halben Jahr weitergezogen bin nach Deutschland." „Wurden Sie für Ihre Künste so rasch berühmt, dass Sie abgeworben wurden?", vermutet Karla. „Nein. Aber alle ausländischen Gäste bestellen in Salzburg nur Salzburger Nockerln, und es ist mir bald zu eintönig geworden, immer nur dieselbe Süßspeise zubereiten zu müssen. So habe ich mir mein Berufsleben nicht vorgestellt."

Inzwischen haben alle gekostet und sind voll des Lobs für Maurice. Mit einer Verneigung entschwindet er wieder in der Küche. „Das ist wirklich ein Traum von Schaum", genießt der Prokurist. „Eigentlich ist es nur süße Luft", befindet Renée, „aber köstlichst." In der Folge genießt jeder für sich.

„Bei diesen wunderbaren Nockerln sind selbst die letzten Reste noch stabil. Und bei mir ist schon vor dem Verteilen alles in sich zusammengesunken. Keine Ahnung, was ich damals falsch gemacht habe." Karla hat die Frage mehr an sich selbst als in die Runde gestellt. Angesprochen fühlt sich aber Maurice, der sich wieder leise zur Gruppe gesellt hat.

„Was bei Ihnen falsch gelaufen ist, kann ich natürlich nicht sagen. Wenn Sie wollen kann ich aber kurz erklären, was meiner Meinung nach zu einem Gelingen beitragen kann." Dass Maurice sofort ein freier Sessel angeboten wird, zeugt von der dankbaren Annahme des Vorschlags.

„Das Erste ist das Schlagen des Eiweißes. Dabei wird einfach Luft mit dem Eiweiß fein vermischt. Dass dabei aber sehr stabile Bläschen entstehen können, hängt mit der chemischen Beschaffenheit von Eiweiß zusammen. Bestandteile des Eiweiß sind Proteine, lang gezogene Moleküle mit einer besonderen Eigenschaft: Das eine Ende fühlt sich zu Wasser hingezogen, das andere Ende stößt Wasser ab. Durch diese Eigenschaft bilden sie eine Art Netzwerk an der Außen- und Innenseite der Bläschen und stabilisieren sie. Und dabei kann schon der erste Fehler passieren." „Was kann man denn beim Schneeschlagen schon falsch machen?" Das ist eher eine Feststellung von Frau Hofrat denn eine Frage. „Ich habe in meinem Leben Tausende Mal Schnee geschlagen, und es ist immer gelungen." „Dann haben Sie es anscheinend richtig gemacht", bekundet Maurice. „Aber wenn sich im Gefäß oder am Schlaggerät etwas Fett befindet, was beim Kochen vorkommen kann, dann kann das Probleme bereiten, weil die Fetteilchen die Vernetzung der Proteine behindern. Genauso wie Eidotter. Wenn man also den Eidotter nicht vollständig vom Eiklar trennt, kann dies bereits der erste Schritt zum Misserfolg sein, muss aber nicht. Auch wenn Sie zu lange schlagen, kann sich der Vorgang umkehren."

„Aber bei den Salzburger Nockerln gibt man ja auch Eidotter hinzu, was zur schönen gelben Farbe führt", wendet Klara ein. „Das ist richtig", stimmt Maurice zu. „Aber das Einbringen von Eidotter und etwas Mehl muss sehr behutsam vor sich gehen; wir nennen das ‚Unterheben'. Das Netzwerk um die Luftbläschen ist bereits so stabil, dass es dadurch nicht zerrissen wird. Würde man die Eidotter einmixen, so gäbe es keine Salzburger Nockerln."

Nach einer kurzen Pause fährt Maurice fort: „Durch die hohe Temperatur im Backofen passiert zweierlei: Erstens dehnt sich die Luft in den Bläschen aus. Da sich auch Wasser in Wasserdampf umwandelt, kommt es zu dem erwünschten Aufgehen der Nockerln. Das Netzwerk der Proteine hält dieses Anwachsen der Bläschen aus. Zweitens gerinnen die Proteine durch die Hitze und festigen das Netzwerk. Selbst wenn man dann die Nockerln aus dem Ofen nimmt, bleiben die Netzstruktur und damit die Größe erhalten. Dabei lauert aber die letzte Gefahr." „Und die wäre?", zeigt sich auch der Student interessiert. „Hausfrauen haben die Tendenz nachzusehen, wie weit das jeweilige Gericht schon gediehen ist. Und dies ist für Salzburger Nockerln tödlich. Wenn man nämlich das Backrohr öffnet, ehe die Proteine geronnen sind, so bewirkt die kühle Luft häufig, dass sich der Wasserdampf wieder zu Wasser rückverwandelt, und damit fallen die Nockerln völlig zusammen. Jetzt muss ich aber wieder in die Küche", entschuldigt sich Maurice und entschwindet.

„Ich weiß zwar immer noch nicht, was ich damals falsch gemacht habe", meint Karla, „aber die Erklärungen von Maurice zeigen, dass zum Kochen einiges Wissen gehört." „Ja", pflichtet der Prokurist bei, um nach einer längeren Denkpause hinzuzufügen: „Aber was Maurice über den Schaum der Nockerln gesagt hat, muss doch wohl auch für diesen Schaum hier gelten." Er zeigt auf sein frisch gefülltes Bierglas mit schöner weißer Schaumkrone. „Im Backrohr ist das Bier aber nicht gewesen", wirft Frau Hofrat ein. „Das nicht, aber dennoch gibt es einige Ähnlichkeiten." Dieser Bemerkung des Studenten folgen einige fragende Blicke. „Ich habe in meinem Leben auch einige Semester Chemie studiert, und da hatten wir einmal ein Bierseminar. Neben praktischen Übungen haben wir auch einiges an Theorie abbekommen." „Können Sie sich trotz der Übungen noch an etwas erinnern?", fragt Frau Hofrat weniger wissbegierig als eher spöttisch.

„Doch, doch. Und ich sehe einige Parallelen zu dem, was Maurice erklärt hat. Auch der Bierschaum ist durch chemische Netzwerke stabilisiert. Dafür sind neben Proteine auch Bitterstoffe verantwortlich. Ich kann mich noch an ein Experiment erinnern. Wir haben Bier so eingeschenkt, dass viel Schaum entstanden ist. Dann haben wir etwas gewartet, den obersten Schaum abgeschöpft und in ein Extragefäß gegeben. Nach dem Zerfließen des Schaums haben wir gekostet: Diese Flüssigkeit hat deutlich bitterer geschmeckt als das Bier.“

„Beim Guinness hält der Schaum ja besonders lange“, zeigt der Prokurist eine weitere Biereigenschaft auf. „Auch an diese Erklärung kann ich mich noch erinnern.“ Der Satz des Studenten ist in Richtung Frau Hofrat gerichtet. „Na denn“, fühlt sie sich auch angesprochen. „Der Bierschaum wird im Laufe der Zeit kleiner, weil immer etwas Gas, Luft und Kohlenstoffdioxid, aus den Bläschen entweicht. Außerdem zerplatzen auch immer einige Bläschen. Dem Guinness wird aber Stickstoff beigemischt. Der ist träger und entflieht nicht so rasch.“ Nach einer kurzen Pause fährt der Student fort. „Ich kann mich an ein weiteres Experiment erinnern, das ebenfalls mit Bierschaum zu tun hat.“ „Wenn es nicht um Bier gegangen wäre, wäre sicher nicht so viel hängengeblieben“, murmelt Frau Hofrat.

„Wir haben zwei Gläser mit Bier gefüllt, eines mit und eines ohne Schaum", erinnert sich der Student. „Dann haben wir mit den Gläsern etwas heftiger hantiert, und beim Glas mit Schaum ist deutlich weniger übergeschwappt. Die Erklärung war, dass der Schaum am Rand des Glases besser haftet als das flüssige Bier. Der Grund sind wiederum die Proteine und Bitterstoffe."

„Mir ist während Ihrer interessanten Bemerkungen noch etwas aufgefallen." Der Prokurist zeigt wiederum auf sein Bierglas. „Der Schaum hat eine weiße Farbe, obwohl das Bier bräunlich ist. Und auch Schneeschaum ist leuchtend weiß, obwohl das Eiklar, wie der Name schon sagt, eher durchsichtig ist. Auch der Badeschaum ist weiß, obwohl die Flüssigkeit meist eine intensive Farbe hat. Das kann doch kein Zufall sein."

„Ist es auch nicht. Da die Erklärung eine physikalische ist, bin wohl ich dafür zuständig." Der Professor fügt noch weitere Beispiele hinzu. „Auch das Weiß der Wolken und des Schnees beruht auf demselben Effekt. Und wenn wir schon beim Trinken sind: Geben sie Wasser in einen klaren Ouzo, wird das Gemisch aus dem gleichem Grund milchig."

„Und was sollen die Wassertröpfchen in den Wolken mit dem Schaum und dem Ouzo gemeinsam haben? Einmal ist das Wasser in den Tröpfchen konzentriert, einmal in den Oberflächen der Bläschen, und beim Ouzo liegt es als Flüssigkeit vor. Das sind ja ganz verschiedene Formen von Wasser." „Das ist vollkommen richtig. Aber das Gemeinsame liegt nicht im Wasser, sondern in etwas ganz anderem, nämlich in einer großen Anzahl." „Jetzt verstehe ich aber wieder einmal gar nichts", ärgert sich Frau Hofrat. „Wenn Sie etwas erklären wollen, dann bitte weniger kryptisch. Große Anzahl. Das ist für mich keine Erklärung."

„Entschuldigen Sie, ich wollte das Phänomen nur einmal benennen. Nun muss ich aber thematisch etwas weiter ausholen." „Wenn's sein muss", ist Frau Hofrat nicht sehr begeistert.

„Die verschiedenen Farben des Lichts kann man bestimmten Frequenzen zuordnen; Rot hat eine niedrigere Frequenz als Blau. Sonnenlicht ist eine Mischung vieler Frequenzen. Uns erscheint etwas weiß, zum Beispiel ein Blatt Papier, wenn Licht aller dieser Frequenzen in unser Auge gelangt. Jetzt brauchen wir zur Erklärung nur noch, dass Licht durch kleine Teilchen oder Grenzflächen aus seiner Richtung ausgelenkt werden kann." „Das war jetzt aber eine ganze Menge", stöhnt Frau Hofrat.

„Aber ich bin schon fast fertig. In Wolken sind viele kleine Wassertröpfchen. An diesen wird das Licht oftmals gestreut, sodass letztlich alle Farben, das heißt weißes Licht, wieder aus der Wolke abgestrahlt werden. Beim Schaum wird Licht an den Oberflächen der Bläschen gebrochen. Bei einem einzelnen Bläschen – zum Beispiel einer Seifenblase – kann man einzelne Farben wahrnehmen. Aber wenn die Brechung an so vielen Flächen passiert, mischt sich alles wieder zu Weiß. Ouzo ist ähnlich einer Wolke, da wird Licht an vielen kleinen Teilchen gestreut."

„Ja, aber warum erst dann, wenn man Wasser hinzugibt? Es kann doch nicht an den Wasserteilchen gestreut werden." „Diese Frage ist völlig berechtigt", stimmt der Professor dem Studenten zu. „Ouzo besteht im Prinzip aus drei Flüssigkeiten: Wasser, Alkohol und Anisöl. Öl verträgt sich aber nicht mit Wasser, es mischt sich nicht. Darum ist das Anisöl im Alkohol gelöst. Wenn man aber zusätzliches Wasser hinzugibt, wird der Alkohol verdünnt. Ist die Verdünnung genügend stark, können sich nicht mehr alle Ölteilchen lösen und schließen sich zu kleinen Tröpfchen zusammen. Das sind die Streuzentren für Licht und darum die weiße Farbe." Herr Oskar, der gerade eine Bestellung gebracht hat, bemerkt: „Jetzt verstehe ich. Diesen Farbumschlag gibt es ja auch bei Getränken wie Pernod oder Pastis. Und da ist ebenfalls Anis drinnen."

„Sie haben uns jetzt zwar erklärt, dass die Farbe von Salzburger Nockerln und von Ouzo denselben Ursprung hat – geschmacklich ist diese Kombination dennoch eine Katastrophe." Mit dieser wohl richtigen, aber doch für alle überraschenden Aussage beendet Frau Hofrat den Diskurs.

Salzburger Nockerln

Die Angaben sind für zwei Portionen.

Zutaten: 5 Eier
2 Esslöffel Mehl
2 Esslöffel Staubzucker
1 Esslöffel Vanillezucker
1 Prise Salz
60 g Preiselbeeren

Zubereitung: Das Eiklar vom Eidotter trennen. Das Eiklar der fünf Eier unter steter Zugabe von Staub- und Vanillezucker sehr steif schlagen. Eine Prise Salz dazugeben. Drei Eidotter und Mehl vorsichtig untermischen. Die Backform mit flüssiger Butter und ein wenig Milch bestreichen und mit Preiselbeeren belegen. Die Masse auf die Preiselbeeren geben und zirka 10 min im auf 200° vorgeheizten Backrohr goldbraun backen.

Die Salzburger Nockerln mit Staubzucker bestreuen und sofort servieren.

Oberflächenspannung

Die Teilchen einer Flüssigkeit ziehen einander an. An einer Oberfläche einer Flüssigkeit ist die Anziehungskraft zwischen Flüssigkeitsteilchen größer als zwischen Flüssigkeitsteilchen und Luftteilchen. Dies ergibt eine Kraft nach innen und das Bestreben, die Oberfläche bei gegebenem Volumen möglichst klein zu halten. Ideal ist dies in einer Kugel realisiert. Kleine Wassertröpfchen sind deshalb immer kugelrund, erst bei größeren können auch andere Kräfte wichtig werden.

Diese Eigenschaft einer Oberfläche, oder genauer einer Grenzfläche, wird durch den Begriff „Oberflächenspannung" ausgedrückt. Das Verhalten ähnelt dem einer elastischen Folie, die sich zusammenziehen will. Bei gasgefüllten Blasen wirkt die Oberflächenspannung zweimal: an der Außen- und an der Innenseite der Haut.

Wenn man eine Blase vergrößern bzw. zuerst einmal erzeugen will, wird die Oberfläche der Flüssigkeit vergrößert. Dies benötigt Energie, weil man Kraft gegen die Oberflächenspannung aufwenden muss. Bläst man mit einem Strohhalm in eine Spülflüssigkeit, wird der Blasenberg aus der Bewegungsenergie des Luftstroms und letztlich der Muskelenergie um die Lunge erzeugt. Und auch der Eischnee bedarf eines ausgiebigen Schlagens durch Muskel- oder elektrische Energie.

Nassschaum

Wird eine Flüssigkeit, etwa Bier, in ein Glas gefüllt, so bildet sich zuerst Nassschaum: Zwischen den Bläschen befindet sich immer noch einige Flüssigkeit. Diese Flüssigkeit zwischen den Blasen ist frei beweglich. Darum ist es möglich, dass die Blasen die Gestalt mit minimaler Oberfläche einnehmen können: Die Bläschen in einem Nassschaum sind annähernd rund (Abb. 17.1).

Die Bildung neuer Oberflächen gelingt umso leichter, je geringer die Oberflächenspannung ist. Darum schäumen flüssige Waschmittel so gut: Damit Wasser zwischen einem Gegenstand und dem anhaftenden Schmutz leichter eindringen und letztlich den Schmutz ablösen kann, werden Substanzen mit geringer Oberflächenspannung verwendet. Die Schaumbildung ist ein – oft sogar unerwünschter – Nebeneffekt der geringen Oberflächenspannung von Waschmitteln.

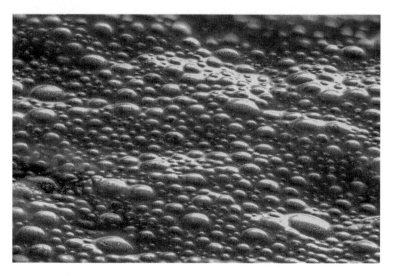

Abb. 17.1 Nassschaum

Trockenschaum

Durch die Schwerkraft fließt die Flüssigkeit zwischen den Bläschen mit der Zeit nach unten. Damit kommen sich die Bläschen immer näher. Ist der Zwischenraum bereits sehr gering, kann Luft oder Gas von einer Blase zur anderen diffundieren. Der Druck in einer Blase hängt jedoch mit seiner Größe zusammen: Kleinere Blasen haben einen größeren Innendruck als größere (Kap. 9). Wenn man zwei Seifenblasen unterschiedlicher Größe auf die beiden Seiten eines Strohhalms anheftet, so kommt es zu keinem Ausgleich der Größe, sondern die kleinere bläst die größere auf. Damit bilden sich im Schaum letztlich größere Blasen mit hauchdünnen Lamellen dazwischen, dem Trockenschaum.

Abb. 17.2 zeigt, dass die Blasen nicht mehr rund sind, sondern eckig. Die Form der Oberfläche solcher Blasen beschäftigt Physiker seit einigen Jahrhunderten. Anfang des 19. Jahrhunderts führte der in Brüssel geborene Joseph Plateau ausführliche Experimente mit Trockenschaum durch und fand empirisch drei Regeln für dessen Aufbau:

1. Es stoßen immer nur drei Flächen an einer Kante zusammen.
2. Der Winkel zwischen zwei Flächen beträgt 120°.
3. Am Endpunkt einer Kante treffen immer nur vier Kanten zusammen.

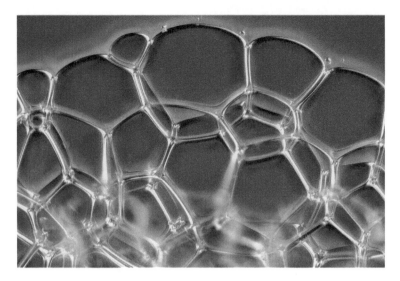

Abb. 17.2 Trockenschaum

Die Regeln kann man bei trockenem Schaum selbst nachprüfen. Eine mathematische Ableitung der Regeln gelang der amerikanischen Mathematikerin Jean Taylor aber erst 1976.

Allerdings sagen die drei Regeln noch nichts über die Form der Blasen aus. Die dreidimensionale Gestalt der Blase muss folgenden Bedingungen genügen:

1. Sie muss beim Aneinanderfügen den Plateauschen Regeln gehorchen.
2. Sie muss den Raum vollständig ausfüllen.
3. Sie muss die geringste Oberfläche gegenüber anderen Formen aufweisen.

Diese Punkte müssen nicht von einer einzigen Form erfüllt sein, sondern können auch von einer Kombination von verschieden gestalteten Blasen umgesetzt werden.

1887 veröffentlichte der Ire William Thomson, der später den Titel Lord Kelvin erhielt, den Artikel „Über die Aufteilung des Raumes mit der minimalen Trennungsoberfläche". Er nannte den Körper, der die oben angeführten drei Punkte erfüllt, Tetradekaeder, also Vierzehnflächner (Abb. 17.3): Die 14 Flächen sind sechs Quadrate und acht Sechsecke, die

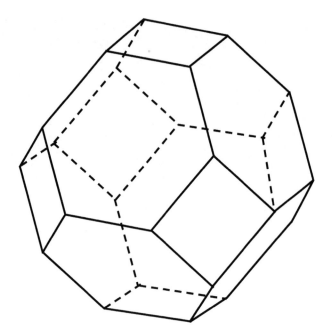

Abb. 17.3 Tetradekaeder

zudem etwas gewölbt sind. 1993 fanden Denis Weaire und Robert Phelan von der Universität Dublin eine Blasenform, die um 0,3 % weniger
Oberfläche aufweist. Die Form ist so kompliziert, dass sie hier nicht
beschrieben werden soll.

Empirische Untersuchungen von Trockenschäumen, und zwar von
Tausenden von Blasen, ergaben folgenden Befund:

- Es wurde keine einzige Weaire-Phelan-Zelle gefunden.
- Es wurden nur sehr wenige exakte Kelvin-Zellen gesehen.
- Die Oberfläche von 99 % der Zellen besteht aus 12 bis 15 Flächen.
- Es wurde keine einzige Verletzung der Plateauschen Regeln entdeckt.

Oberflächenenergie

Ein *Flüssigkeitstropfen* hat die Oberfläche O. Um diese um den Wert ΔO zu vergrößern, muss die Energie ΔE aufgebracht werden:

$$\Delta E = \gamma \cdot \Delta O$$

γ ist die Oberflächenspannung.

Flüssigkeit	Oberflächenspannung γ (in 10^{-3} N/m)
Quecksilber	476
Alkohol (Ethanol)	22,6
Wasser (bei 20 °C)	72,8
Wasser mit Spülmittel	30–40

Eine *Blase* hat zwei Oberflächen: eine nach außen und eine nach innen. Darum ist die benötigte Energie zu einer Vergrößerung doppelt so groß wie bei einem Tropfen:

$$\Delta E = 2 \cdot \gamma \cdot \Delta O$$

Tyndall-Effekt

Licht wird von kleinen Teilchen in Luft oder in Flüssigkeiten gestreut. Damit können Lichtstrahlen von der Seite gesehen werden. Der Ire John Tyndall untersuchte dieses Phänomen an trüben Stoffen.

Der Tyndall Effekt wird durch die *Mie-Streuung* hervorgerufen. Dabei haben die Streuteilchen etwa dieselbe Größe wie die Wellenlänge des Lichts. Dies trifft auf Wassertröpfchen im Nebel und in Wolken zu; auch Staubteilchen in Luft und Fetttröpfchen in Milch erfüllen diese Bedingung. Mie-Streuung ist kaum von der Frequenz der Strahlung abhängig und erfolgt praktisch in alle Richtungen rund um das Streuobjekt.

Ist die Ausdehnung der streuenden Teilchen kleiner als die Wellenlänge des Lichts, erfolgt *Rayleigh-Streuung*. Im Gegensatz zur Mie-Streuung ist die Rayleigh-Streuung von der Frequenz der Strahlung abhängig, und sie erfolgt vornehmlich in Vorwärts- und Rückwärtsrichtung. Das Himmelsblau sowie Morgen- und Abendrot beruhen auf der Rayleigh-Streuung an den Molekülen in der hohen und damit verdünnten Atmosphäre.

18

Alles fließt

Frau Hofrat quält sich durch den Raum und lässt sich schwer in einen Sessel fallen. „Heute schmerzen meine Füße wieder so gewaltig, dass ich auf dem Weg hierher sogar ein paarmal stehen bleiben musste." Der Student blickt von seiner Zeitung auf. „Das ist die Schaufensterkrankheit." „Was soll das wieder heißen", fährt ihn Frau Hofrat an. Der Student klärt sie auf: „Solche Schmerzen haben nicht nur Sie, Frau Hofrat. Um die krampfhaften Schmerzanfälle nicht zu zeigen, bleiben die Betroffenen häufig vor Schaufenstern stehen und täuschen vor, interessiert hineinzusehen. Darum der Name Schaufensterkrankheit."

© Springer-Verlag GmbH Deutschland, ein Teil von Springer Nature 2019
L. Mathelitsch, *Physikalische Melange*, https://doi.org/10.1007/978-3-662-59260-1_18

„Und warum wissen Sie das so genau?", ist Frau Hofrat misstrauisch. „Ich habe vor etlichen, nun doch schon mehreren Jahren einige Semester Medizin studiert", erklärt der Student. Da Frau Hofrat weiß, dass es noch weitere nicht beendete Studien gibt, folgt die ironische Frage an den ihrer Meinung nach ewigen Studenten: „Dann können Sie mir sicher auch sagen, was die Ursache meiner Schmerzen ist?"

„Ich kann Ihnen natürlich keine persönliche Diagnose geben, aber im Allgemeinen sind dies Durchblutungsstörungen, genauer gesagt pAVK, periphere arterielle Verschlusskrankheiten." Von dieser ruhig formulierten Antwort zeigt sich Frau Hofrat beeindruckt. Um einiges sanfter stimmt sie zu. „Das haben meine Ärzte ebenfalls gesagt." Diese Antwort zeigt aber auch an, dass sich Frau Hofrat mit der Expertise eines einzelnen Arztes nicht zufrieden gegeben hatte. „Haben Sie keine Medikamente erhalten?", fragt der Student. Nach einem „Schon" und der Nachfrage, ob sie nicht gewirkt hätten, antwortet Frau Hofrat etwas kleinlaut: „Zuerst brachten sie eine Milderung. Da die Schmerzen jedoch nicht völlig verschwunden sind und ich einfach nicht dauerhaft Medikamente nehmen wollte, habe ich damit wieder aufgehört. Aber ich muss ja selbst leiden." Dieses Schuldeingeständnis wird von einem tiefen Seufzer begleitet.

„Können Sie uns mehr über diese Krankheit sagen? Wodurch entsteht die Störung der Durchblutung? Auch ich spüre manchmal meine Beine." Der letzte Satz erklärt Norberts Interesse. „Gerne", antwortet der Student. „Der Blutkreislauf war eines meiner Lieblingsthemen im Studium, weil er solch ein wunderbares System ist. Es versorgt den gesamten Körper mit den benötigten Nährstoffen und beseitigt gleichzeitig die anfallenden Schadstoffe. Die Gesamtlänge aller Blutgefäße beträgt etwa 100.000 km – ich wiederhole: 100.000 Kilometer, nicht Meter! Gewaltig!" Frau Hofrat kann dieser Begeisterung nicht viel abgewinnen. „Und warum tun mir dann die Füße weh, wenn das alles so wunderbar ist? Bekommen meine Beine nun zu wenig Nahrung oder wird nicht genügend Müll entsorgt?"

„Das Erstere. Das Grundübel ist eine meist altersbedingte Verengung einer Arterie, in der Blut vom Herzen in die Beine fließt. Dadurch wird weniger Sauerstoff nach unten transportiert, und die Muskeln, die diesen Sauerstoff benötigen, verkrampfen. Da die Muskeln beim Gehen mehr leisten müssen, kommen die Krämpfe beim Gehen. Wenn man eine Zeitlang steht, verschwinden sie wieder." „Und was kann man dagegen unternehmen?" „Einerseits gibt es Medikamente, die das Blut leichter fließen lassen. So etwas werden Sie verschrieben bekommen haben. In schwereren Fällen kann die Verengung operativ erweitert werden, aber so weit bin ich in meinem Studium nicht gekommen."

„Aber die Arterien verzweigen sich doch, und die Blutgefäße werden immer enger. Da muss ja noch weniger Platz sein als in einer etwas verengten Aorta?" Dieser Einwand des Prokuristen verleiht der Begeisterung des Studenten neuen Antrieb.

„Ihre Frage ist völlig berechtigt. Das System hat für dieses Problem zwei Lösungen parat: eine einfache und eine geniale. Zum einen erfolgt die Verzweigung in so viele kleine Adern, dass sich in Summe ein größerer Querschnitt ergibt als in der Aorta. Zum anderen hat das Blut eine beeindruckende Fähigkeit. Blut ist ja nicht so dünnflüssig wie etwa Wasser, sondern hat eine gewisse Zähigkeit. Und zähe Flüssigkeiten haben eine größere innere Reibung und haften mehr am Rand. Je dünner ein Gefäß ist, desto schwerer kann eine zähe Flüssigkeit durchströmen. Beim Blut ist es jedoch umgekehrt: Bei ganz dünnen Gefäßen ist das Blut weniger zäh als bei dickeren." „Und wie soll das vor sich gehen?", zeigt sich auch Karla beeindruckt. „Diese großartige Leistung vollbringen die roten Blutkörperchen. Die sind in sehr großer Zahl im Blut vorhanden und haben eine scheibchenartige Form. Normalerweise sind sie wahllos verteilt. Bei Verengung eines Gefäßes ordnen sie sich aber hintereinander an, so wie Münzen in einer Geldrolle. Und damit kann das Blut leichter durch die kleinen und kleinsten Adern strömen."

Ob dieser Fähigkeit des Blutes tritt vorerst einmal andachtsvolle Stille ein. Durchbrochen wird sie dann vom Prokuristen. „Hängen diese Verengungen, die Frau Hofrat so plagen, auch mit Krampfadern zusammen?" „Was soll das heißen? Wollen Sie mir jetzt auch noch Krampfadern andichten?" Frau Hofrat ist sichtlich aufgebracht. „Wenn ich keine Hose anhätte, könnte ich Ihnen zeigen, dass ich keine Krampfadern habe."

„Gott bewahre, dass ich so etwas behaupten wollte. Aber ich selbst leide darunter. Und da wollte ich fragen, ob die Krampfadern dieselben oder ähnliche Ursachen haben." Dieses Outing besänftigt Frau Hofrat wieder, und sie sieht genauso fragend zum Studenten wie der Rest der Gruppe.

„Eigentlich sind Krampfadern die andere Seite der Medaille. Das Blut fließt in den Arterien vom Herzen in die Beine. In den Venen fließt es zurück. Und Krampfadern bilden sich in den Venen. Arterien sind ziemlich stabile Gefäße, die dem Druck, mit dem das Herz das Blut pumpt, widerstehen müssen. Venen bestehen aus demselben Material wie die Arterien, allerdings sind die Wandschichten dünner." „Und bei mir funktioniert dieser Rückfluss nicht?", fragt der Prokurist. „Der Rückfluss des Blutes erfolgt aus einem ebenfalls genialen Zusammenwirken verschiedener Aktionen", kommt der Student wieder ins Schwärmen. „Einerseits werden die Venen durch die umgebenden Muskeln zusammengedrückt, und das presst Blut nach oben. Auch das Herz hilft mit und erzeugt eine Art Sogwirkung. Entscheidend ist aber, dass der Transport stufenweise erfolgt. In den Venen gibt es eine Reihe von Ventilen, sogenannte Venenklappen. Blut wird nach oben gedrückt, strömt durch die Einwegventile hindurch, kann dann aber nicht mehr zurückfließen. Darauf geht es einen Schritt weiter nach oben und so fort."

„Und meine Krampfadern?" „Die hängen mit den Ventilen zusammen. Wenn ein solches undicht ist, sackt etwas Blut in den tieferen Abschnitt und sammelt sich dort an. Da, wie schon gesagt, die Venen aus weichem Material bestehen, dehnen sie sich in diesem Bereich aus. Und genau diese Ausbuchtungen sind die Krampfadern." „Übrigens", fährt der Student fort, „kann Ihr Problem mit Ihrem Beruf zusammenhängen. Sie haben als Prokurist ja vornehmlich eine sitzende Tätigkeit. Da erschlaffen die Muskeln um die Venen mit der Zeit, und auch abgeknickte Knie können den Blutfluss in den Venen behindern."

„Nach so viel Medizinischem würde ich gerne noch etwas Physikalisches hinzufügen, wenn es erlaubt ist." Der Professor wirft einen fragenden Blick in die Runde. Der Student schaut überrascht: „Für uns war in dem, was Sie jetzt medizinisch nennen, schon genügend Physik drinnen: Strömungsgesetze, verschiedene Arten von Drücken, Viskosität und so weiter. Für viele Studierende war dies sogar mehr Physik, als ihnen lieb war." „Diesen Vorwurf habe ich schon öfter gehört", lächelt der Professor. „Ich möchte hier aber einen ganz anderen Aspekt ansprechen, der für mich auch wunderbar ist. Lassen Sie mich für physikalische Phänomene genauso schwärmen wie Sie für medizinische."

„Da bin ich aber neugierig, ob wir auch zum Schwärmen kommen", ist Frau Hofrat skeptisch. „Womit wollen Sie uns denn begeistern?" „Mit der Frage, warum die Wolken nicht vom Himmel fallen. Die haben ja ein immenses Gewicht, Tonnen von Wasser stecken da drinnen. Dennoch stehen diese weißen Gebirge stabil in der Luft – Wolkentürme, die Hunderte, ja Tausende Meter hoch sind und wunderbar aussehen, wenn sie in der Sonne hellweiß leuchten."

Auf diese unerwartete Frage lassen sich unterschiedliche Antworten vernehmen: „Daran habe ich noch nie gedacht." „Die Wolken sind wie Nebel, auch der fällt nicht herunter." „Warum fallen dann große Tropfen nach unten, kleine aber nicht?" „Was haben die Wolken mit Blut zu tun?"

„Genau den Zusammenhang zwischen Blut und Wolken möchte ich Ihnen zeigen. Dazu muss ich aber etwas ausholen." Ein „Wenn's sein muss" der Frau Hofrat wird als Zustimmung verstanden. Da sie sich bei Herrn Oskar im gleichen Atemzug ein Glas Weißwein bestellt, geht sie wohl davon aus, dass das Ausholen länger dauern wird.

„Bei einer Strömung können zwei Arten von Widerständen auftreten. Stellen Sie sich einen Bach vor, dessen Strömung von einem Stein behindert wird. Die Wasserteilchen prallen auf den Stein und, wenn er nicht fest verankert ist, können sie ihn sogar wegstoßen und mitreißen. Bewegt sich der Stein nicht, so entstehen dahinter kleine Wasserwirbel, die Teil des Widerstands sind." „Damit haben wir Kinder uns auf dem Lande stundenlang beschäftigt: Hindernisse im Bach aufbauen, diesen aufstauen oder Verengungen bauen, in denen das Wasser hindurchschießt und selbst gebaute Wasserräder antreibt." Norbert versinkt in Erinnerungen. „Es gibt aber auch Flüssigkeiten, die sehr zäh sind, wie etwa Honig. Darin kann ein Hindernis ebenfalls mitgerissen werden, aber nicht durch den Anprall der Teilchen, sondern weil Teile des Honigs an der Oberfläche des Hindernisses anhaften. Da der Honig auch stärker in sich zusammenhält als Wasser, nimmt der zähe Honigstrom das Hindernis mit." Norbert verbleibt in der Erinnerung: „Auch damit haben wir am Frühstückstisch gespielt. Aber nur wenn die Eltern nicht dabei waren." „Viele Flüssigkeiten", fährt der Professor fort, „liegen zwischen diesen beiden Extremen. Zum Beispiel das Blut. Deshalb wirken beim Blut beide Eigenschaften, Stoßen und Haften."

„Und was hat dies nun mit den Wolken zu tun?" Frau Hofrat ist wie gewohnt ungeduldig. „Kommt noch", beruhigt der Professor.

„Ob die Stoßkraft oder die Zähigkeit stärker sind, hängt nicht nur von der Art der Flüssigkeit ab, sondern auch von der Größe des Hindernisses. Je kleiner ein Gegenstand ist, desto zäher wirkt seine Umgebung auf ihn. Das geht so weit, dass für die kleinen Wassertröpfchen der Wolken oder des Nebels die umgebende Luft zäher ist als Honig für einen hineinsinkenden Löffel. Die Teilchen kleben faktisch in der Luft. Genauso würde das Blut an den kleinen Gefäßen mehr anhaften, wenn es nicht diese interessante und lebenswichtige Eigenschaft hätte, von der unser Kollege schon sprach und die ihn so begeistert."

„Und wie verschwinden dann Wolken, wenn sie laut Ihrer Erklärung ewig dort oben schweben?" Frau Hofrat ist immer noch skeptisch. „Eine Möglichkeit besteht darin, dass sie verdunsten, besonders natürlich bei höherer Temperatur: Das flüssige Wasser des Tröpfchens geht in nicht sichtbaren Wasserdampf über. Oder die kleinen Tröpfchen schließen sich zu größeren zusammen. Damit wird die Zähigkeit der Luft für sie kleiner und gleichzeitig ihr Gewicht größer. Fallen solche Tropfen dann nach unten, überwiegt bereits die erste Art des Widerstands: Die Tropfen müssen Luftteilchen aus dem Weg räumen; dies entspricht dem Stoßwiderstand."

„Und wann nehmen die Tropfen ihre typische Tropfenform ein?", fragt Karla. „Geschieht dies bereits in den Wolken oder erst nahe dem Boden?" „Da muss ich Sie jetzt aber herb enttäuschen", entgegnet der Professor. „Die bekannte Tropfenform, dick und rund unten sowie nach oben spitz zulaufend, wird an keiner Stelle eingenommen." „Und wie sehen sie dann wirklich aus?", will Karla nun genau wissen. „In den Wolken bilden sich die Tröpfchen kugelförmig aus. Wassermoleküle halten zusammen und wollen einander möglichst nahe sein. Dies wird am besten in der Kugelform umgesetzt. Fällt der Tropfen nach unten, wirkt die Stoßkraft der Luftteilchen, und der Tropfen wird an der Unterseite etwas abgeplattet. Dadurch fällt er auch langsamer, weil die annähernd ebene Unterseite der Luft mehr Widerstand bietet als eine Kugel."

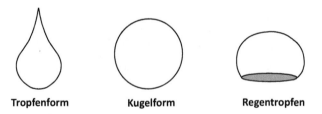

Tropfenform   Kugelform   Regentropfen

„Durch Ihre Frage animiert, muss ich aber noch eine weitere Bemerkung anfügen", fährt der Professor fort. „Die Gestalt von Lebewesen hat sich evolutionär auch in Reaktion auf ihre Umwelt gebildet, unter anderem nach der Art des Widerstands gegen eine Bewegung. Für kleine Gebilde wie Wasserflöhe ist die Umgebung zäh, wie wir gehört haben. Diese Gebilde wollen deshalb ihre Oberfläche gegenüber der zähen Umgebung klein halten, was am besten in Kugelform gelingt. Andererseits wollen große Tiere, wie etwa schnelle Fische, einen möglichst geringen Stoßwiderstand bieten, was durch eine stromlinienförmige Körperform erleichtert wird."

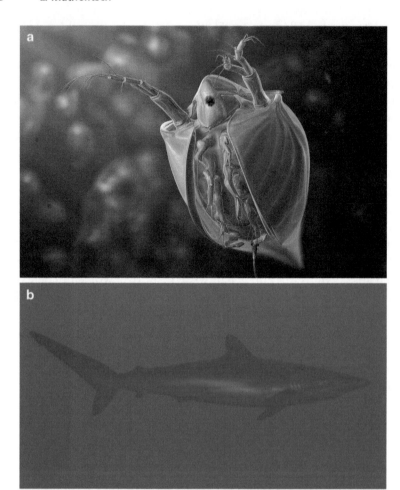

„Es ist schon komisch, wohin wir mit unseren Gesprächen immer kommen. Ich hätte nie gedacht, dass meine Durchblutungsstörungen etwas mit Wolken und Wasserflöhen zu tun haben." Mit dieser Feststellung macht sich Frau Hofrat mühsam auf den Heimweg, bei dem sie höchstwahrscheinlich wiederum Schaufensterstopps einlegen wird.

Kreislaufsystem

Im menschlichen Körper wird Blut auf zwei Kreisläufen transportiert: vom Herzen zur Lunge und zurück bzw. vom Herzen durch den Körper. Im Folgenden betrachten wir nur das zweite, große Kreislaufsystem.

Durch Kontraktion der linken Herzkammer wird Blut in die Arterien gepresst. Der Blutdruck ist dabei am höchsten, er beträgt etwa 16.000 Pa (= 16 kPa; systolischer Druck). Aber auch nach Erschlaffen des Herzmuskels sinkt der Blutdruck in den Arterien nicht auf null, sondern hat immer noch einen Wert von zirka 11 kPa (diastolischer Druck). Wenn der Arzt einen Blutdruck bestimmt, verwendet er meist eine andere Einheit für den Druck, nämlich Millimeter Quecksilbersäule (mmHg). In diesen Einheiten beträgt der systolische Druck etwa 120 mmHg, der diastolische 82,5 mmHg. Der Grund, dass der Druck nach Erschlaffen des Herzmuskels nicht drastisch sinkt, liegt in der Elastizität der Arterien: Pumpt das Herz Blut in die Arterien, dehnen sie sich aus; lässt der Druck durch das Herz nach, ziehen sich die Arterien wieder zusammen und üben ihrerseits Druck auf das Blut aus. Dieser sogenannte Windkesseleffekt bewirkt, dass der systolische Druck geringer und der diastolische größer ist, als er bei nicht dehnbaren Arterien wäre.

Die Maximalgeschwindigkeit des Blutes zu Beginn der Aorta ist zirka 0,5 m/s, die mittlere Geschwindigkeit ca. 0,2–0,3 m/s. Die Arterien verzweigen sich in immer dünnere Gefäße und letztlich in Kapillaren. In diesen erfolgt der Austausch von Stoffen aus dem und in das Blut. Die Aorta hat einen größten Innendurchmesser von etwa 2–2,5 cm, die dünnsten Arterien (Arteriolen) sind 0,02–0,06 mm dick, die Kapillaren haben einen unglaublich kleinen Durchmesser von 0,006 mm. Deren Zahl ist jedoch so groß, dass die totale Querschnittsfläche etwa 500-mal so hoch ist wie die der anfänglichen Aorta (Abb. 18.1).

Aus der Kontinuitätsgleichung (siehe Kasten „Strömungen" am Ende des Kapitels) folgt, dass aufgrund des vergrößerten Querschnitts die Fließgeschwindigkeit in den kleinsten Adern nur etwa ein Fünfhundertstel der anfänglichen Geschwindigkeit ist, also etwa 1 mm/s.

Der zu Beginn der Aorta im Mittel etwa 13–14 kPa starke Druck nimmt vorerst nur wenig ab. Erst bei den sehr kleinen Arterien fällt er auf einen Wert von etwa 10 kPa und zu Beginn der Kapillaren auf 4 kPa ab. Am anderen, dem venösen Ende der Kapillaren herrscht nur mehr die Hälfte dieses Drucks, also etwa 2 kPa. Er nimmt weiter kontinuierlich bis auf weniger als 1 kPa im rechten Vorhof ab. Dieser Druckunterschied führt zu der

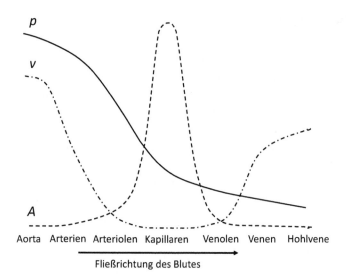

Abb. 18.1 Schematische Darstellung des Drucks *p*, der Querschnittsfläche der Adern *A* und der mittleren Fließgeschwindigkeit *v* im Blutkreislaufsystem

Bewegung des Blutes zum Herzen, unterstützt durch muskuläre Kontraktionen um die Venen.

Die Geschwindigkeit nimmt mit der Zusammenführung der dünnsten und dünnen Venen zu immer stärkeren wieder zu (Abb. 18.1). Da die ins Herz mündenden Venen einen größeren Durchmesser haben als die vom Herzen wegführende Aorta, ist die Geschwindigkeit des venösen Blutes vor dem Herzen geringer als die des ausfließenden Blutes in der Aorta. Es hat eine Geschwindigkeit von etwa 0,15 m/s.

Nicht-Newtonsche Flüssigkeiten

Die Viskosität eines Mediums hängt unter anderem von der Temperatur ab: Bei den meisten Flüssigkeiten wird die Zähigkeit mit ansteigender Temperatur kleiner, bei Gasen größer. Hängt die Viskosität nur von der Temperatur ab, so spricht man von einer Newtonschen Flüssigkeit. Es gibt aber auch Stoffe, deren Zähigkeit zum Beispiel vom Druck oder der Fließgeschwindigkeit abhängt; diese nennt man Nicht-Newtonsche Flüssigkeiten.

Ein extremes Beispiel einer Nicht-Newtonschen Flüssigkeit ist eine Mischung aus Stärke und Wasser; auch nasser Sand zeigt dieses Verhalten. Mit geringer Geschwindigkeit kann man einen Finger ohne großen

Widerstand in die Masse stecken. Schlägt man mit der Faust auf dieselbe Masse, verhält sie sich wie ein Festkörper, und die Hand prallt schmerzvoll ab. Die große Kraft würde eine schnelle Bewegung der Teilchen bewirken. Diese verhaken sich jedoch und bieten damit einen großen Widerstand gegen die Bewegung.

Ein anderes Beispiel ist Ketchup. Das ist ohne Krafteinwirkung eher fest – man kann die Flasche sogar umdrehen, und das Ketchup fließt nicht heraus. Hier muss man eine Kraft ausüben, z. B. durch Schütteln der Flasche, die das Ketchup etwas flüssiger macht. Auch Zahnpasta kann man durch Krafteinwirkung leicht aus der Tube drücken, auf der Zahnbürste zerfließt sie aber nicht. Shampoo ist ein weiteres Beispiel für eine Nicht-Newtonsche Flüssigkeit.

Blut besteht aus Plasma, einer wässrigen Flüssigkeit, das pro Kubikmillimeter 4–6 Mio. rote Blutkörperchen (Erythrozyten; Abb. 18.2), 150.000 bis 300.000 Blutplättchen (Thrombozyten) und 4000 bis 9000 weiße Blutkörperchen (Leukozyten) enthält. Aufgrund der Erythrozyten ist Blut eine Nicht-Newtonsche Flüssigkeit. Bei Umgebungsdruck packen sich die scheibenförmigen roten Blutkörperchen wie in einer Geldrolle zusammen. Damit nimmt die Viskosität des Blutes mit kleiner werdendem Durchmesser der Gefäße ab, um bei einem Durchmesser von etwa 0,001 mm minimal zu sein. Die Kapillaren sind jedoch noch enger, und für den Durchgang müssen sich die Blutkörperchen sogar deformieren, was die Viskosität wieder etwas erhöht.

Neue Forschungen haben gezeigt, dass auch das Blutplasma, das zu 92 % aus Wasser besteht, zu einem gewissen Grad eine Nicht-Newtonsche Flüssigkeit ist; es zeigt ein anderes Fließverhalten als Wasser.

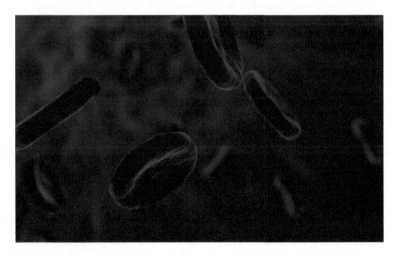

Abb. 18.2 Rote Blutkörperchen

Forscher nehmen auch an, dass bestimmte Blutwunder, wo festes Blut sich wieder verflüssigt, auf einer Nicht-Newtonschen Substanz beruhen. Allerdings handelt es sich dabei nicht um echtes Blut, sondern um eine auch schon im Mittelalter bekannte Eisenchloridmischung. Diese Substanz sowie auch andere gelartige oder feste Materialien können durch Bewegung, z. B. durch Schütteln, verflüssigt werden. Ein derartiges Verhalten wird Thixotropie genannt.

Träger oder zäher Widerstand

Wird ein Gegenstand durch ein *dünnflüssiges Medium* bewegt, so müssen Teile des Mediums verdrängt, zur Seite bewegt werden. Dagegen wirkt die Trägheit der Teilchen. Es bedarf einer Kraft, die Teilchen zu bewegen, was als Trägheitswiderstand bezeichnet wird. Diese Widerstandkraft F_T steigt quadratisch mit der Geschwindigkeit v an und ist durch folgenden Ausdruck gegeben:

$$F_T = \frac{1}{2} \cdot c_W \cdot \rho \cdot A \cdot v^2$$

ρ ist die Dichte des Mediums, A die Querschnittsfläche des Gegenstands und c_W ein Widerstandsbeiwert, der von der Gestalt des Gegenstands abhängt.

Erfolgt die Bewegung in einem *zähen Medium,* so ist für die Widerstandskraft F_Z neben der Geschwindigkeit v auch die Fläche A wichtig, an der das Medium anhaftet:

$$F_Z = \frac{\eta \cdot A \cdot v}{L}$$

η ist eine Zähigkeitskonstante und L die Dicke der anhaftenden Schicht.

Ob bezüglich eines Gegenstands in einem Medium der Zähigkeits- oder der Trägheitswiderstand überwiegt, wird durch deren Relation gegeben:

$$\frac{F_T}{F_Z} \approx \frac{\rho \cdot l \cdot v}{\eta} \equiv Re$$

Diese Relation nennt man *Reynolds-Zahl Re. l* ist die charakteristische Länge des Systems, z. B. die Größe eines Hindernisses oder der Durchmesser eines Rohrs. Eine Reynolds-Zahl von $10^{-6} \leq Re \leq 10^{-3}$ zeigt reinen Zähigkeitseinfluss; bei Werten von $Re = 1000$ und darüber herrscht die Trägheit vor. Im Bereich dazwischen tragen beide Komponenten bei.

Bei einem zähen Medium fließt das Medium gleichmäßig *(laminare Strömung)* um das Hindernis. Der Trägheitswiderstand ergibt sich auch daraus, dass durch das Hindernis Wirbel in der Strömung erzeugt werden *(turbulente Strömung)*. Die Reynolds-Zahl gibt damit auch den Übergang von einer laminaren zu einer turbulenten Strömung an.

Die Reynolds-Zahl hat aber noch eine weitere Bedeutung: Bei technischen Neuanfertigungen werden manchmal Modelle in kleinerem Ausmaß gebaut, um diese z. B. in einem Windkanal oder auch in Flüssigkeitsströmen zu testen. Dabei genügt es nicht, den Gegenstand in einem bestimmten Verhältnis zu verkleinern, sondern das Modell entspricht am ehesten der Wirklichkeit, wenn die Skalierung von Längen und Geschwindigkeit bzw. von der Beschaffenheit des Mediums derart ist, dass das reale Objekt und das Modell dieselbe Reynolds-Zahl haben.

Strömungen

Die Stromstärke *I* ergibt sich aus der Bewegung eines Volumens *V* in der Zeitspanne *t* zu

$$I = \frac{V}{t}.$$

Das Volumen *V* errechnet sich aus dem Produkt der Länge *L* und des Querschnitts *A*. Da $\frac{L}{t}$ der Fließgeschwindigkeit *v* entspricht, kann die Stromstärke auch als

$$I = v \cdot A$$

ausgedrückt werden. Flüssigkeiten, wie z. B. Blut, sind kaum zusammendrückbar. Darum bleibt das pro Zeiteinheit transportierte Volumen, das ist die Stromstärke, im gesamten System gleich *(Kontinuitätsgleichung)*. Wenn also der Strom konstant ist, nimmt die Strömungsgeschwindigkeit mit zunehmendem Querschnitt ab bzw. in Engstellen zu.

Herrscht in einem Rohr eine Druckdifferenz *p*, so bewirkt diese eine Bewegung der sich im Rohr befindlichen Flüssigkeit in Richtung des kleineren Drucks. Der Zusammenhang zwischen der Stromstärke in dem Rohr und der Druckdifferenz ist für laminare Strömung durch das *Gesetz von Hagen-Poiseuille* gegeben:

$$I = \frac{R^4 \cdot \pi \cdot p}{8 \cdot \eta \cdot L}$$

η ist eine Zähigkeitskonstante und *L* die Länge des Rohrs.

Da das Blut in den Adern annähernd laminar fließt, zeigt diese Gesetzmäßigkeit, dass bei gleicher Druckdifferenz die Stärke des Blutstroms bei kleineren Adern um einiges geringer ist; er nimmt mit der vierten Potenz des Radius ab.

19

Unter Donner und Blitz

Es sind zwar noch keine Blitze zu sehen, aber das Rumpeln des Donners wird deutlich lauter und lauter. Frau Hofrat fragt Renée, die gerade geschmunzelt und sogar aufgelacht hat, was denn an einem heranziehenden Gewitter so witzig sei. Renée deutet auf das Klavier. „Unser Maestro hat sehr rasch reagiert. Was Sie soeben hören, ist die Polka *Unter Donner und Blitz* von Johann Strauß." Nach anerkennenden Kommentaren der Runde lauschen alle noch aufmerksamer den Darbietungen des Maestros.

Unter Donner und Blitz
Polka schnell op. 324

Johann Strauß Sohn (1825 - 1899)

Das Musikstück wird jäh unterbrochen. Ein heller Blitz leuchtet den gesamten Raum aus, und praktisch gleichzeitig erfolgt ein so lauter kurzer Donnerschlag, dass alle Gäste zusammenzucken. Nach einer Schrecksekunde, und nachdem auch der Maestro sein Spiel wieder aufgenommen hat, meint Norbert: „Das war so nahe, dass man nicht einmal die Entfernung bestimmen konnte. Bei uns auf dem Land haben wir immer gerechnet, wie weit das Gewitter noch entfernt ist. Man musste nur die Zahl der Sekunden zwischen Blitz und Donner durch drei dividieren und hatte die Entfernung in Kilometern." Etwas spitz bemerkt Karla: „Diese Weisheit hat sich sogar bis zu uns in die Stadt durchgesprochen. Dazu haben wir noch gelernt, dass dies die Zeit ist, die der Schall braucht, während das Licht des Blitzes so schnell ist, dass es für die Strecke zu uns praktisch keine Zeit benötigt."

Bei den nächsten Blitzen gibt es wieder einen zeitlichen Abstand zu den nachfolgenden Donnern, und die Runde versucht die Regel anzuwenden. Allerdings stellt sich bald die Frage, ob man ab dem Beginn des Donners zählen sollte oder erst, wenn er bereits verklingt. „Warum dauert der Donner überhaupt so lange?", fragt Karla. „Der Blitz passiert ja in Sekundenbruchteilen, und der Donner wird wohl auch gleichzeitig erzeugt." „Ich kann mir das so vorstellen", meint der Prokurist nach etwas Nachdenken, „dass der Blitz eine gewisse Länge hat. Das sind sicher einige Hunderte Meter, wenn nicht gar Kilometer. Und da erreicht uns der Schall zuerst von dem Teil des Blitzes, der uns am nächsten ist. Und was wir am Ende hören, kommt vom weitest entfernten Stück des Blitzes." „Aber dann können wir aus dieser Zeitdifferenz ja auch ausrechnen, wie lange der Blitz ist", schlägt Karla vor. „Ja, aber nur, wenn der Blitz in Richtung des Beobachters geht. Wenn er eher waagrecht verläuft, stimmt das wohl nicht", entgegnet der Prokurist. Auf den fragenden Blick Karlas fertigt er eine kleine Zeichnung auf einer Serviette an.

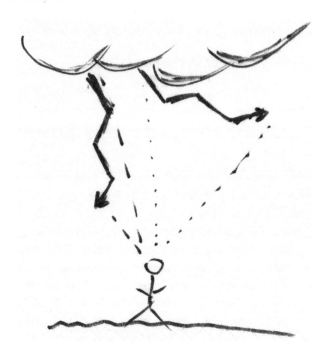

„Entschuldigen Sie meine Zeichenkünste, aber ich glaube, man kann erkennen, was ich ausdrücken will: Beim linken Blitz erreicht der Schall vom unteren Ende des Blitzes den Beobachter früher als der vom oberen Teil; die beiden strichliierten Abstände sind sehr unterschiedlich. Beim rechten Blitz kommt der Schall von beiden Enden fast gleichzeitig an, weil die gepunkteten Strecken annähernd gleich lang sind."

„Den Bemerkungen bezüglich der Länge des Blitzes und der Dauer des Donners kann ich nur zustimmen", pflichtet auch der Professor bei. „Eine Frage ist aber noch offen: Wir hören den Donner meist als ein Rumpeln, ein Lauter- und Leiserwerden des Schalls. Müsste es nicht so sein, dass der Beginn des Donners am lautesten ist, weil dieser Schall von dem Teil des Blitzes kommt, der uns am nächsten ist? Dann aber sollte ein gleichmäßiges Abklingen erfolgen." Da das Gewitter noch nicht vorbeigezogen ist, kann man eindeutig erkennen, dass dem aber nicht so ist.

Nach einigem Nachdenken schlägt Norbert folgende Erklärung vor: „Bei uns auf dem Land gibt es Berge. Und ich kann mir vorstellen, dass der Donner dort wie ein Echo reflektiert wird. Es klingt auch so wie ein Echo." „Und wo nehmen Sie in der Stadt die Berge her?" Auf diese Frage von Karla murmelt Norbert etwas von Hochhäusern oder Wolkenuntergrenze, aber der Prokurist erteilt ihm und seiner Theorie eine endgültige Abfuhr: „Ich weiß von meinen Segeltörns, dass man dieses Rumpeln über dem Meer genauso vernehmen kann. Das kann kein Echo sein."

„Vielleicht sind die einzelnen Teile der Zickzackbahn unterschiedlich laut?" Norbert lässt sich durch die Ablehnung nicht abhalten, einen weiteren Erklärungsversuch zu starten. Selbst zu Norberts Überraschung stimmt der Professor zu: „Das ist fast richtig. Gratuliere. Es stimmt, dass das Phänomen des abwechselnden Lauter- und Leiserwerdens mit der speziellen Gestalt des Blitzes zusammenhängt." „Obwohl der Vorschlag von mir gekommen ist, müssen Sie es mir dennoch genauer erklären." „Gerne. Im Blitz entstehen innerhalb von Sekundenbruchteilen extrem hohe Temperaturen. Dadurch dehnt sich die Luft explosionsartig aus, und diese Schockwelle vernehmen wir als Knall." „Und längere Blitzabschnitte sind lauter, kürzere leiser", will Norbert seine Erklärung finalisieren. „Jetzt muss ich Sie leider enttäuschen – die unterschiedlichen Teilbahnen sind alle annähernd gleich laut."

„Was jetzt?", wird Frau Hofrat ungeduldig und will Norbert zur Seite stehen. „Zuerst loben Sie Norbert wegen seiner richtigen Erklärung, und nun hauen Sie ihn wieder nieder."

„Ich haue Norbert nicht nieder, sein Ansatz war völlig richtig. Nur die letzte Schlussfolgerung nicht. Was fehlt, ist folgendes Wissen: Die schlagartige Ausdehnung erfolgt nämlich am stärksten in seitliche Richtung: Senkrecht zur Blitzbahn wird am meisten Schall ausgesandt, in Richtung des Blitzkanals am wenigsten. Und nun kommt die gezackte Bahn zum Tragen: Diejenige Teile des Blitzes, die auf uns zu gerichtet sind, senden den leisesten Schall in unsere Richtung, die Bahnen, die wir von der Seite sehen, den lautesten. Damit kommt es zu dieser Abfolge von laut und leise."

„Dann hört aber eine Person, die ganz woanders steht, einen anderen Donner – und dies vom gleichen Blitz?!" Karla stellt dies weniger als Frage, sondern mehr als Aussage in den Raum. Was mit einem „Habe ich ziemlich was dazu gelernt" von Norbert ergänzt wird.

„Im 19. Jahrhundert war die Ursache des Donners noch nicht verstanden, und alternative Erklärungen waren gar nicht so unvernünftig." Dieser Aussage des Professors folgt sofort eine Bitte um Beispiele:

„Sehr populär war die Vakuumtheorie: Der Blitz erzeugt ein Vakuum in seiner Bahn. In dieses Vakuum stürzt die umgebende Luft und erzeugt die Schockwelle. Es wurde also eine Implosion statt einer Explosion als Grund angegeben. Abgelöst wurde diese Theorie von folgender: Wasser dehnt sich beim Übergang in die Dampfform etwa 1700-fach aus, dies führt zu einer Schock- und damit Schallwelle. Manchmal wurde aber auch nur eine chemische Reaktion vermutet, eine Explosion von Gasen, die durch den Blitz ausgelöst wird."

„Nun müssen Sie uns aber schon auch erklären, wie es zu dem Zickzackkurs des Blitzes kommt, wenn er schon für die Art des Donners verantwortlich ist. Warum fährt der Blitz nicht auf geradem Weg von oben nach unten?" „Zu dieser Erklärung muss ich kurz ausholen", beginnt der Professor. „Einfach geht in der Physik wohl nichts", murmelt Frau Hofrat in sich hinein. „Ein Blitz ist praktisch ein Ladungsausgleich. Meist wird damit negative Ladung von den Wolken auf die Erde geleitet." „Und wie kommt die negative Ladung in die Wolken?" Trotz der Bemerkung von Frau Hofrat fordert der Prokurist mit dieser Frage doch eine noch genauere Erklärung.

„In den Wolken erfolgt eine Ladungstrennung: Positive Ladung häuft sich in der oberen Hälfte der Wolke an, negative in der unteren. Es gibt mehrere Mechanismen, wie diese Trennung vor sich geht, unter anderem sind geladene Eiskristalle und Aufwinde beteiligt. Aber dieser Prozess ist immer noch nicht völlig verstanden. Über den Ladungsausgleich zur Erde durch den Blitz weiß man jedoch genau Bescheid, nicht zuletzt durch Hochgeschwindigkeitsaufnahmen. Dabei konnte man erkennen, dass ein Blitz in mehreren Stufen abläuft."

Nach einem Schluck Rotwein fährt der Professor fort:

„Die erste sichtbare Phase ist ein sogenannter Stufenleitblitz. Der Name rührt daher, dass negative Ladungen in einem einige Zentimeter dicken Kanal eine bestimmte Strecke nach unten fließen. Nach einer Distanz von etwa 10–100 m stoppt der Prozess, bis sich wieder genügend Elektronen am unteren Ende ansammeln. Der weitere Weg hängt aber von der Umgebung ab. Da die Luftmassen etwas unterschiedlich geladen sind, ist die Richtung des weiteren Wegs eher zufällig. Und dies ergibt letztlich die Zickzackbahn des Blitzes."

„Sie haben aber gesagt, dass der Blitz aus mehreren Komponenten besteht", hakt der Prokurist nach.

„Ja, und ich war auch erst beim ersten Teil. Dieser Stufenleitblitz nähert sich also schrittweise der Erde. Ist er etwa 50 m vom Boden entfernt, geht von der Erde, meist von einem vorstehenden Punkt wie etwa einem hohen Baum, ein sogenannter Fangblitz aus. Damit ist eine leitende Bahn von der Wolke zur Erde geschaffen. Und in dieser Bahn erfolgt die erste Hauptentladung. Dabei wird die meiste Ladung nach unten transportiert, der Blitzkanal auf bis zu 30.000 °C erhitzt und damit auch der Donner erzeugt. Im gleichen Blitzkanal können sogar weitere Leitblitze und Hauptentladungen erfolgen. Dabei werden immer weitere und höher gelegene Ladungsgebiete in der Wolke angezapft. Dies geschieht aber innerhalb von einigen Hundertstel bis Zehntel von Sekunden, sodass man mit dem Auge nur einen Blitz sieht."

Nach einiger Zeit sagt Carmen: „Ihr wisst, dass ich mich hobbymäßig mit Geschichte beschäftige. Dabei spielen natürlich auch alte Religionen eine Rolle." „Und was hat das mit Blitz und Donner zu tun?" Frau Hofrat mag keine Abschweifungen. „Sehr viel. Mir ist nämlich aufgefallen, dass viele der obersten Götter mit Blitzen als Zeichen ihrer Macht dargestellt werden. Der bekannteste ist wohl der griechische Göttervater Zeus, der zusätzlich den Beinamen ‚der in der Höhe Donnernde' trägt. Beziehungsweise die römische Version Jupiter." „Gibt es nicht in der nordischen Mythologie auch einen Gott, der sogar Donar heißt?", erinnert sich Karla. „Genau. Er hat noch einen zweiten Namen: Thor. Blitze werden so erklärt, dass Thor mit seinem Gewitterhammer ‚Mjöllnir' auf einen Amboss schlägt."

„Das hat wohl damit zu tun", versucht der Prokurist eine Erklärung, „dass Gewitter einfach furchteinflößend sind. Erinnern Sie sich, wie wir gerade alle erschrocken sind. Und außerdem natürlich auch gefährlich, weil Personen getroffen und Gebäude in Brand gesetzt werden können." „Es sind auch das hellste Licht und das lauteste Geräusch, die in der Natur vorkommen", ergänzt der Professor.

„Im Mittelalter", setzt Carmen ihre historischen Anmerkungen fort, „wurden beim Herannahen eines Gewitters die Kirchenglocken geläutet. Allerdings war dies eine gefährliche Sache für die Glöckner, und es gibt sogar eine Zählung, wie viele deswegen getötet wurden, weil der Blitz in den Kirchturm einschlug. Ende des 18. Jahrhunderts wurde das Gewitterläuten deshalb in Österreich und Bayern verboten."

„Bei uns auf dem Land gibt es folgenden Spruch zum Schutz gegen Blitze: *Eichen sollst du weichen, Buchen sollst du suchen*", bringt sich Norbert ein. „Es gibt auch *Weiden sollst du meiden* oder *Zu den Fichten flieh mitnichten*", ergänzt Carmen. „Könnte das mit der Größe der Bäume zusammenhängen?", vermutet Karla. „Es hängt mehr mit dem Reim zusammen", entgegnet der Professor, „und hat absolut nichts mit Sicherheit zu tun. Alle exponierten Stellen sind gefährlich, und da ist es ziemlich egal, welcher Baum dies ist. Der Spruch mit der Buche ist damit sogar gefährlich."

„Wie kann man sich dann am besten schützen?", fragt Karla nach. „In ein Haus gehen, am besten in eines mit einem Blitzableiter", schlägt Norbert vor. Der Prokurist ergänzt: „Oder sich in ein Auto setzen. Der Blitz wird außen an der Metallkarosserie abgeleitet." „Und wenn ich im Freien bin und weit und breit kein Haus oder Auto in Sicht ist?", lässt Karla nicht locker. „Dann würde ich mich flach auf die Erde legen und warten, bis das Gewitter vorbei ist, auch wenn es noch so regnet." Diesem nassen Vorschlag von Carmen erteilt der Professor jedoch eine Absage.

„Das ist keine gute Idee – so vernünftig es auch scheinen mag, möglichst flach am Boden zu liegen. Aber schlägt der Blitz in der Nähe ein, so steht der Boden unter Spannung. Zwischen zwei weiter voneinander entfernten Punkten herrscht eine größere Spannung als zwischen zwei nahe beisammen liegenden. Weit gespreizte Beine ergeben eine größere Spannung als geschlossene. Man nennt dies auch Schrittspannung. Liegt man flach am Boden, so ist diese „Schrittweite" im schlimmsten Fall vom Kopf bis zum Fuß. Darum ist es am besten, sich mit geschlossenen Beinen möglichst klein auf den Boden zu hocken."

„Nun verstehe ich auch, was in meinem Heimatort vorigen Sommer passiert ist." Norbert klärt auf: „Nach einem Gewitter wurden auf einer Weide in der Nähe eines Baums sechs tote Kühe gefunden. Kühe müssen ja noch eine größere Schrittweite haben als Menschen." „Völlig richtig", pflichtet der Professor bei. „Solche Unfälle mit Kühen sind relativ häufig. Aber auch beim Baden in einem See oder Schwimmbecken sollte man aus dem Wasser steigen, weil man selbst dann gefährdet ist, wenn der Blitz nur in der Nähe einschlägt."

„Noch eine Warnung möchte ich euch mitgeben", fährt der Professor fort. „Viele Blitzeinschläge passieren vor und nach einem Gewitter, wenn es noch gar nicht oder nicht mehr regnet. Darum soll man bereits dann aus dem Wasser steigen beziehungsweise einen Unterstand suchen, wenn das Gewitter im Anzug ist. Und dort auch etwa eine halbe Stunde verbleiben, selbst wenn der Donner kaum mehr hörbar ist."

„Darf ich noch einen historischen Exkurs machen – einen, der Politik mit Physik verbindet?" Auf die Frage von Carmen entgegnet Frau Hofrat: „Blitze, Geschichte, Physik und Politik, diese Mischung kann ja heiter werden." „Die erste Verbindung ist durch die Person von Benjamin Franklin gegeben. Als Politiker hat er an der Unabhängigkeitserklärung der Vereinigten Staaten mitgearbeitet und diese auch mitunterzeichnet. Er hat sich aber auch intensiv mit naturwissenschaftlichen Phänomenen beschäftigt, unter anderem hat er den Blitzableiter erfunden und propagiert."

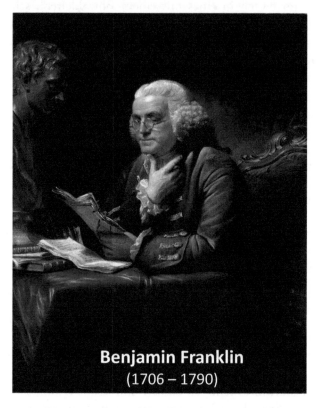

Benjamin Franklin
(1706 – 1790)

„Der Nutzen des Blitzableiters wurde in Amerika bald anerkannt, in Europa gab es jedoch große Widerstände", fährt Carmen fort.

„1780 kam es in Frankreich zu einem elektrischen Prozess. Ein Herr de Vissery hat sich einen Blitzableiter an seinem Haus anbringen lassen. Dies missfiel seinem Nachbarn, der argumentierte, dass damit die Blitze erst angezogen würden, und er erhob Klage beim Magistrat. Dieser Klage wurde stattgegeben, und Herr Vissery musste den Blitzableiter abbauen. Er ließ aber keine Ruhe, ging vor das nächsthöhere Gericht, und ihm wurde recht gegeben; er durfte den Blitzableiter wieder errichten. Warum dieser Prozess in Erinnerung blieb, liegt wohl auch darin, dass Herr Vissery beim zweiten erfolgreichen Prozess von einem sehr engagierten jungen Anwalt vertreten war, von Maximilian de Robespierre – einem der Führer der französischen Revolution."

Das Detailwissen Carmens beeindruckt die Runde. Die darauffolgende Stille wird vom Prokuristen mit einer Frage an den Professor unterbrochen: „Gibt es Kugelblitze oder nicht? Ich habe einmal einen sehr kontroversen Bericht gesehen, in dem einige Wissenschaftler das Auftreten eines Kugelblitzes als sicher angesehen und andere es als Halluzination abgetan haben. Wissen Sie darüber Bescheid?"

„Leider auch nicht sehr viel mehr", muss der Professor eingestehen.

„Was für deren Existenz spricht, sind die vielen sehr ähnlichen Berichte: Eine helle Kugel gleitet durch den Raum, kann auch Wände durchdringen und verschwindet dann wieder. Es hat viele Erklärungsversuche gegeben, z. B. Plasmakugeln, in denen Mikrowellen gefangen sind, aber auch ernsthafte Studien, die zeigen, dass starke Magnetfelder Leuchteindrücke im menschlichen Gehirn erzeugen können. Vor einigen Jahren haben chinesische Wissenschaftler zufällig einen Kugelblitz gefilmt. Ihre Daten scheinen eine Theorie zu bestätigen, die bereits vorher, ich glaube von neuseeländischen Wissenschaftlern, aufgestellt wurde: Kugelblitze seien filigrane Gebilde aus oxidierendem Silizium, die sich in starken elektromagnetischen Feldern bilden können. Kleinere Versionen konnten auch schon im Labor erzeugt werden. Aber ich glaube, dass hier das letzte Wort noch nicht gesprochen ist."

Nachdem bereits eine halbe Stunde nach dem letzten Donner verstrichen ist, kann das Kaffeehaus von unserer Runde gefahrlos verlassen werden.

Die geladene Erde

Die Erde trägt im Mittel eine negative Ladung von etwa 1 Mio. Coulomb (C). Demgegenüber weist die oberste Schicht der Atmosphäre, die Ionosphäre eine gleich große positive Ladung auf (Abb. 19.1). Die Atmosphärenschichten dazwischen bilden einen Isolator, sodass sich die Ladungen nicht sofort ausgleichen. Zwischen Ionosphäre und Erde herrscht eine Spannung von zirka 300.000 V. Die Stärke des entsprechenden elektrischen Feldes beträgt etwa 130 V/m. Im Vergleich dazu ist die elektrische Feldstärke unter einer 220-kV-Hochspannungsleitung um mehr als das Zehnfache höher.

Allerdings ist Luft kein idealer Isolator. Darum findet zwischen Erde und Ionosphäre ein dauernder Ladungsaustausch statt. Die Stromdichte dieses steten Stroms beträgt im Mittel $2 \cdot 10^{-12}$ A (Ampere) pro Quadratmeter. Dies ergibt weltweit eine Gesamtstromstärke von etwa 1000 A. Dadurch würde in weniger als 20 min ein Ladungsausgleich erfolgen. Dieser wird jedoch durch laufende Aufladungen der Erde verhindert. Die Aufladungen erfolgen durch Blitze, die negative Ladungen zur Erde führen (Abb. 19.1).

Auf der Erde entladen sich etwa 30 bis 100 Blitze pro Sekunde. Ein Blitz kann eine Ladung von 1–100 C übertragen, die Stromstärke zwischen 20 und 200.000 A betragen. Da sowohl die Erde als auch die Ionosphäre leitend sind, erfolgt ein globaler Ladungsausgleich.

Die Blitztätigkeit ist nicht gleichmäßig über die Erde verteilt. Fast 70 % aller Blitze gehen in tropischen Breiten zwischen 35° nördlicher und südlicher Breite nieder. Die hohen Temperaturen und die große Luftfeuchtigkeit begünstigen die Entwicklung von Gewitterwolken. Außerdem entladen sich 85–90 % aller Gewitter über Land: Das Land erwärmt sich schneller als Wasser, es kommt zu stärkeren Aufwinden, die mehr Feuchtigkeit in kältere Luftschichten transportieren, in denen diese kondensiert und Wolken bildet.

Es können auch anders geartete Entladungen zwischen Erde und Wolken erfolgen, z. B. dass negative Ladung von der Erde in die Wolken transportiert wird, aber in 90 % der Fälle fließt negative Ladung nach unten. Sehr viel häufiger erfolgt ein Ladungsausgleich innerhalb der Wolken. Für jeden Blitz in Richtung Erde kommt es zu fünf bis zehn Entladungen innerhalb der Gewitterzelle.

Geladene Wolken

Da Blitze im Allgemeinen negative Ladung von den Gewitterwolken zur Erde transportieren, stellt sich die Frage, warum diese Wolken überhaupt negativ geladen sind. Wobei die Frage nicht richtig gestellt ist. Wolken sind

Ionosphäre: $Q_I = +10^6\,\mathrm{C}$

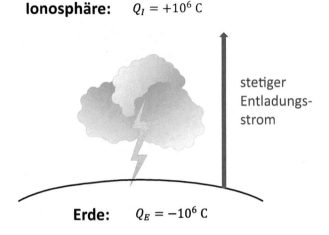

stetiger
Entladungs-
strom

Erde: $Q_E = -10^6\,\mathrm{C}$

Abb. 19.1 Schematische Darstellung des Stromflusses in der Atmosphäre. Die Ladung von Erde (Q_E) und Ionosphäre (Q_I) beträgt jeweils etwa 1 Mio. Coulomb (C)

nicht in Summe negativ geladen, sondern es entwickelt sich in Gewitterwolken eine Ladungstrennung: Die Oberseite trägt eine positive Ladung bis zu 40 C, die untere Hälfte eine gleich große negative Ladung. Manchmal ergibt sich eine zusätzliche positive Ladung von etwa 3–10 C an Teilen der Unterseite der Wolke (Abb. 19.2). Der Ort des negativen Ladungsgebiets hängt stark mit der Temperatur in der Wolke zusammen. Die negative Ladungswolke bildet sich in dem eher engen Bereich zwischen −10 und −25 °C. Dies kann bei Sommergewittern in Florida in einer Höhe von 6–8 km sein, bei Wintergewittern in Japan in nur 2 km Seehöhe.

Durch welchen Mechanismus kommen diese großräumigen Ladungsverteilungen zustande? Meist wirken mehrere Prozesse gleichzeitig, wobei Aufwinde, Eiskristalle in Form von Graupeln und Hagelkörnern sowie große und kleine Wassertröpfchen wichtige Komponenten sind. Im Detail sind jedoch noch etliche Fragen offen, vor allem weil Messungen in den Wolken schwierig und Laborexperimente nur begrenzt übertragbar sind.

Eine mikroskopische Ladungstrennung kann beim Zerplatzen von Wassertröpfchen oder dem Auseinanderbrechen von Eiskristallen erfolgen. Aus Laborversuchen weiß man, dass die kleinen Teilchen negativ, die größeren positiv geladen sind. Durch Aufwinde im Inneren der Wolken, die eine Geschwindigkeit bis 100 km/h erreichen können, gelangen beide nach oben. Durch Abwinde am Rand werden die leichteren Teilchen jedoch wieder nach unten befördert. Das führt zu der in Abb. 19.2 gezeigten Ladungstrennung.

Abb. 19.2 Schematische Ladungsverteilung in einer Gewitterwolke

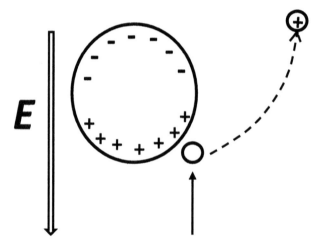

Abb. 19.3 Ladungstrennung durch ein äußeres elektrisches Feld *E*

Ist eine solche Ladungsverteilung bereits gegeben, kommt es zu weiteren Prozessen, die diese Trennung der Ladungen noch beschleunigen und verstärken. Durch die Ladungstrennung – positive Ladung oben und negative unten – ergibt sich ein elektrisches Feld in der Wolke. Dieses bewirkt, dass sich in Wasserstropfen oder Eiskristallen positive bewegliche Ladungen eher unten und negative eher oben konzentrieren (Abb. 19.3). Durch die

Aufwinde im Inneren werden leichtere Teilchen, meist Eiskristalle, rascher bewegt und stoßen von unten an die größeren Teilchen. Sie übernehmen positive Ladung und tragen diese dann weiter nach oben.

Entladungen

Eine Blitzentladung, d. h. der Transfer von negativer Ladung von der Wolke auf die Erde, erfolgt in Sekundenbruchteilen. Dennoch läuft dabei ein mehrstufiger Prozess ab, der mit Hochgeschwindigkeitskameras aufgelöst werden kann.

Am wenigsten verstanden ist der Beginn, die Initialzündung für den Blitz. Die Vermutung, dass kosmische Strahlung einen Einfluss hat, hat sich als nicht zielführend erwiesen. Mit großer Wahrscheinlichkeit werden die ersten Stufen eines Blitzes durch sehr starke elektrische Felder ausgelöst, die sich an Spitzen von Eiskristallen oder sehr kleinen Wassertröpfchen (sogenannten Hydrometeoren) ausbilden können.

Die erste sichtbare Phase wird durch einen sogenannten Stufenleitblitz gebildet. Dieser bahnt sich schrittweise mit einer mittleren Schrittlänge von etwa 50 m seinen Weg zur Erde. Er ist einige Zentimeter dick und führt negative Ladung nach unten. Allerdings stoppt dieser Prozess immer wieder für eine Zeitdauer von etwa 50 μs; dabei sammeln sich Elektronen am unteren Ende. Die Richtung des nächsten Schrittes ergibt sich aus dem elektrischen Feld der umgebenden Luft. Da dieses nicht homogen, sondern lokal unterschiedlich sein kann, erfolgt meist eine zickzackförmige Bahn des Blitzes (Abb. 19.4). Der Stufenleitblitz hat eine Geschwindigkeit von etwa 100 km/s.

Ist der Stufenleitblitz etwa 50 m vom Erdboden entfernt, entwickelt sich, meist von einer exponierten Stelle des Bodens, ein sogenannter Fangblitz nach oben und vereinigt sich mit dem Stufenleitblitz. Durch diesen Zusammenschluss fließt rasch negative Ladung des unteren Teils des Stufenleitblitzes nach unten. Der Kanal wird erhitzt und stark elektrisch leitend. Darin strömen höher gelegene Ladungen nach unten, und dies setzt sich nach oben fort.

Dieser Entladungsprozess ist die Hauptentladung, und sie bewegt sich mit einer Geschwindigkeit von etwa 50.000 km/s (das ist ein Sechstel der Lichtgeschwindigkeit!) nach oben, deshalb auch der Name Rückentladung. Es bewegen sich zwar die Stellen des Ladungsausgleichs nach oben, negative Ladung wird jedoch in großem Ausmaß nach unten befördert. Diese Phase ist die stärkste des Blitzes, sie erhitzt den Blitzkanal auf bis zu 30.000 °C und erzeugt auch den Donner.

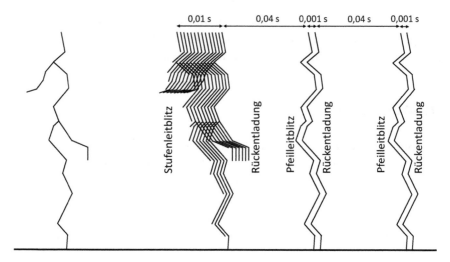

Abb. 19.4 Links: Blitz, wie er vom Beobachter wahrgenommen wird. Rechts: Zeitliche Abfolge der Entwicklung eines Blitzes

Tab. 19.1 Charakteristische mittlere Werte einer Blitzentladung

Eigenschaft	Durchschnittlicher Wert
Blitzlänge	5–10 km
Geschwindigkeit Stufenleitblitz	$2 \cdot 10^5$ m/s
Länge einer Stufe	10–200 m
Geschwindigkeit Rückentladung	$5 \cdot 10^7$ m/s
Geschwindigkeit Pfeilleitblitz	$5 \cdot 10^6$ m/s
Temperatur in einem Blitz	bis 30.000 °C
Zeitdauer eines Blitzes	0,2–0,5 s
Zeit zwischen Rückentladungen	40 ms
Ladungsübertragung	30 C
Spannung zwischen den Enden	$4 \cdot 10^8$ V
Stromstärke	10–30 kA

Danach kann sich wiederum ein sogenannter Pfeilleitblitz von oben nach unten bewegen. Da dieser im bereits bestehenden Kanal strömt, ist er mit 5000 km/s etwa 50-mal so schnell wie der Stufenleitblitz. Ihm folgt eine weitere Rückentladung, und dieser Prozess kann sich noch mehrmals wiederholen, wobei immer höhere oder weiter entfernte Ladungsgebiete der Wolke angezapft werden.

In Tab. 19.1 sind verschiedene Parameter einer Blitzentladung zusammengefasst. Da sich die Werte von Blitz zu Blitz sehr unterscheiden können, sind durchschnittliche Werte angegeben.

20

Gebogenes Holz

Der Prokurist blickt von seiner Zeitung überrascht auf. „Wisst ihr, dass unser Student heute in der Zeitung steht?" „Hoffentlich ist ihm nichts passiert", ist Karla besorgt. „Nein, im Gegenteil, er hat einen Preis erhalten." „Als Student mit den meisten Semestern?", schlägt Frau Hofrat vor, um noch nachzulegen: „Oder der mit der höchsten Anzahl abgebrochener Studien?" „Nein, im Gegenteil. Es ist ein Innovationspreis. Sogar ein Foto ist dabei. Das muss aber schon etwas älter sein, eine solche Haarpracht hat unser Student schon lange nicht mehr." „Und für welche Neuerung er den Preis erhalten hat, steht nicht drin?", fragt Karla nach. „Doch, es hat etwas mit Holz und Möbeln zu tun. Die Idee wird als äußerst kreativ gepriesen, aber das ist alles." „Dann werden wir ihn wohl selbst fragen müssen, aber mir fällt jetzt auf, dass er in letzter Zeit eher selten in unserer Runde war."

„Schau, schau", meldet sich der Prokurist wieder. „Der Bericht ist sogar von Carmen verfasst." „Die war aber gestern hier. Und hat nichts gesagt", empört sich Frau Hofrat. „Das gehört sich nicht."

In dem Moment kommt der Student zur Tür herein, ebenfalls mit der Zeitung in der Hand. „Guten Morgen. Ein Freund hat mich angerufen und nur gesagt, ich soll sofort diese Zeitung kaufen und auf Seite 12 nachsehen." „Ja, weil Sie drinnen sind", verkündet Karla. „Als Preisträger", ergänzt Frau Hofrat und fährt fort: „Warum ist die Information in dem Artikel so dürftig? Da hätte sich Carmen schon mehr ins Zeug legen können." „Carmen hat sich bereits bei mir entschuldigt", erklärt der Student. „Sie hatte einen schönen, langen Artikel verfasst, ich habe ihn auch gelesen. Aber dann ist der plötzliche Rücktritt des Ministers dazwischengekommen, und sie musste drastisch kürzen."

© Springer-Verlag GmbH Deutschland, ein Teil von Springer Nature 2019
L. Mathelitsch, *Physikalische Melange*, https://doi.org/10.1007/978-3-662-59260-1_20

„Aber jetzt sind Sie ja hier, und wir hoffen, aus Preisträgermund mehr darüber erfahren zu können. Aber vorerst gratuliere ich einmal ganz, ganz herzlich." Dieser Aussage des Prokuristen schließt sich die gesamte Runde lautstark an.

Nachdem der Student einen Platz in der Mitte eingenommen hat, bestellt er eine Runde Champagner. „Das ist aber nicht nötig", kommentiert Frau Hofrat, „wir haben ja zu diesem Preis nichts beigetragen." „In einem gewissen Sinne schon", entgegnet der Student zu aller Überraschung, „denn entscheidende Ideen zu meiner Kreation habe ich hier in diesem Raum erhalten." „Nun sind wir aber noch mehr gespannt", drückt der Prokurist die allgemeine Neugier aus. Inzwischen ist auch Carmen gekommen und spricht nochmals ihr Bedauern aus, dass der Artikel gekürzt werden musste.

Nachdem zugeprostet und ein zweites Mal gratuliert wurde, beginnt der Student mit der nun bereits sehnlichst erwarteten Erklärung. „Ich habe einen sehr guten Freund, der in der Tischlerei seines Vaters arbeitet und diese als einziger Sohn wohl auch übernehmen wird. Er war sogar einige Male mit mir hier im Kaffeehaus – er ist leicht zu erkennen, weil er mehr als zwei Meter misst." „An den kann ich mich erinnern", sagt Karla, „weil ich mir gedacht habe, dass er wohl größte Probleme hat, passende Kleidung und Schuhe zu finden." „Das stimmt, und dieses Handicap war auch ein Ausgangspunkt der Innovation. Paulus – er heißt wirklich so und nicht Paul – klagt oft, dass ihm beim langen Sitzen alles wehtut, weil die Sessel auf Normalbürger zugeschnitten sind und nicht auf Riesen, wie er einer ist." „Aber was hat das mit unserem Kaffeehaus zu tun?", wird Frau Hofrat ungeduldig.

„Wir sitzen hier auf diesen wunderbaren Thonet-Stühlen. Dafür wurde Holz auf ästhetische aber auch wirtschaftliche Weise gebogen. Und diese alten Zeitungshalter aus Holz mit den runden Ecken sehen doch auch sehr schön aus", erklärt der Student.

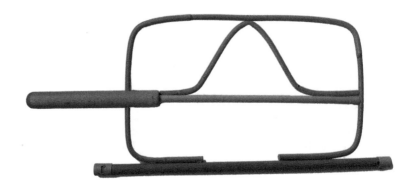

„Und da kam mir die Idee, ob man die Biegetechnik nicht auch dazu nutzen könne, Stühle individuell so zu fertigen, dass sie genau auf die Bedürfnisse des Sitzenden zugeschnitten sind. Ich muss noch erwähnen, dass die Tischlerei von Paulus' Vater auf Sitzmöbel spezialisiert ist und sich laufend um Neuerungen bemüht." „Und das ist alles?" Mit dieser kurzen Bemerkung drückt Frau Hofrat aus, dass damit ein Innovationspreis ihrer Meinung nach nicht gerechtfertigt ist.

„Nein, da steckt schon noch mehr dahinter", entgegnet der Student. „Zum Ersten sind wir uns bewusst geworden, dass nicht nur sehr große und kleine Personen durch einheitliche Stühle benachteiligt sind. In gleichem Ausmaß sind Menschen mit körperlichen Beeinträchtigungen betroffen, wobei es eine große Bandbreite gibt zwischen kaum merkbar und sehr hilfsbedürftig." „Und wie wollt ihr die optimale Sitzhaltung feststellen?", fragt der Prokurist. „Das ist der zweite beziehungsweise eigentlich der erste Schritt in unserem Projekt. Dabei kam mir mein – allerdings sehr kurzes – Chemiestudium an der Technischen Universität zugute. Dabei habe ich einen Kunststoff kennen gelernt, der sich relativ leicht verformen lässt, mit der Zeit allerdings fest wird. In Form eines Polstersessels können Personen darin auch in länger dauernden Versuchen die ihrer Meinung nach beste Sitzposition bestimmen. Nach Festigung wird die Form millimetergenau vermessen."

„Und warum verwenden Sie dann nicht diese Form gleich als Möbel und gehen wieder zum Holz zurück?" „Aus mehreren Gründen. Das Kunststoffmaterial wird so fest, dass es nach einiger Zeit unbequem zum Sitzen ist. Holz dagegen bleibt in gewissem Maß immer noch beweglich, auch wenn es in eine gewünschte Gestalt gebracht wurde. Und Holz ist vor allem ein Naturprodukt, das zwar dem Bedürfnis des Menschen angepasst wird, aber – wie Sie auch am Thonet-Stuhl sehen – seinen Charakter nicht verliert und gleichzeitig in künstlerischer Weise umgeformt ist."

„Das ist wunderbar gesagt, und ich verstehe, dass Ihnen für diese Idee ein Preis zuerkannt wurde." Die Chefin, anscheinend von Herrn Oskar über die Geschehnisse informiert, hat sich zu der Runde gesellt und spendet nicht nur Beifall, sondern anlässlich des Ereignisses eine weitere Runde. Auf die überraschten Blicken antwortet sie: „Ja, ich weiß, dass ich nicht für Freizügigkeit bekannt bin. Aber dass diese Idee durch meine Thonet-Stühle mit geboren wurde, macht mich schon etwas stolz. Die Entscheidung, diese Stühle für das Kaffeehaus zu kaufen, habe ich sogar gegen den Rat einiger Personen, denen ich sonst vertraue, durchsetzen müssen."

„Und was hat Sie dazu bewogen, das Kaffeehaus mit diesen Stühlen auszustatten?" Dieser Frage von Karla antwortet die Chefin kurz und bündig: „Tradition und Faszination." Auf die fragenden Blicke führt sie weiter aus:

> „Ich habe mir die Fertigung der Stühle im Werk persönlich angesehen und mich dabei auch über deren Geschichte informiert. Wussten Sie, dass es Fürst Metternich war, der Michael Thonet 1842 nach Wien geholt hat, weil ihm diese Möbel derart gut gefallen haben? Der Welterfolg beruhte dann auf mehreren Komponenten: einerseits der Technik, Buchenholz in die gewünschte Form zu biegen, und andererseits dem Aufbau des Stuhls aus wenigen Bestandteilen, die kompakt zu versenden und einfach zusammenzubauen waren. Was Sie hier im Raum sehen, ist der legendäre Stuhl Nummer 214, der 1859 zum ersten Mal produziert wurde. Von diesem sogenannten Kaffeehausstuhl wurden allein bis 1930 mehr als 50 Mio. Stück verkauft. Manche meinen, dass dies eines der gelungensten Industrieprodukte der Welt ist, abgesehen vom Auto oder Computer. Für mich ist diese Tradition einfach überwältigend, ein Stuhl, der älter als 150 Jahre ist und der immer noch derart großes Gefallen findet. Ich musste ihn für mein Kaffeehaus einfach nehmen."

Nach dieser Hymne entschwindet die Chefin wieder. „Und ihr wollt dasselbe Prinzip für eure Produkte anwenden?", fragt Karla. „Ja, Holz wird unter Wassereinwirkung biegsam. In der Praxis werden Dampf und Hochdruck verwendet, und zum Biegen benötigt man schon gehörige Kräfte. Bei uns ist das Besondere die individuelle Anfertigung, bei Thonet war das Erfolgreiche damals die Massenanfertigung. Aber wir sind erst ganz am Anfang und hoffen, dass wir durch den Innovationspreis auch zusätzliche Geldgeber finden werden."

„Ich kann mir einfach nicht vorstellen, wie sich ein massives Stück Buchenholz beliebig biegen lässt, ohne zu zerbrechen", ist Frau Hofrat immer noch skeptisch. „Das hängt mit der Struktur eines Baums zusammen", erklärt Norbert. „Als ich noch auf dem Land tätig war, habe ich, wie ich euch schon erzählt habe, auch in einer Papierfabrik gearbeitet. Zur Papierproduktion ist die Kenntnis über Holz immens wichtig. Dass man Holz biegen kann, beruht auf dem Transport von Wasser im Baum, welcher in vielen dünnen Kanälen erfolgt. Schlägert man das Holz, trocknen die Kanäle aus, können aber, wie wir gehört haben, mit Dampfdruck wieder gefüllt werden."

„Dass trockenes Holz aufquillt, wenn man es in Wasser gibt, wurde schon in der Antike benutzt." Carmen fügt wieder einmal eine historische Anmerkung hinzu. „Um Marmorblöcke zu gewinnen, haben Steinmetze Holzkeile in Spalte getrieben und dann mit Wasser aufquellen lassen. Die Sprengwirkung war so hoch, dass damit auch große Blöcke aus dem Verband gelöst werden konnten."

„Dazu kann ich auch eine Geschichte beitragen." „Aber nur, wenn sie kurz ist", bremst Frau Hofrat den Prokuristen. „Unsere Firma hat ihre Räumlichkeiten seit Langem in einem alten Gebäude, wobei man durch eine Toreinfahrt in den Innenhof gelangt. Die Toreinfahrt war mit Holzblöcken gepflastert." „Das ist ja nichts Besonderes und kann man öfter sehen", bewertet Frau Hofrat diese Aussage. „Das stimmt. Aber im Zuge einer großen Renovierung wurde aus Tradition, vielleicht auch wegen des Denkmalschutzes, beschlossen, es bei einer Holzpflasterung zu belassen, was von einer Firma auch ausgeführt wurde." „Spannend ist es immer noch nicht." Die Bemerkung der Frau Hofrat ignorierend fährt der Prokurist fort. „Aber nach einigen Monaten wurden immer mehr Holzwürfel locker und fielen dann ganz aus dem Verband. Die Firma gestand einen Fehler ein, weil sie unterschätzt habe, dass in die Toreinfahrt keinerlei Feuchtigkeit durch Regen oder Fahrzeuge käme. Sie haben dann mit engeren Fugen neu parkettiert." „Vom Sitz gerissen hat mich diese Geschichte auch jetzt noch nicht", kommentiert Frau Hofrat. „Sie ist auch noch nicht zu Ende. Etwa ein halbes Jahr später hatten wir Umbauarbeiten und Kraftfahrzeuge fuhren in den Hof. Als ein Arbeiter beauftragt wurde, den Schmutz zu beseitigen, spritzte er ihn mit einem Wasserschlauch weg. Mit dem Erfolg, dass sich der Boden zuerst aufwölbte und sich dann mehr oder weniger in die einzelnen Würfel auflöste. Wer die zweite Neupflasterung bezahlte, weiß ich allerdings nicht." Mit dieser Schlusspointe ist letztendlich auch Frau Hofrat zufrieden.

„Sie haben vorhin den Wassertransport in Bäumen erwähnt", kehrt der Professor zu einem früheren Thema zurück. „Wasser wird von den Pflanzen in den Blättern für die Photosynthese benötigt, um mittels Sonnenlicht Kohlenstoffdioxid und Wasser in energiereiche Stoffe, z. B. Zucker, umzuwandeln. Der für uns so wichtige Sauerstoff ist eigentlich nur Nebenprodukt. Aber es war über viele Jahrhunderte ein Rätsel, wie das Wasser gegen die Schwerkraft in solch große Höhen gelangen kann. Die höchsten Bäume messen immerhin über 110 m."

Da niemand sonst auf die Bemerkung eingeht, fühlt sich der Student angesprochen. „Soweit ich weiß, geschieht dies durch die Kapillarwirkung. In sehr dünnen Röhrchen steigt Wasser wegen der Oberflächenspannung auf. Dies sieht man ja auch bei einer Serviette wie dieser, wie schnell sie Wasser aufsaugen kann." „Das ist zwar richtig. Die Kapillarwirkung ist wichtig, aber nicht stark genug, um Wasser 100 m in die Höhe zu bringen."

„Dann wird halt zusätzlich irgendwo eine biologische Pumpe wirken – oder auch viele kleine Pumpen –, die das Wasser höher hebt", schlägt Renée vor. „Das war auch die Meinung von Experten über längere Zeit. Aber man hat keinerlei Pumpen gefunden, die aktiv unter Nutzung von Energie diesen Transport unterstützt hätten." „Wenn es keine Pumpe gibt, was treibt denn dann das Wasser in die Baumspitzen?", wird Frau Hofrat wieder einmal ungeduldig. „Es ist die Verdunstung. Wasser verdunstet in den Blättern und erzeugt einen Sog, der Wasser in den kleinen Kanälen nach oben zieht. Es darf nur keine Luft in einen solchen Kanal gelangen, dann bricht die Sogwirkung zusammen."

„Und diese Kanäle sind es letztlich auch, um Holz biegsam zu machen?", kommt der Prokurist wieder auf den Ausgangspunkt zurück. „Ja, aber es geht auch umgekehrt. Wenn man diese Kanäle durch sehr hohen Druck zusammenpresst, kann man Holz erzeugen, das so fest ist wie Eisen", ergänzt der Professor. „Und wenn man in diese Kanäle durch ein raffiniertes Verfahren Kalk einlagert, erhält man sogar feuerfestes Holz." „Mir ist das biegsamere Holz lieber. Es sitzt sich gut darauf, und es hat unserem Freund zu dem Preis verholfen. Darüber freue ich mich immer noch", beendet Frau Hofrat den Diskurs.

Auf Biegen und Brechen

Unter diesem Firmenmotto hat Michael Thonet seit 1819 Stühle nach dem von ihm entwickelten Bugholzverfahren hergestellt. Das Holzbiegen verläuft in drei Arbeitsschritten: Plastifizieren, Biegen und Festigen. Am besten geeignet ist Buchenholz, weil es relativ kurze Fasern aufweist.

Um das Holz biegsam zu machen, wurde es zu Beginn der Entwicklung längere Zeit in heißem Wasser gekocht. Heute wird Wasserdampf in Druckdampfkesseln mehrere Stunden in das Holz gepresst. Damit werden Buchenstäbe extrem elastisch. Das stabilisierende Lignin und andere Bestandteile, wie z. B. Zucker, werden durch den Wasserdampf zum Teil zersetzt.

Biegt man einen Holzstab, so wird er an der Außenseite gedehnt, an der Innenseite gestaucht. Bei zu großer Dehnung beginnt der Stab außen zu brechen. Dies hat Thonet verhindert, indem an der Außenseite ein Metallband befestigt wurde, das ein Brechen des Holzes unterbindet. Zugband und Holz bilden eine Einheit, und deshalb muss das Metallband bis zur endgültigen Stabilisierung am Werkstück verbleiben. In händischer Arbeit braucht es die Kraft von zwei bis vier Männern, um das Holz zu biegen. Danach werden Holz und Zugband in einer metallenen Biegeform fixiert.

In seiner Biegeform wird das Holz einige Tage in einen Trockenraum gelegt. Dabei wird die anfänglich eingebrachte Feuchtigkeit wieder ausgedampft. Nach Entfernung der Biegeform bleibt das Holz stabil in dieser Gestalt. Es wird dann noch geschliffen, gebeizt und lackiert.

Neben dem patentierten Thonet-Verfahren basierte der Erfolg auch auf der technisch-ökonomischen Umsetzung: Die Stühle wurden in arbeitsteiligen Prozessen hergestellt, und sie konnten platzsparend verpackt werden: In einer Kiste mit 1 m^3 Inhalt wurden 36 zerlegte Stühle untergebracht. Aus sechs Holzteilen, zehn Schrauben und zwei Muttern konnte ein Stuhl einfach zusammengebaut und wieder zerlegt werden.

Auf hölzernem Bein

Das Holz von Bäumen muss zumindest folgenden Anforderungen genügen: Es muss eine mechanische Stabilität aufweisen und einen effizienten Wassertransport ermöglichen.

Wurzeln bewirken eine Verankerung des Baums im Boden. Zusätzlich nehmen sie Wasser und Mineralien auf, zum Teil dienen sie auch der Speicherung von Nährstoffen. Am oberen Ende eines Baums werden in den Blättern und Nadeln mittels Photosynthese die Nährstoffe erzeugt.

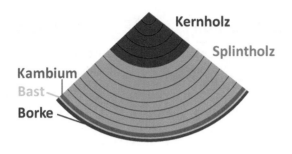

Abb. 20.1 Schematischer Aufbau eines Baumstamms

Der Stamm und die Äste tragen einerseits die Krone, andererseits müssen sie die Zufuhr des Wassers zur Photosynthese und den Abtransport der Nährstoffe gewährleisten. Dies geschieht in zwei Leitsystemen: Innen im Holzteil (Xylem) erfolgt der Transport von Wasser nach oben, außen im Bastteil (Phloem) fließen Nährstoffe nach unten. Dazwischen liegt die Wachstumszone, das Kambium, das nach außen Bastzellen nachliefert und an der Innenseite Holzzellen erzeugt (Abb. 20.1). Im Folgenden soll der Holzteil näher besprochen werden.

Die wasserführenden Elemente bei Laubbäumen sind Tracheen und Tracheiden, die in einem Zellwandverband eingebettet sind. Tracheen sind Gefäße, die nur der Wasserleitung dienen; bei Tracheiden sind die Zellwände durch Lignin verstärkt, und sie haben eine leitende und eine tragende Funktion. Nadelbäume haben keine Tracheen. Die Zellwände bestehen aus verschiedenen Materialien; die wichtigsten sind Zellulose, die Basis für die Papierherstellung, und Lignin (Kap. 14). Durch die Zellulosestränge ergibt sich eine Zug- und Biegestabilität, durch das Ligningewebe eine Druckfestigkeit. Im Verholzungsprozess wird das Biopolymer Lignin sukzessive in die röhrenförmigen Zellulosezellen eingebaut. Im Splintholz erfolgt der Wassertransport, das weiter innen liegende Kernholz dient nur mehr der Stabilität des Stammes (Abb. 20.1). Bei einer Buche sind etwa 44 % des Volumens Zellwandsubstanz, der Porenraum nimmt 56 % ein.

Aus Licht und Wasser wird Stärke

Mittels der Photosynthese erzeugen Pflanzen notwendige Nährstoffe. Als Rohstoffe dienen Kohlenstoffdioxid, Wasser und Sonnenlicht. Abb. 20.2 zeigt, dass man die Photosynthese vereinfacht als zweistufigen Prozess sehen kann, der aus einer Licht- und einer Dunkelreaktion besteht.

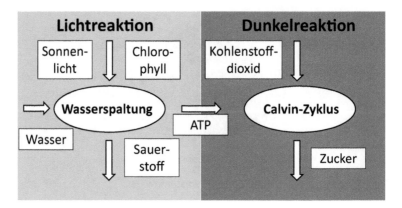

Abb. 20.2 Vereinfachte Darstellung der Photosynthese

Als erste Stufe wird Wasser durch Strahlungsenergie gespalten. Dazu wird Strahlung durch Farbstoffe, meist Chlorophyll, aber auch Karotin, absorbiert. Diese Energie wird genutzt, um aus Wasser Sauerstoffmoleküle (O_2) und Protonen (H^+) freizusetzen. Dabei werden auch Elektronen frei, die über eine chemische Transportkette letztlich zur Bildung von ATP (Adenosintriphosphat) beitragen. ATP kann als die Energiewährung von Zellen bezeichnet werden, weil es zur Speicherung und zum Transport chemischer Energie dient. Der Sauerstoff wird nach außen abgegeben.

Bei der Dunkelreaktion, dem sogenannten Calvin-Zyklus, wird aus Kohlenstoffdioxid, das der Luft entnommen wird, und Wasser unter Verwendung der im ATP gespeicherten Energie Stärke, etwa Traubenzucker, aufgebaut. Aus dem energiearmen anorganischen Molekül CO_2 werden damit energiereiche organische Substanzen gebildet.

Wasser marsch!

Um das Sonnenlicht optimal zu nutzen und sich dabei gegen Konkurrenten durchzusetzen, können Bäume eine beträchtliche Höhe erreichen. Dies bringt jedoch ein Problem mit sich: Das benötigte Wasser wird zum größten Teil von den Wurzeln aus dem Erdreich aufgebracht und muss gegen die Schwerkraft in die Baumkronen transportiert werden. Letztlich bedarf es des Zusammenwirkens mehrerer physikalischer Prozesse, um Wasser auf eine Höhe von über 100 m zu heben.

Kapillarität

Eine benetzende Flüssigkeit wie Wasser steigt in sehr dünnen Gefäßen (Kapillaren) „von selbst" hoch. Grund sind die Oberflächenspannung des Wassers und die Grenzflächenspannung zwischen Wasser und dem Material des Gefäßes. Wie hoch das Wasser steigt, hängt vom Material und der Enge des Gefäßes ab (siehe den Kasten am Ende des Kapitels). Der durchschnittliche Querschnitt der Tracheen erlaubt aber nur eine Steighöhe von einigen Metern.

Osmose

Schneidet man eine Pflanze oberhalb der Wurzel ab, tritt meist Wasser aus der Schnittstelle aus. Biologen verwenden den Ausdruck „Wurzeldruck" für diesen Prozess. Nährstoffe, besonders Zucker, lagern sich in der Wurzel ein. Dies führt zu einem osmotischen Gradienten (Kap. 5), der Wasser nach oben befördert. Dieser Prozess ist besonders im Frühling wichtig und führt zu einer ersten Füllung des Holzteils mit Wasser, zumindest auf eine Höhe von einigen Metern.

Der Transport von Nährstoffen ist ein aktiver, er erfolgt unter Aufwendung von Energie. Darum ist der osmotische Prozess, Wasser durch Schaffung einer hohen Zuckerkonzentration noch oben zu transportieren, aus energetischen Gründen ungünstig.

Transpiration

Die stärkste Kraft, die Wasser bis in Höhen von 100 m in Bäumen transportieren kann, beruht auf der Verdunstung von Wasser in den Blättern. Dadurch kommt es zu einer Sogwirkung, die das Wasser hebt. Die Verdunstung erzeugt einen Unterdruck, der im Xylem durch den Wasserfaden bis in die Wurzel wirkt. Durch einen Lufteinschluss kann dieser Prozess unterbrochen werden. Darum sind die Anziehungskräfte im Wasser (Kohäsion) und die Kräfte zum Rand der Gefäße (Adhäsion) wichtig, um den Wasserfaden nicht abreißen zu lassen. Außerdem wird das Wasser durch eine Keimschicht in der Wurzel gefiltert. Dabei werden mögliche Verdampfungskeime entfernt, was die Blasenbildung erschwert und dem Wasser eine derart hohe Zugfestigkeit verleiht.

Bei einem größeren Laubbaum können an einem heißen, trockenen Tag bis zu 400 l Wasser verdunsten. Um diese Mengen nachzuliefern, strömt Wasser im Xylem mit einer Geschwindigkeit von bis zu 40 m/h. Wie viel Wasser verdunstet, hängt von der Temperatur und der Luftfeuchtigkeit ab. 90 % der Verdunstung des Wassers erfolgen über sogenannte Spaltöffnungen der Blätter. Da diese von der Pflanze geöffnet und geschlossen werden können, kann die Abgabe des Wassers auch aktiv beeinflusst werden.

Die Verdunstung hat auch eine kühlende Wirkung und kann die Temperatur von Blättern um bis zu 15 Grad senken.

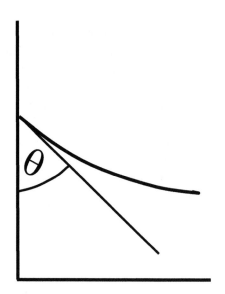

Abb. 20.3 Benetzende Flüssigkeit

Kapillarkraft

Kräfte zwischen Molekülen können innerhalb eines Stoffes wirken (Köhäsions-kräfte) oder zwischen zwei verschiedenen Stoffen (Adhäsionskräfte). Stärkere Köhäsionskräfte und schwächere Adhäsionskräfte gegen Luft führen zur Ober-flächenspannung von Flüssigkeiten. Bei benetzenden Flüssigkeiten führen stär-kere Adhäsionskräfte dazu, dass die Flüssigkeiten am Rand höher stehen als in der Mitte (Abb. 20.3).

In einem dünnen Röhrchen (Kapillare) kann dieser Effekt dazu führen, dass die Flüssigkeit darin auf eine bestimmte Höhe h steigt, die durch folgenden Ausdruck gegeben ist:

$$h = \frac{2 \cdot \sigma \cdot \cos \theta}{\rho \cdot g \cdot r}$$

σ ist die Oberflächenspannung, θ der Kontaktwinkel zwischen Flüssigkeit und Gefäßwand, ρ die Dichte der Flüssigkeit, g die Erdbeschleunigung und r der Radius des Gefäßes.

Die Tracheen im Xylem eines Baums haben einen Durchmesser von 10–100 μm. Die Oberflächenspannung von Wasser beträgt $\sigma = 0{,}07$ N/m, die Dichte von Wasser $\rho = 1000$ kg/m³. Nehmen wir für $\cos\theta = 1$ als Maximalwert, dann ergibt sich bei einem Durchmesser des Gefäßes von 10 μm eine Steighöhe von höchstens $h = 2{,}8$ m.

21

Farben – das Lächeln der Natur

„In den letzten Tagen habe ich viele leere Kilometer gemacht", klagt Frau Karla. „Das war so was von frustrierend." „Dürfen wir den Gegenstand Ihres Ärgers erfahren?", reagiert der Prokurist auf ihr Missbehagen. „Wie Sie wissen, habe ich eine weit verzweigte Familie. Eine Cousine von mir hat vor einigen Jahren Zwillinge geboren. Sie weiß, dass ich gerne stricke, und hat mich vor einiger Zeit gebeten, zwei gleichartige Pullover für die beiden zu fertigen." „Das ist aber wohl kaum Anlass für Frust für Sie." Auf diese Aussage von Frau Hofrat entgegnet Karla: „Nicht von Beginn an, aber lassen Sie mich erzählen. Ich hatte noch eine geeignete Wolle zuhause und stellte die Vorder- und Rückenteile fertig. Bei den Ärmeln ist mir aber die Wolle ausgegangen. Da ich wusste, wo ich sie gekauft hatte und auch das Etikett noch hatte, dachte ich mir, dass es kein Problem sei, die Wolle nachzukaufen. Es entwickelte sich allerdings, so scheint es, zu einer nicht lösbaren Aufgabe."

„Gibt es das Wollgeschäft nicht mehr?", vermutet Renée. „Doch, aber sie hatten dieselbe Farbe nicht mehr, und auf Nachfrage konnte diese Charge von der Firma auch nicht mehr nachgeliefert werden. Man sagte mir, dass es vielleicht in anderen Geschäften noch Restbestände gäbe. Und daraufhin habe ich eines nach dem anderen abgeklappert. Vergeblich." „Es muss doch eine Wolle mit sehr ähnlicher Farbe gegeben haben." „Das schon. Aber wenn wir sie an mein gestricktes Teil gehalten haben, sah sie aus, als wäre sie eine gänzlich andere."

„Dann würde ich die Ärmel in einer völlig anderen Farbe gestalten", schlägt Frau Hofrat pragmatisch vor. „Und ich würde für die Zwillinge zwei verschiedene Farben nehmen", ergänzt Renée. „Das ist keine schlechte Idee", stimmt Karla zu. „Wenn man sie nicht näher kennt, verwechselt man Pia und Mia ohnehin immer." „Pia und …?" Frau Hofrat hebt die Augenbrauen. „Ja, so heißen sie. Pia und Mia. Ich habe ihnen die Namen nicht gegeben. Sie sind allerdings sehr liebe Mädchen." „Wenn man die Ärmel andersfarbig gestaltet, kann dies aber auch zu neuen Problemen führen." Diese Äußerung des Prokuristen erntet fragende Blicke. „Sie wollen Pia und Mia leichter erkennen, indem sie jeder eine andere Ärmelfarbe verleihen. Das prägt sich sicherlich ein. Was aber, wenn die beiden die Pullover dann tauschen?" „Ich glaube nicht, dass kleine Mädchen schon so arglistig sind", werden Pia und Mia von Frau Hofrat verteidigt, mit dem Nachsatz „wie erwachsene Männer".

Carmen und der Student sind inzwischen gekommen und erzeugen einige Unruhe. Es sind zwar noch zwei Plätze frei, allerdings nicht am selben Tisch. Die beiden wollen aber unbedingt gemeinsam sitzen. Auf die Warnung, dass es dann für sie beide aber sehr eng wird, kommt die Antwort, dass dies nichts ausmache. Auf den leisen Kommentar von Frau Hofrat, dass sich hier etwas anbahne, antwortet Norbert, ähnlich leise: „Da hat sich anscheinend bereits was angebahnt. Was ein Innovationspreis alles bewirken kann."

Nach einiger Zeit richtet sich die Aufmerksamkeit wieder auf Karla und ihr Wollproblem. „Wenn Sie solch große Schwierigkeiten haben, denselben Farbton zu finden, stellt sich bei mir jetzt schon die Frage, wie viele unterschiedliche Farbtöne es denn gibt." Diese Frage geht in Richtung des Professors, weil Renée anscheinend der Meinung ist, dass Farbe etwas mit Physik zu tun hat. Dieser fühlt sich auch angesprochen: „Genau genommen gibt es unendlich viel Farbtöne. Das kann leicht erklärt werden. Wenn man zwei oder gar mehrere Farben mischt, so entsteht eine neue. Und nun kann man diese Mischung ganz minimal ändern, und schon erhält man eine neue Farbe." „Das leuchtet mir ein. Dann muss ich meine Frage wohl anders formulieren. Wie viele verschiedene Farbtöne kann man unterscheiden?" „Diese Fragestellung fällt eigentlich nicht mehr in das Gebiet der Physik. Sinnesempfindungen werden in der Psychologie genauestens erforscht. Allerdings habe ich einmal eine Vorlesung über Optik gehalten, in der ich auch diesen Aspekt behandelt habe. Wenn ich mich recht erinnere, können wir rund 200 verschiedene Farbtöne unterscheiden."

„Das ist ja gar nicht so viel", bemerkt Renée. „Ich bin noch nicht am Ende", entgegnet der Professor. „Für jeden Farbton kann man im Mittel 500 Sättigungsabstufungen erkennen, also zum Beispiel von sehr dunkelrot bis zu extrem hellrot. Und damit sind wir immer noch nicht fertig. Bei jeder Farbe kann man zusätzlich etwa 20 Weißabstufungen beimischen, bei unserem Beispiel von Rot in Richtung Rosa. Das ergibt jetzt in Summe um die zwei Millionen Farben." „Das ist jetzt aber doch wieder eine ganze Menge", zeigt sich Karla beeindruckt. „Dann ist wohl klar, dass ich nicht dieselbe Wollfarbe finden kann." „Ganz so aussichtslos sollte die Sache aber nicht sein", entgegnet der Professor. „Farbe ist ja nicht nur für Wolle wichtig, sondern auch für Farben und Lacke oder Wandanstriche. Und dafür gibt es genormte Kataloge. Allerdings ergeben sich bei einzelnen Herstellern manchmal doch wieder unterschiedliche Nuancen."

„Farbe ist ja etwas Uraltes in der Menschheit. Bereits die Höhlenmalereien waren bunt, und die Farbenpracht kann heute noch bewundert werden." Carmen greift diesmal weit in die Menschheitsgeschichte zurück. „Es wurden dabei anorganische Farben wie Eisen- und Manganoxide verwendet, die natürlich vorkommen", ergänzt der Student, sich an sein Chemiestudium erinnernd. „Die Marmorstatuen der Griechen und Römer empfinden wir in ihrem Weiß so ästhetisch, rein und ideal. Zur damaligen Zeit waren sie jedoch bemalt und bunt." Mit dieser Aussage, die für einige sehr überraschend ist, werden von Carmen einige Zehntausend Jahre übersprungen.

„Auch das Färben von Kleidungsstücken war bereits Jahrtausende vor Christus wichtiger Bestandteil der Kultur." „Wobei die Auswahl der Farbmittel damals noch nicht sehr groß war", kommentiert der Professor die Bemerkung Carmens und gibt eine kleine Aufzählung: „Das tiefblaue Indigo wurde aus der aus Indien stammenden Indigopflanze gewonnen. Rot aus den Schalen von Schneckenarten, unter anderem der Purpurschnecke. Das Safran, eine Krokusart, war nicht nur ein Gewürz, sondern auch ein gelber Farbstoff. Er wurde unter anderem als Goldimitation verwendet."

„Bei uns auf dem Land", erinnert sich Norbert, „gab es früher den sogenannten Blaudruck. Ich weiß aber nicht, ob so was noch erzeugt wird." „Doch", klärt Karla auf. „Eine Nichte von mir war ganz gierig auf den traditionellen Blaudruck, hat noch eine Färberei gefunden und etliche Stoffe gekauft." „Was ist das Besondere am Blaudruck?" Nicht nur Renée kann mit diesem Begriff nichts anfangen. „Soweit ich von meiner Nichte weiß, werden bestimmte Muster auf einem weißen Stoff abgedeckt. Dann wird alles in Farbe getaucht, und danach werden die Abdeckungen entfernt. Die Stellen darunter bleiben weiß."

„Und warum heißt dies dann Blaudruck, da kann man doch jede Farbe verwenden?" „Das kann wiederum ich beantworten, da es historisch interessant ist." Carmen ist heute in ihrem Element. „Im Mittelalter wurde hauptsächlich Indigo dafür genommen. Entweder von Färberwaid, einer Pflanze, die auch als Deutsches Indigo bezeichnet wird, oder von der aus Indien eingeführten Indigopflanze. Der verwendete Stoff war meist Leinen, und es wurde – wie Norbert bereits sagte – Blaudruck besonders auf dem Land für Frauengewänder, Tischdecken oder Schmuckbänder verwendet."

„Wenn alle Mädchen und Frauen nur Blaudruck getragen haben, war dies wohl etwas eintönig", meint Renée. „Das ist ja nichts Neues", kommentiert Frau Hofrat. „Auch in der Natur sind die Weibchen oft unscheinbar. Nur die Männchen führen sich wie bunte Gockel auf und glauben, die Schönsten zu sein." „Das machen sie aber wiederum nur für die Weibchen", kontert der Prokurist.

Karla erinnert die Diskussion an ein Erlebnis: „Ich war vor einigen Wochen mit meinen Nichten im Zoo." „Mit Pia und Mia?", unterbricht sie Frau Hofrat. „Nein", reagiert Karla etwas pikiert, „ich habe auch noch andere Nichten." „Und was war dann im Zoo?" „Pfaue sind frei herumspaziert. Einer davon hat direkt vor uns sein Rad geschlagen. Die Sonne hat das Federkleid beschienen, und es gab eine wunderbar intensive Farbenpracht zu bestaunen. Auch die beiden Mädchen waren beeindruckt und haben mich gefragt, wie die Pfauen diesen Effekt zustande bringen. Ich konnte ihnen leider keine Antwort geben."

„Das physikalische Fachwort für die Erklärung dafür ist ‚Gitter'." Dieser kurze Satz des Professors bringt Frau Hofrat wieder einmal in Rage. „Was soll diese Aussage? Keiner versteht sie. Und außerdem hat Karla gesagt, dass die Pfauen frei waren und nicht hinter Gittern." „Es geht um eine ganz spezielle Art von Gittern, um sehr engmaschige, wie zum Beispiel bei einem Seidentuch." „Und damit soll man Farben erzeugen können? Doch wohl nur, wenn man etwas draufmalt." Frau Hofrat ist immer noch ungehalten. „Nein, da sind Sie im Irrtum. Selbst durch reinweiße Seide kann man Farben erzeugen. Sie brauchen sie nur vor die Sonne oder eine Glühbirne zu halten und verschiedenste Farben erscheinen. Die regelmäßige enge Anordnung der Fäden bewirkt, dass sich bestimmte Anteile des Lichts nach dem Durchgang durch die Öffnungen auslöschen, andere verstärken. Werden in einer bestimmten Richtung die Rotanteile des Lichts verstärkt, so zeigt sich dort ein roter Fleck, an einer anderen Stelle ein grüner".

„Und wo ist beim Pfau das Gitter? Da scheint ja kein Licht durch." Diese Bemerkung Karlas wird vom Professor mit einem „Völlig richtig" kommentiert. „Es gibt nämlich neben den Gittern, die in den Spalten Licht durchlassen, auch sogenannte Reflexionsgitter. Dabei befinden sich auf Oberflächen in regelmäßigen Abständen Unebenheiten. Die Reflexionen von gleichartigen Stellen mit fixen Abständen kann denselben Filtereffekt bewirken. Ein Beispiel sind die Rillen auf der Oberfläche einer CD." „Das ist mir schon aufgefallen, dass diese manchmal farbig spiegeln", erinnert sich Renée. „Und in den Pfauenfedern sind Rillen?", vermutet Karla. „Es ist ein bisschen komplizierter", berichtigt der Professor. „In den Federn ist in regelmäßigen Abständen der Farbstoff Melanin eingelagert. Dieser bewirkt stärkere und schwächere Reflexionen und damit den Gittereffekt. Aus unterschiedlichen Abständen der Melanineinlagerungen ergeben sich verschiedene Farben."

„Das wundervolle Blau des Himmels entsteht ja ebenfalls aus dem Sonnenlicht. Wo ist hier das Gitter?" „Es ist nicht so, dass alle Farben durch Gitter entstehen", führt der Professor aus.

„Für das Himmelsblau sind neben dem Sonnenlicht die Luftteilchen in der oberen Atmosphäre verantwortlich. Diese nehmen Licht kurzfristig auf und geben es sodann gleich wieder ab, blaues Licht allerdings mehr als rotes Licht. Dieses gestreute blaue Licht sehen wir als Himmelsblau. Dieser Effekt ist auch für das Abend- und Morgenrot verantwortlich: Das Sonnenlicht hat bei tief stehender Sonne einen längeren Weg durch die Atmosphäre, das blaue Licht wird herausgestreut, und mehr rötliches bleibt über. Übrigens hängt das blaue Blut der Adeligen auch damit zusammen."

„Heute reden Sie wieder einmal in Rätseln", kommentiert Frau Hofrat trocken. „Zuerst die Gitter und jetzt die Könige und Grafen. Was sollen die mit dem Himmel zu tun haben?" „Auch blasse Haut streut Licht. Allerdings sieht man das blaue Streulicht besser vor einem dunklen Hintergrund. Beim Himmelsblau ist das schwarze Weltall der Hintergrund." „Und was hat dies mit einem roten oder blauen Blut zu tun?" Frau Hofrat geht es wieder einmal zu wenig rasch. „Die Adern bilden den dunklen Hintergrund. Allerdings sieht man das Blau eher bei einer blassen als einer gebräunten Haut. In früheren Jahren haben sich die Leute vornehmlich im Freien aufgehalten und waren deshalb sonnengebräunt. Nur Edelleute hatten das Privileg, sich viel in Räumen aufhalten zu können. Blass war vornehm, und auf der weißen Haut war das Blau über den Adern schön sichtbar. Darum das sprichwörtliche blaue Blut von Adeligen."

„Ich habe jetzt noch eine ganz andere Frage", richtet sich Renée wieder an den Professor. „Soweit ich es verstehe, ist weißes Sonnenlicht aus vielen Farben aufgebaut. Grün ist ein Teil davon, und grünes Licht hat eine bestimmte Wellenlänge. Nun kann man aber durch Mischen von Gelb und Blau auch Grün erzeugen. Wie mischen sich die Wellen von Gelb und Blau, sodass dann die Wellenlänge von Grün entsteht?" „Gar nicht", ist die kurze Antwort des Professors. „Wie kommt es dann dazu, dass ich trotzdem Grün sehe?", ist Renée etwas überrascht. „Dieser Prozess der Farbänderung passiert nicht außerhalb des Beobachters. Auf der Palette des Malers werden die blaue und gelbe Farbe fein vermischt. Und von jedem gelben Farbteilchen wird Licht der gelben Wellenlänge ausgesandt und dasselbe für Blau. Die Farbänderung passiert in unserem Auge. Zur Erklärung muss ich aber etwas ausholen." „Wieder einmal", seufzt Frau Hofrat.

„In der Netzhaut unseres Auges haben wir vier verschiedene Sehzellen. Stäbchen für das Schwarz-Weiß-Sehen und drei Arten von Zapfen für das Farbsehen. Dabei sind die drei Zapfen für unterschiedliche Wellenlängen empfindlich. Einer reagiert am stärksten auf kurze Wellenlängen, einer auf mittlere und einer auf lange. Aber es reagieren immer alle drei auf einen ankommenden Reiz, nur eben unterschiedlich stark. Und diese drei Reaktionen werden verglichen: Ist die Reaktion des kurzwelligen stark, die des mittleren schwächer und des langwelligen sehr gering, so wird dies als eher blaue Farbe interpretiert. Jeder Farbeindruck entsteht damit aus dem Vergleich der drei Reaktionen." „Und warum kann dann Grün auf zwei Arten erzeugt werden?", ist Frau Hofrat wieder ungeduldig. „Weil ein solches Tripel von Reaktionen auf verschiedene Art und Weise erzeugt werden kann. Es kann aus einer reinen Farbe, wie die als Teil des Sonnenlichts, hervorgehen. Genau dieselben Reaktionen der Zellen können aber auch durch eine Mischung von zwei Farben entstehen. Oder durch eine schnelle Abfolge von Farben wie bei einem Farbkreisel. Dabei bilden sich durch Drehung auch andere Farben, als auf dem ruhenden Kreisel zu sehen sind."

Nach einem verständigen Nicken von Renée und einem andachtsvollen Schweigen aller fragt der Prokurist Karla: „Und haben Sie sich bezüglich der Pullover für Pia und Mia schon entschieden?" „Ja, aber anders als ursprünglich gedacht. Da es ohnehin Sommer ist und beide so rasch wachsen, werde ich die Pullover einfach ärmellos lassen." „Dann waren Ihre Laufereien zwar vergebliche Liebesmüh", meint Frau Hofrat, „aber uns haben sie einen interessanten Nachmittag beschert."

Farben aus Gittern

Wellen gleicher Wellenlänge können sich je nach Stellung (Phase) zueinander maximal verstärken oder auch komplett auslöschen: Maximale Verstärkung tritt ein, wenn der Phasenunterschied der Wellen ein ganzzahliges Vielfaches der Wellenlänge λ ist; Auslöschung ergibt sich, wenn sich die Wellen um $\frac{\lambda}{2}$, $\frac{3\lambda}{2}$, $\frac{5\lambda}{2}$ ... unterscheiden. Eine Überlagerung der Wellen nennt man Interferenz.

Ein Phasenunterschied von zwei Wellen kann sich ergeben, wenn von einem eingehenden Wellenstrahl ein Teil an der Oberfläche einer dünnen Schicht, der andere Teil an der Unterseite der Schicht reflektiert wird (Abb. 21.1a; siehe auch Kasten „Hologramme im Sonnenlicht" in Kap. 12). Beträgt der Wegunterschied genau eine Wellenlänge, so kommt es zur Verstärkung. Damit werden je nach Dicke der Schicht aus weißem Licht

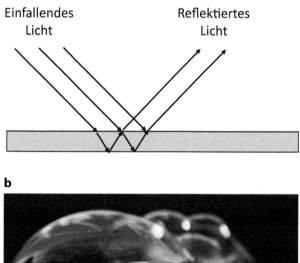

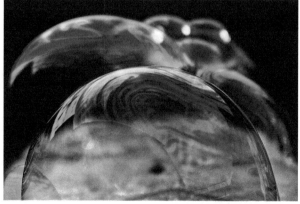

Abb. 21.1 **a** Interferenz an dünnen Schichten, **b** Seifenblasen

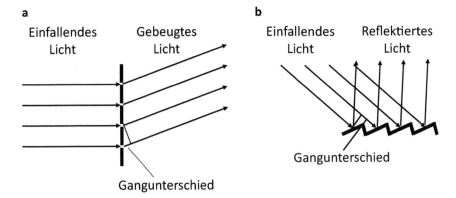

Abb. 21.2   a Strichgitter, **b** Reflexionsgitter

Wellen bestimmter Längen verstärkt oder ausgelöscht. Beispiele dafür sind die Farben auf Seifenblasen (Abb. 21.1b) oder Ölpfützen. Auch die intensiven Farben einiger Käfer oder die schillernden Farben von Fischen ergeben sich aus dünnen durchsichtigen Schichten auf der Oberfläche von Flügeln oder Schuppen.

Interferenz kann auch entstehen, wenn die Wellen durch eng benachbarte Öffnungen gehen (Abb. 21.2a). Es wird dann in alle Richtungen gebeugt. Je nach dem Winkel der ausgehenden Strahlen, d. h. je nachdem, wie groß der Gangunterschied ist, kommt es zur Verstärkung oder Auslöschung von Wellen. Auf einem Schirm sieht man abwechselnd helle und dunkle Stellen. Ein ähnlicher Effekt tritt auf, wenn die Strahlen an einer Oberfläche mit regelmäßiger Struktur reflektiert werden (Abb. 21.2b).

Im Tierreich sind hauptsächlich Reflexionsgitter zu finden, wobei regelmäßige Einlagerungen zu einer gitterartigen Struktur führen. Auf diesem Effekt beruhen die prächtigen Farben von Pfauenfedern oder die in der Sonne aufblitzenden Farben von Kolibris. In einem Opal sind Kügelchen aus Siliziumoxid regelmäßig zu einem dreidimensionalen Gitter angeordnet. Dies führt zur charakteristischen Farbe des Opals, wobei sich bei Drehung des Steins die Farbe ändert.

Farben aus Atomen und Molekülen

Die Elektronen in der Atomhülle nehmen nur bestimmte Energiezustände ein. Durch Energiezufuhr, z. B. durch Absorption von Licht, kann ein Elektron in einen höheren Zustand gehoben werden. Allerdings ist dieser

Zustand meist nicht stabil. Das Elektron fällt wieder auf den ursprünglichen Zustand zurück, wobei dies auch in Zwischenschritten über dazwischenliegende Energieniveaus geschehen kann. Bei jedem Sprung in eine tiefere Schale wird Licht mit jener Energie abgestrahlt, die genau dem Energieunterschied der zwei Zustände entspricht.

Freie Atome und Moleküle haben meist große Energieabstände der höheren Zustände zum Grundzustand, sodass die ausgesandte Strahlung nicht im sichtbaren Bereich liegt. Eine Ausnahme ist das *Natrium*. Hier gibt es sogar zwei benachbarte Zustände, deren Energiedifferenzen zum Grundzustand einem gelben Licht entsprechen. Mit etwas Kochsalz, das man in eine Kerzenflamme streut, kann man eine intensiv gelbe Flammenfärbung erzielen.

Die Anregung eines Atoms kann auch durch Stöße mit hochenergetischen geladenen Teilchen des Sonnenwinds (Elektronen, Protonen) erfolgen. Das Magnetfeld der Erde lenkt die Teilchen in die Polregionen, wo sie Atome der Atmosphäre anregen. Das Polarlicht (Abb. 21.3) beruht auf den darauffolgenden Übergängen in niedere Energieniveaus von Stickstoff (blaugrüne Farbe) und Sauerstoff (rote Farbe). Die Bewegung der Polarlichtschleier wird nicht von Turbulenzen der Luft hervorgerufen, sondern durch sich ändernde elektromagnetische Felder.

Abb. 21.3 Polarlicht

Farbstoffe

Die Wirkung von Farbstoffen beruht weniger in der Aussendung von Strahlung einer bestimmten Wellenlänge, sondern in einer selektiven Absorption. Trifft Sonnenlicht auf eine Oberfläche, wird ein Teil des Lichts reflektiert, ein Teil wird aufgenommen. Betrifft die Absorption nur einen Teil des Spektrums, wird der restliche Teil reflektiert – die Oberfläche wird in der Farbe wahrgenommen, die diesem Rest entspricht. Man nennt dies die Komplementärfarbe des absorbierten Lichts. Die absorbierte Energie wird in Form von Strahlung anderer Wellenlängen, z. B. in Wärmestrahlung, abgegeben.

Chemische Elemente der Nebengruppe des Periodensystems besitzen häufig enger liegende Energieniveaus als solche der Hauptgruppe. Die Energieübergänge liegen im Bereich des sichtbaren Lichts, und darum sind molekulare Verbindungen mit solchen Übergangsmetallen Ausgangspunkt intensiver Farben. Sie wurden bereits seit Langem als Farbstoffe verwendet.

Kupferhydroxid ($Cu(OH)_2$) ist das bekannte Farbmittel *Bremerblau*. Das basische Kupferazetat $Cu(OH)CH_3COO$ ist der *Grünspan*. Kadmiumsulfid (CdS) ist ein gelbes Farbmittel, Quecksilbersulfid (HgS) ist der *rote Zinnober*.

Chroma ist das griechische Wort für „Farbe", und die Chromate (Salze der Chromsäure) können gelb, rot oder blau sein. Sowohl die rote Farbe des *Rubins* als auch die grüne des *Smaragds* sind durch geringe Einlagerung von Chrom verursacht. Beim Rubin ist das Grundmaterial das Aluminiumoxid Korund, beim Smaragd das Silikatmineral Beryll.

In konjugierten chemischen Bindungen stehen Bindungselektronen in Wechselwirkung mit mehreren Atomen eines Moleküls, manchmal mit allen (delokalisierte Bindung). Die Elektronen in diesen konjugierten Bindungen können einander nahe liegende Energiezustände aufweisen. Zahlreiche Farbstoffe im Tier- und Pflanzenreich beruhen auf komplexen Molekülen mit konjugierten Bindungen. Ein Beispiel ist das *Chlorophyll*, das Pflanzen und Blättern die grüne Farbe gibt und auch einen wichtigen Bestandteil der Photosynthese darstellt (Kap. 20). Auch der rote Farbstoff des Bluts, das *Hämoglobin*, fällt in diese Gruppe, genauso das gelbe *Karotin*.

Ein weiteres Beispiel betrifft den Farbstoff *Melanin*, der in Fellen und Federn vieler Tiere eingelagert ist. Beim Menschen bestimmen die Art und die Intensität von Melanin die Haut-, Haar- und Augenfarbe. Melanin dient auch zum Schutz gegen schädliche ultraviolette Strahlung, da diese vom Melanin sehr effektiv in Wärme umgewandelt wird. Im Alter wird immer weniger Melanin produziert, die Haare werden lichter bis weiß. Zusätzlich werden feine Luftbläschen ins Haar eingelagert, was einen silbrig-glänzenden Effekt ergibt.

Ab der zweiten Hälfte des 19. Jahrhunderts entwickelten Chemiker *synthetische Farbstoffe*. So wurden etwa aus Steinkohleteer Phenol und Anilin isoliert. Adolf von Bayer synthetisierte 1870 den Farbstoff Indigo, wobei zu Beginn der technisch hergestellte Farbstoff ähnlich teuer war wie der natürliche. 1876 erhielt Heinrich Caro das erste Farbstoffpatent für Methylenblau. Die Farbstoffchemie entwickelte sich in der Folge zu einem der umsatzstärksten Industriezweige.

Farbsysteme

Unter einem Farbsystem versteht man eine systematische Anordnung von Farben. Eine eindeutige Kennzeichnung eines Farbtons war in der Vergangenheit aus verschiedenen Gründen wünschenswert und wichtig: als Benennung von Malfarben, als Richtlinie für Druckfarben in Büchern und Zeitschriften, als Berechnungsgrundlage für Farbdarstellungen auf Bildschirmen und Druckern.

Bereits Aristoteles und Leonardo da Vinci haben Farbsysteme aufgestellt. Goethe maß seiner Farbenlehre mehr Bedeutung bei als seinen Dichtungen. Da für ihn subjektive Phänomene im Vordergrund standen, geriet er in Widerspruch zur Newtonschen Farbenlehre. Die Wichtigkeit des Themas kann daran erkannt werden, dass 1913 die Internationale Beleuchtungskommission (Commission Internationale de l'Éclairage, CIE) gegründet wurde, deren Hauptaufgaben Standardisierungen und weitere Entwicklungen von Farbsystemen sind. Derzeit gehören der CIE 40 Länder an, der Sitz ist in Wien.

Stellt man Menschen unterschiedlicher Kulturen die Aufgabe, alle möglichen Farben in eine selbstgewählte Reihenfolge zu ordnen, führt dies in den meisten Fällen zu einem sehr ähnlichen Resultat (Abb. 21.4).

Die Reihenfolge entspricht den Farben in einem Regenbogen und folgt auch der physikalischen Ordnung der Wellenlängen. Allerdings ist die physikalische Anordnung eine lineare, die an beiden Enden offen ist. Beim *Farbenkreis* wird jedoch zwischen Blau und Rot die Mischfarbe Purpur eingefügt und damit der Kreis geschlossen (Abb. 21.4).

Bezüglich der Farbenkreise stellte sich die Frage, wie Schwarz und Weiß einzuordnen sind. Der frühromantische Maler Philipp Otto Runge hatte einen intensiven Gedankenaustausch mit Johann Wolfgang von Goethe über

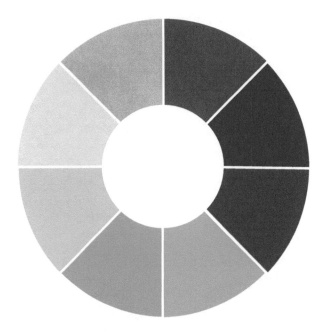

Abb. 21.4 Farbenkreis

ein harmonisches Farbordnungssystem. 1810 hat Runge den Farbenkreis zu einer *Farbkugel* erweitert, wobei er die Farben auf einem Globus angeordnet hat, an deren Nord- bzw. Südpol Weiß bzw. Schwarz liegen (Abb. 21.5a, b). Außerdem ist die gesamte Kugel mit Mischungen der Farben und Grauschattierungen gefüllt, wie man im Querschnitt durch die Äquatorebene (Abb. 21.5c) und durch den Längsschnitt durch die beiden Pole (Abb. 21.5d) erkennt.

Eine Bestimmung von Farben erfolgte meist durch Vergleich mit einer Farbtafel oder einem Farbatlas. Zu Beginn des 20. Jahrhunderts wurde die Internationale Beleuchtungskommission CIE beauftragt, eine *farbmetrische Normtafel* zu erstellen, die als Grundlage von Messungen dienen kann und damit einen objektiven Vergleich ermöglicht. Ausgehend von einem normal sehtüchtigen Betrachter wurden Funktionen festgelegt, wie die drei Sehzapfen des Auges auf Farbreize reagieren. Jeder Farbton entspricht drei Zahlen X, Y, Z (Tristimuluswerte), den Reaktionen der drei Zapfen. Diese Zahlen werden durch folgende Transformationen

$$x = \frac{X}{X+Y+Z}, \quad y = \frac{Y}{X+Y+Z}, \quad z = \frac{Z}{X+Y+Z}$$

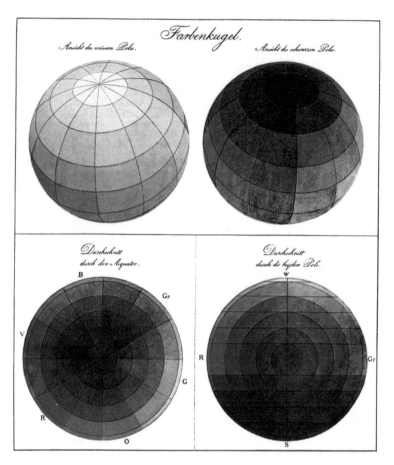

Abb. 21.5 Historische Darstellung der Farbenkugel von Philipp Otto Runge. **a** Blick auf den Nordpol, **b** Blick auf den Südpol, **c** Schnitt durch die Äquatorebene, **d** Schnitt durch die beiden Pole

auf Größen x, y, z normiert. Da $x + y + z = 1$ ist, lassen sich die Farben in zwei Dimensionen, z. B. x und y, darstellen. Abb. 21.6 zeigt das entsprechende Diagramm, wobei auf den Achsen die x- und y-Werte aufgetragen sind.

Die Spektralfarben des weißen Lichts befinden sich auf der gebogenen Außenkante der Fläche, einige Werte der entsprechenden Wellenlänge sind in Abb. 21.6 angeschrieben. Die schräge, geradlinige Basis ist die Purpurlinie, auf der Farben liegen, die im Regenbogen nicht vorkommen, wie etwa Magenta. Auf den Koordinaten $x = 0{,}33$ und $y = 0{,}33$ (und demensprechend $z = 0{,}33$) befindet sich der sogenannte Weißpunkt.

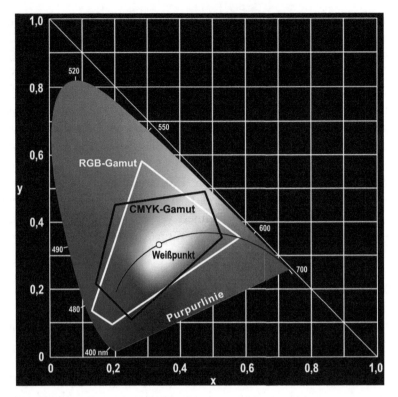

Abb. 21.6 Farbdiagramm des CIE-Systems

Ein Farbort wird im CIE-System durch drei Größen bestimmt: Der Farbton entspricht einem Punkt auf der Außenlinie der Figur. Die Sättigung ist durch den Abstand des Außenpunkts vom Weißpunkt gegeben. Zusätzlich gibt es die Größe Helligkeit, die senkrecht zu x und y aufgespannt ist, ähnlich dem Übergang von Weiß zu Schwarz in der Rungeschen Farbkugel (Abb. 21.5). Abb. 21.6 stellt also nur eine Schnittebene des dreidimensionalen Raums dar.

Durch Farbdruck und Bildschirme wurden zwei weitere Farbsysteme wichtig. Auf Bildschirmen, wie von PCs oder TV-Geräten, werden Farben durch die Überlagerung von drei Farben, Rot, Grün und Blau, erzeugt (*RGB-System*). In kleinen benachbarten Punkten werden diese drei Farben abgestrahlt, und in einiger Entfernung verschmelzen sie durch *additive Farbmischung* zu weiteren Farben. Die Addition aller drei Farben ergibt Weiß. Jede der drei Farben kann in 256 Stärken abgestrahlt werden, sodass damit auf einem Bildschirm 16,7 Mio. Farben erzeugt werden können. Die Gesamtheit dieser Farben (Gamut genannt) ist in Abb. 21.6 eingezeichnet.

Farbdrucke auf Papier beruhen auf *subtraktiver Farbmischung*. Grundlage ist der Farbeindruck, der durch Reflexion von Licht an einer Schicht entsteht, wobei ein Teil des Lichts in der Schicht absorbiert wurde. Bezüglich subjektiver Farbmischung sind Cyan, Gelb und Magenta (*CMY-System*, Y für „yellow") die Grundfarben. Genau genommen müsste eine Überlagerung der drei Farben Schwarz ergeben (alles wird absorbiert), das Schwarz gelingt bei Drucken allerdings nicht perfekt. Deshalb wird häufig noch Schwarz als zusätzlicher Anteil beigemischt (*CMYK-System*, K für „blacK" oder Schlüsselfarbe „Key"). Die Abstufungen werden meist in Prozentwerten, also Zahlen von 0 bis 100, angegeben. Die Farbtöne und auch der Farbbereich im RGB-und CMYK-System sind nicht identisch (Abb. 21.6). Darum muss umgerechnet werden, wenn ein Bildschirmbild (RGB) auf einem Farbdrucker (CMYK) ausgedruckt werden soll.

Farbkonstanz

Folgende zwei Beispiele sollen den Effekt der sogenannten Farbkonstanz illustrieren:

- Das uns umgebende Licht hat wegen der Streuung in der Atmosphäre zu Mittag einen stärkeren Blauanteil, am Morgen und am Abend eine Verschiebung ins Rötliche. Damit ergibt eine Farbmessung eines weißen Blatts Papier am Morgen mehr Rot- und zu Mittag mehr Blauanteile. Wir sehen und bezeichnen das Papier jedoch in beiden Fällen als reinweiß.
- In einem dunklen Keller befinden sich eine weiße Wand und schwarze Kohlestücke. Wenn man die Kohlestücke im Freien im Sonnenlicht betrachtet, sind sie immer noch schwarz, obwohl, objektiv gemessen, mehr Licht von der schwarzen Kohle im Freien reflektiert wird als von der weißen Wand im dunklen Keller. Die Kohle im Freien müsste also weißer sein als die Wand im Keller.

Farbkonstanz bedeutet also, dass wir die Farbe eines Gegenstands zum Teil unabhängig von der einfallenden Strahlung sehen. Dies hat seinen Sinn, weil der Gegenstand ja derselbe bleibt und damit auch seine Farbe. Es hat sich für unsere Vorfahren als sehr nützlich erwiesen, dass zum Beispiel eine reife Banane zu jeder Tageszeit als solche erkannt wird. Im Zuge der Evolution wurde die Farbkonstanz ein fester und wichtiger Bestandteil unseres Sehsystems.

Grundlage der Farbkonstanz ist, dass zur Bestimmung der Farb-
empfindung nicht nur die einfallende Strahlung eines Gegenstands verarbeitet, sondern dass die gesamte Umgebung mit einbezogen wird. Weisen
sämtliche Gegenstände einen Rotton auf, so wird dieser gleichmäßig reduziert. Letztendlich beruht unser wahrgenommener Farbeindruck also auf
dem empfangenen Farbsignal eines Gegenstands, das aber durch Vergleich
mit den Signalen seiner Umgebung noch korrigiert wurde.

Farbkonstanz kann auch zu farblichen Illusionen führen. In Abb. 21.7
erscheint das Braun des waagrechten Balkens auf der rechten Seite etwas
heller als auf der linken. Deckt man die beiden mittleren Streifen ab, verschwindet der Effekt.

Abb. 21.7 Farbillusion. Sind die beiden braunen Rechtecke gleich hell oder unterschiedlich?

22

Hopfen und Malz

„Jetzt reicht es mir. Ich kündige." Mit diesen Worten stürmt Herr Oskar an den Tischen vorbei. Nachdem er sich nach einiger Zeit etwas ruhiger wieder nähert, wird vor einer Bestellung nach der Ursache seines Zorns gefragt.

„Wissen Sie, was die Chefin will? Beziehungsweise was ihr eingeredet wurde?" Die darauffolgende Pause erwartet keine Antwort, sondern soll die Bedeutung der folgenden Aussage steigern. „Sie möchte, dass wir Bier vom Fass ausschenken!" Das etwas ratlose Erstaunen der Runde wird durch ein „Aber das ist doch nichts Schlimmes" des Prokuristen unterbrochen. Norberts Ergänzung „Ich würde mich auf ein Glas offenes Pils sehr freuen" bringt Herrn Oskar jedoch wieder in Rage.

„Ja, das mag schon stimmen, dass die Herren Gäste eine Freude hätten. Und die Chefin glaubt, dass damit mehr Umsatz erzielt wird. Aber nicht mit mir. Da spiele ich nicht mit. Wir sind ein Kaffeehaus und kein Gasthaus." „Ganz kann ich dem nicht folgen", meint Karla, „Sie schenken doch auch bereits jetzt Bier aus." „Ja, aber in Flaschen. Das ist etwas ganz anderes. Da brauche ich nur die Flasche zu öffnen und zu servieren." „Aber ein Glas Bier zu zapfen, kann doch nicht so schwierig sein?", meldet sich nun auch Frau Hofrat zu Wort. „Nicht schwierig meinen Sie?", fragt Herr Oskar mit erhobenen Augenbrauen. „Nicht schwierig?" Und nach einer weiteren Pause: „Ein Bier *richtig* zu zapfen, ist eine Kunst!"

© Springer-Verlag GmbH Deutschland, ein Teil von Springer Nature 2019
L. Mathelitsch, *Physikalische Melange*, https://doi.org/10.1007/978-3-662-59260-1_22

Nach diesem Credo herrscht fürs Erste einmal nachdenkliche Stille. Nachdem sich danach nicht nur die Damen, sondern auch einige Herren als Laien bezüglich des Bierzapfens deklarieren, ist Herr Oskar bereit, eine genauere Erklärung zu geben: „Ziel des Zapfens ist der Aufbau einer wunderschönen Schaumkrone, die zusätzlich für einige Zeit bestehen bleibt. Das muss gelernt sein. Außerdem müssen sowohl das Glas als auch die Reinigung davor passen. Zudem ist zu beachten, ob das Zapfen mit Gas unterstützt wird oder aus dem Fass erfolgt." „Ja, aber wenn Sie so genau darüber Bescheid wissen und das Zapfen anscheinend auch beherrschen, worin besteht dann der Grund Ihres Unmuts?", fragt der Prokurist.

Durch die Frage geschmeichelt erklärt Herr Oskar:

„Es bedarf nicht nur eines einzelnen Experten, sondern eines ganzen Umfelds. Wir Ober wechseln uns bei der Bereitstellung der Getränke ab. Um ein gleichbleibendes Niveau zu haben, müssen alle das Bierzapfen beherrschen. Weiters benötigt das Zapfen einige Zeit, die uns die Chefin schon jetzt nicht lässt. Außerdem sind Gäste kritisch – und dies mit Berechtigung. Bei einer Schaumkrone ist leicht zu erkennen, ob sie optimal ist oder nicht. Servieren Sie einmal acht Bier in gleicher Qualität, wenn sie allein hinter dem Schanktisch stehen. Wir werden nur Reklamationen haben, weil wir zu langsam sind, weil das Bier nicht richtig eingeschenkt ist, weil es zu warm oder zu kalt serviert wird und so weiter. Ich möchte mir nicht sagen lassen: ‚Mit Liebe gebraut, vom Wirt verhaut.' Nochmals: Wir sind ein Kaffeehaus und kein Bierhaus." Mit diesen Worten verschwindet Herr Oskar.

„Ich habe mir das Ausschenken von Bier leichter vorgestellt", meint Frau Hofrat. „Aber anscheinend will Herr Oskar auch diesbezüglich ein Perfektionist sein." „Ich kann mir nicht vorstellen, dass wegen eines offenen Biers so viel mehr Gäste kommen", meint der Prokurist. „Glaube ich auch nicht", stimmt Norbert zu. „Außer die Chefin entscheidet sich, mehrere interessante Biersorten anzubieten." „Gibt es außer lichtem und dunklem Bier noch weitere?" Mit dieser Frage zeigt Karla, dass sie keine Biertrinkerin ist. „Da gibt es sehr viele Variationen", klärt der Prokurist auf, „Pils, Starkbier, Ale, Weizenbier, Stout, Bock, Zwickel und noch viele mehr. Und dann natürlich die Variation bezüglich des Herkunftslandes oder von welcher Brauerei das Bier stammt."

„Bier gibt es schon seit der Frühzeit", beginnt Carmen wieder einmal einen ihrer historischen Einwürfe. „Bereits im 3. Jahrtausend vor Christus haben Ägypter und Babylonier Bier getrunken." „Ich habe mir gedacht, dass es schwierig ist, Bier herzustellen. Und die alten Völker haben dies bereits beherrscht?" Auf diese Frage des Prokuristen antwortet Carmen mit einem „Jein" und nachfolgender Erklärung: „Bierbrauen auf heutigem Niveau bedarf tatsächlich vieler Fertigkeiten. Aber in einfachster Form wird Getreide mit Wasser stehen gelassen, es beginnt zu gären, und nach einiger Zeit ergibt sich ein Getränk mit Alkohol. Der Geschmack dieses einfachen Gebräus mag vielleicht nicht sonderlich gut sein, aber durch alle möglichen Zutaten, etwa Honig, Gewürze, Beeren oder Kräuter, wurde es gaumenfreundlicher gestaltet".

„Heißt das, dass sich die Männer bereits seit Tausenden von Jahren in Gasthäusern dem Biersuff hingaben?" Carmen geht auch auf diese etwas drastische Äußerung der Frau Hofrat ein: „Nein. Bier war über Jahrtausende ein Volksgetränk, das sowohl Männer als auch Frauen und sogar Kinder getrunken haben." „Nun wollen Sie mich aber wieder einmal auf den Arm nehmen. Wenn es Wasser und Milch gibt, braucht man den Kindern kein Bier zu geben." „Doch. Weil Milch teuer und reines Wasser in größeren Ansiedlungen und Städten eine Mangelware war. Wasser war meist so verunreinigt, dass das Trinken gesundheitsschädlich war." „Und Bier?" „Nicht nur, dass es durch das Brauen annähernd frei von gefährlichen Keimen war, man konnte es sogar mit Wasser mischen. Der Alkohol und die natürlichen Säuren im Bier haben viele Erreger abgetötet. König Friedrich der Große hat gesagt, dass er höchstselbst in seiner Jugend mit Biersuppe großgezogen wurde. Aber man muss dazu auch sagen, dass das Bier einen sehr geringen Alkoholgehalt hatte."

„Außerdem sollte man ergänzen, dass Bier nahrhaft ist. Gerade in der armen Bevölkerung stellte der enthaltene Malzzucker dringend benötigte Energien bereit, es war eigentlich auch ein Nahrungsmittel." Auch diese Bemerkung des Professors quittiert Frau Hofrat mit einem eher ungläubigen

Gesichtsausdruck. „Hatten nicht auch die Seefahrer Alkohol an Bord?", fragt der Prokurist. „Ja, denn auf längeren Reisen blieben Bier und Wein länger genießbar als Wasser. Die Pilgerväter, die 1620 nach Amerika kamen, wollten eigentlich nach Virginia, wurden aber bereits weiter nördlich in Neuengland vom Kapitän an Land gesetzt, weil das Bier ausgegangen ist. An Land hatten sie sogar Bedenken, Wasser zu trinken, weil sie reines Wasser kaum kannten. Ich bin mir aber nicht sicher, ob sich die Geschichte wirklich so zugetragen hat", schließt Carmen.

„Apropos rein. Bezüglich Bier habe ich so etwas wie ein Reinheitsgebot im Kopf. Was ist denn das?" Diese Frage von Norbert kann Carmen wieder mit mehr Sicherheit beantworten: „Da meinen Sie die bayerische Landesordnung von 1516, in der festgesetzt wurde, dass Bier nur Gerste, Hopfen und Wasser enthalten darf." „Und warum diese Einschränkung?" „Dafür gibt es mehrere Gründe, wobei gesagt werden muss, dass es bereits in den Jahrhunderten davor mehr oder weniger strikte Gesetze zum Bierbrauen gab, auch solche, die Hopfen als Beigabe verboten." „Was waren nun die Gründe?", wird Frau Hofrat wieder ungeduldig. „Ein gewichtiger Punkt war, dass man Roggen und Weizen für das Bierbrauen verbot. Beides war wichtig für die Brotherstellung, und man wollte eine Knappheit und Verteuerung dieser Getreidearten und damit die Gefahr von Hungersnöten verhindern. Gerste eignet sich weniger gut für Brot." „Und andere Gründe?", Frau Hofrat ließ nicht locker. „Um schlechtes Bier zu ‚veredeln', haben sich Brauereien sehr eigenwillige Beimischungen einfallen lassen. Darunter waren Bilsenkraut, Tollkirsche, Muskat, Mohn, die alle psychoaktive Bestandteile enthalten. Ein dritter Grund war die Verhinderung eines Wettbewerbs. In Norddeutschland wurden legal Kräuter wie Gagel zugesetzt, die in Bayern nicht wuchsen. Darum wurde dort dieses Bier verboten. Man kann übrigens auch heute noch Gagelbier trinken."

„Bei uns am Land gab es vom Fass nur eine Art von Bier. Darum bestellte man auch nur ‚ein Bier', und es war nicht wie heute, wo der Kellner in einem Bierlokal eine ganze Liste aufzählt", erinnert sich Norbert. „Aber dunkles Bier gab es schon", meint der Prokurist. „Ja, aber nur in Flaschen. Auf dem Land haben wir gesagt, dass dies eigentlich nur für werdende und stillende Mütter ist." „Da sind wir wieder beim Nährwert von Bier. Stimmt es, dass ein Krügel Bier gleich viele Kalorien hat wie eine Semmel?" Diese Frage des Prokuristen geht wieder an den Professor. „Ich weiß, dass Bier einigen Energiewert aufweist, allerdings nicht, wie viel genau. Aber dort kommt Maurice aus der Küche, der sollte uns helfen können."

„Ja, wir in der Küche müssen über den Energiegehalt der Speisen einigermaßen Bescheid wissen. Und da ich auch viel mit Bier koche, weil es manchen Speisen einen interessanten Geschmack verleiht, kann ich euch helfen." „Also stimmt es oder stimmt es nicht – das mit der Semmel und dem Bier?" Auf diese direkte Frage von Frau Hofrat antwortet Maurice mit „Das kommt darauf an". Die schnippische Replik „Und worauf kommt es an?" von Frau Hofrat ist von der Runde nicht nur erwartet, sondern von Maurice sogar bewusst provoziert worden. „Wenn ich jetzt sage, auf die Semmel und auf das Bier, dann möchte ich Sie nicht ärgern, aber es ist tatsächlich so. Da der Energiegehalt von beiden sehr ähnlich ist, kommt es auf einige Unterschiede, besonders beim Bier, an." „Das müssen Sie uns aber jetzt doch genauer ausführen", ersucht der Prokurist.

„Bei Semmeln, genauer gesagt bei Kaisersemmeln, gibt es eine Gewichtsuntergrenze, sie dürfen nicht leichter sein als 46 g. Dies wird in Deutschland ziemlich genau befolgt, und die Brötchen, so heißen die Semmeln in vielen Gebieten Deutschlands, haben eine Masse von ungefähr 50 g. In Österreich ist man meist darüber, eine Semmel hat im Mittel so um die 60 g, manchmal sogar über 70 g. Bezüglich der Energie ergeben sich damit Werte zwischen 120 und 190 kcal. In der Küche werden noch die alten Einheiten Kilokalorien (kcal) verwendet, nicht die offiziellen Joule (J)", wendet sich Maurice entschuldigend an den Professor.

„Und wie sieht es mit dem Bier aus?" „Da ist die Bandbreite viel, viel größer. Wenn wir von einem durchschnittlichen Bier ausgehen, so kommen wir bei einem Seidel, das sind hier in Wien 300 ml, auf 125 kcal, bei einem

Krügel, also einem halben Liter, auf 210 kcal. Das entspricht also wirklich mehr oder weniger einer Semmel." „Jetzt müssen Sie uns aber noch sagen, was ein durchschnittliches Bier ist", verlangt der Prokurist. „Wie Sie wissen, gibt es sehr viele Biersorten, mit mehr oder weniger Gehalt von Alkohol und Zucker. Und dies spiegelt sich auch im Energiegehalt wider. Meine Zahlen bezogen sich auf ein Pils, das etwa 42 kcal pro 100 ml hat. Das kann bei Bockbieren aber auf bis zu 60 kcal und mehr gehen."

„Und was trägt mehr dazu bei, der Alkohol oder Kohlehydrate wie Stärke und Zucker?", möchte der Professor wissen. „Im Bier sind beide in etwa derselben Menge enthalten. Da der Energiegehalt von reinem Alkohol aber fast doppelt so hoch ist wie von Kohlehydraten, sind in einem halben Liter Bier etwa 60–80 kcal Kohlehydrate und 125–160 kcal Alkohol. Das erkennt man auch darin, dass alkoholfreies Bier weniger als die Hälfte des Energiegehalts aufweist als Bier von derselben Sorte mit Alkohol."

„Also kann man mit alkoholfreien Bier abnehmen?" „Ob man abnehmen kann, weiß ich nicht, aber zumindest nicht so viel zunehmen", lächelt Maurice. „Auch das Trinken eines Radlers hilft nicht." Auf den fragenden Blick von Karla erklärt Maurice: „Radler ist ein Gemisch von Bier und einem Fruchtgetränk. Ein halber Liter eines üblichen Fruchtsaftgetränks hat mit etwa 200 kcal jedoch ähnlich viel Energiegehalt wie Bier, sodass eine Mischung diesbezüglich überhaupt nichts verändert."

„Nun hätten wir das Rätsel des Bierbauchs damit auch gelöst", fügt Frau Hofrat hinzu. „Ja", meint Maurice, „aber es kommt noch etwas hinzu, weil es nicht nur der Energiegehalt des Biers ist. Der Hopfen im Bier ist zusätzlich appetitanregend, und darum bleibt es meist nicht nur beim Bier."

„Entschuldigt, ich bin erst später gekommen, weil mich mein Projekt immer mehr in Beschlag nimmt. Es war sehr interessant, was ich bisher gehört habe. Aber wie seid ihr auf das Thema gekommen?" Nachdem die Frage des Studenten beantwortet wird, meint er: „Vielleicht kann ich dann auch mein Lieblingsbier hier genießen." Auf die Nachfrage, welches sein Lieblingsbier sei, meint er: „Ein dunkles irisches Bier, wie etwa ein Guinness. Der Schaum ist so fein und cremig. Soweit ich weiß, wird hier Stickstoff beigemischt, und die Blasen bestehen nicht nur aus Kohlendioxid."

Herr Oskar hat die Diskussion bisher argwöhnisch beobachtet. Die letzte Aussage bringt das Fass aber wieder zum Überlaufen. „Bevor ich hier Stickstoff ausschenke, kündige ich wirklich. Ich bin und will Ober in einem Kaffeehaus sein und nicht in einem Gasthaus."

Bierbrauen

Bier herzustellen, bedarf einer genauen Abfolge sehr unterschiedlicher Prozesse. Dabei ergeben sich viele Möglichkeiten der Variation: die Wahl der Grundstoffe, die Art und Temperaturabfolge des Brauens, die Beigabe von Hefe, Hopfen und anderer Zusatzstoffe. Ein wichtiger Punkt ist auch die Beschaffenheit des Wassers und damit der Standort der Brauerei.

Grundstoff des Biers ist Getreide, also Weizen, Hafer, Reis, Hirse, am häufigsten jedoch Gerste. Im Gegensatz zum Wein, wo der für die Gärung notwendige Zucker bereits vorhanden ist, muss beim Bier die im Getreide enthaltene Stärke erst in Zucker umgewandelt werden. Diesen Prozess nennt man *Mälzen*.

Dabei wird Getreide unter Zugabe von Wasser zum Keimen gebracht. Der Prozess läuft in Keimkästen unter genauer Kontrolle von Lüftung und Temperatur ab. Es bauen sich Enzyme auf, die in einem späteren Schritt die Stärke, Polysaccharide, in kleinere Einheiten wie Zucker, also Mono- und Disaccharide, zerlegen. Nach etwa sechs Tagen wird die Keimung durch Erhitzen auf 85–100 °C gestoppt.

Das Malz wird sodann grob gemahlen (geschrotet) und in einem Verhältnis von etwa 3:1 bei einer Temperatur von 45 °C mit Wasser gemischt. Bei diesem *Maischen* wird sodann die Temperatur in Schritten auf 70 °C erhöht, und das Enzym Amylase spaltet die im Wasser gelöste Stärke in Malzzucker. Bei diesem Maischprozess, der 2–4 h dauert, ist die Qualität des Wassers sehr wichtig. Mit Iod als Indikator *(Iodprobe)* kann der Brauer ersehen, wie viel nicht verarbeitete Stärke in der Maische noch vorhanden ist und wann der Prozess gestoppt werden muss.

Danach werden die Feststoffe (Trebern) von der Flüssigkeit, der *Bierwürze*, getrennt. In Sudpfannen wird die Würze mit Hopfen versehen und bis zum Sieden gekocht. Hopfen gibt dem Bier den gewünschten erfrischenden Bitterton und auch eine bessere Haltbarkeit. Die hohe Temperatur bewirkt ein Ausscheiden von Enzymen und Eiweißen. Nachdem auch feste Hopfenbestandteile abgesondert sind, wird die Würze auf 5–20 °C abgekühlt und dann mit *Hefe* versehen. Die genaue Temperatur hängt mit der gewählten Hefesorte zusammen. Innerhalb von fünf bis acht Tagen wird in diesem *Gärprozess* der Malzzucker zu Alkohol und Kohlenstoffdioxid umgewandelt.

Dieses Jungbier wird meist in *Lagertank*s noch einige Wochen bis Monate unter Druck nachgegoren. Dabei wird der restliche Zucker verarbeitet, das Kohlenstoffdioxid verbleibt im Bier. Nach einer Filterung wird das Bier in Flaschen oder Fässer abgefüllt. Da ein wichtiger Bitterstoff (iso-α-Lupilinsäure) lichtempfindlich ist, wird Bier meist in gefärbten Glasflaschen abgefüllt.

Bis es letztlich zur Gärung, der Umwandlung in Alkohol, kommt, geht also ein mehrstufiger Prozess voraus, der bei der Weingewinnung fehlt. Auch bei der *Whiskey*-Erzeugung aus Getreide müssen diese Stufen durchlaufen werden, ehe es zur Destillation kommt. Whiskey herzustellen, ist damit viel komplexer und arbeitsintensiver, als etwa Schnaps aus Obst zu brennen.

Bierstiefel und Biervulkan

Es ist nicht verwunderlich, dass in geselligen Runden mit Bier auch Schabernack getrieben wird. Ein Streich hat wahrlich historische Wurzeln, denn bereits die Kelten tranken Bier aus Stiefeln. Dies setzte sich fort, und man kann auch heute noch Biergläser in Stiefelform finden (Abb. 22.1). Unkundigen wird erklärt, dass man dabei das Bier so trinken muss, dass die Stiefelspitze nach oben zeigt.

Abb. 22.1 Bierstiefel

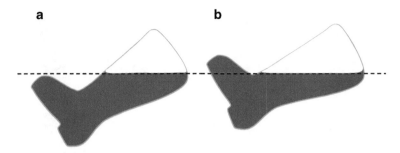

Abb. 22.2 Phasen des ungefährlichen Trinkens aus einem Stiefel

Solange sich der Mund beim Trinken höher als die Stiefelspitze befindet, kann man problemlos trinken (Abb. 22.2a). Selbst wenn die Stiefelspitze über die Höhe des Mundes steigt, herrscht fürs erste noch keine Gefahr (Abb. 22.2b). Der äußere Luftdruck hebt das Bier in die Höhe, da in der Stiefelspitze kein entsprechender Gegendruck herrscht. Diese Wirkung des Luftdrucks wurde von Otto von Guericke bereits im 17. Jahrhundert erkannt und mittels der Halbkugeln, aus denen Luft gesaugt worden ist, gezeigt. Der Luftdruck kann eine Wassersäule 10 m hochheben, Quecksilber 76 cm.

Wenn jedoch der Flüssigkeitsstand unter den Knick vor der Stiefelspitze sinkt, kann Luft in die Spitze strömen. Da innen und außen dann derselbe Druck herrscht, fließt das Bier rasch von der Spitze ab und erzeugt eine Welle weg von der Spitze. Meist kann dieser Schwall nicht vom Mund aufgenommen werden, sondern ergießt sich über Gesicht und Kleidung.

Auch das Resultat des nächsten „Experiments" ist eine nasse Angelegenheit und sollte eher im Freien ausgeführt werden. Schlägt man mit einem harten Gegenstand von oben auf den Hals einer geöffneten, aber vollen Bierflasche, so ergießt sich aus der Flasche ein wahrer Biervulkan. Als schlagender Gegenstand bietet sich die Unterseite einer anderen Bierflasche an.

Dieser Ulk ist weltweit bekannt und wird im Englischen *beer tapping* genannt. Zwei Wissenschaftler der Universitäten Madrid und Paris fanden ihn für interessant genug, um genauer hinzusehen. Tatsächlich bedurfte es einiger experimenteller Techniken, wie Laser, Unterwassermikrofon und Hochgeschwindigkeitsfotografie, um die verschiedenen Stufen des Prozesses sichtbar zu machen und erklären zu können.

Wird von oben auf die Bierflasche geschlagen, breitet sich der Überdruck als Kompressionswelle entlang des Glases nach unten aus (Abb. 22.3a). Die Unterseite der Flasche überträgt die Bewegung auf das Bier, und in der Folge bewegt sich eine Welle verminderten Drucks nach oben (Expansionswelle).

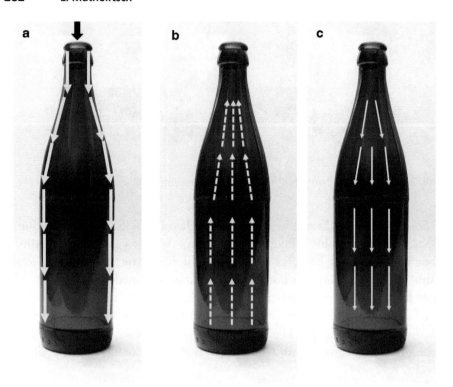

Abb. 22.3 Druckwellen in einer Bierflasche. **a** Kompressionswelle im Glas nach unten. **b** Expansionswelle nach oben. **c** Kompressionswelle nach unten

An der Oberfläche des Biers wird sie reflektiert, eine Druckwelle geht wieder nach unten, und der Prozess wiederholt sich mehrmals, allerdings mit stark sinkender Intensität.

Die Druckschwankungen bewirken, dass sich die im Bier befindlichen Gasbläschen aus Kohlenstoffdioxid (CO_2) vergrößern und verkleinern. Da dies in 1 ms mehrfach vor sich geht, werden die Blasen instabil und zerplatzen letztendlich in viele kleinste Bläschen. Eine Blase kann sich dabei in 1 Mio. kleinere Bläschen umwandeln. Wenn man annimmt, dass das Gasvolumen insgesamt gleichbleibt, ist das Volumen eines kleinen Bläschens nur ein Millionstel des Volumens eines großen.

Der Radius einer Kugel hängt über die dritte Wurzel mit ihrem Volumen zusammen, sodass der Radius eines kleinen Bläschens ein Hundertstel des Radius einer großen ist. Wenn der Radius um ein Hundertstel kleiner ist, so ist die Oberfläche eines kleinen Bläschens um einen Faktor 10.000 kleiner. 1 Mio. kleine Bläschen haben aber wiederum in Summe eine Oberfläche, die um einen Faktor 100 größer ist als die der ursprünglichen Blase. Durch diese insgesamt größere Oberfläche kann damit rascher CO_2 aufgenommen werden als von einer einzelnen Blase. Allerdings erschöpft sich der Prozess, weil das CO_2 in der Umgebung der Bläschen aufgebraucht wird.

Doch nun kommt der letzte physikalische Prozess zum Tragen. Aufgrund des Auftriebs bewegen sich die kleinen Bläschen in einer pilzförmigen Formation nach oben. Diese Pilzform hat einen geringeren Widerstand, als ihn die einzelnen Bläschen hätten, und steigt damit schneller und gelangt rascher in Bereiche, die CO_2-reich sind. Das zusätzlich aufgenommene Gas bewirkt wiederum einen stärkeren Auftrieb, sodass immer größere Bläschen schneller nach oben strömen. Da viele Blasen in die pilzförmigen Bläschenansammlungen zerstäuben, ergibt sich letztlich eine immense Schaumentwicklung, sodass durch den dünnen Flaschenhals eine Bierfontäne ins Freie schießt.

Bierbläschen, die nach unten schweben

Bei einem frisch gezapften Guinness kann man beobachten, dass Bläschen nicht nach oben steigen, sondern langsam nach unten sinken. Dies ist erstaunlich, weil das Gas leichter als die Flüssigkeit ist und sich damit die Gasblasen nach oben bewegen sollten. Die Erklärung dafür ergibt sich aus mehreren Komponenten.

Fürs Erste ist in Guinness und anderen Stout-Bieren nicht nur Kohlenstoffdioxid, sondern auch Stickstoff (N_2) gelöst. CO_2 ist aus dem Gärungsprozess noch im Bier enthalten, N_2 muss hinzugefügt werden. Die Gründe dafür sind mehrfach: N_2 reagiert weniger sauer in der Flüssigkeit als CO_2, was einen milderen Geschmack ergibt. Stickstoff ist schlechter löslich, darum ergeben sich kleinere Bläschen; der Schaum bleibt länger erhalten und fühlt sich cremiger an.

Schwierig ist allerdings die Bildung einer schönen Krone: Bei offenem Ausschank muss deshalb das Bier mit hohem Druck durch eine dünne Öffnung gepresst werden, um Schaum zu erzeugen. Flaschen und Dosen enthalten einen kleinen Gegenstand, Widget genannt. Bei Dosen ist dieser in Gestalt eines Balls, bei Flaschen länglich. Im Widget befindet sich Stickstoff, der unter gleichem Überdruck steht wie die geschlossene Dose oder Flasche. Wird diese geöffnet, sinkt der Außendruck, der höhere Druck im Widget bewirkt, dass der Stickstoff durch eine kleine Öffnung ausströmt und sich viele kleine Bläschen bilden.

a   b   c

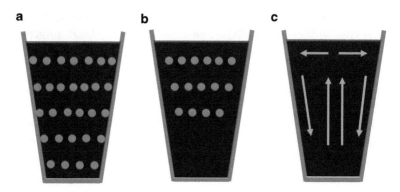

Abb. 22.4 Bildung einer Zirkulation in einem Bierglas

Kleinere Bläschen haben einen geringeren Auftrieb. Dieser ist sogar so klein, dass er einer Abwärtsströmung des Biers wenig entgegenwirken kann: Die Bläschen werden mit der Strömung mit nach unten bewegt. Dass sich in einem Bierglas eine Zirkulationsströmung ausbilden kann, hängt mit der Form des Glases zusammen (Abb. 22.4).

Im gesamten Glas steigen die feinen Bläschen nach oben (Abb. 22.4a). In einem sich nach oben erweiternden Glas, wie es für ein Guinness typisch ist, entfernen sich die Bläschen durch die senkrechte Aufwärtsbewegung von der Wand (Abb. 22.4b). Die Aufwärtsströmung ist damit in der Mitte stärker als am Rand, sodass sich letztlich ein steter Kreislauf ausbildet (Abb. 22.4c).

Füllt man ein Pils in ein solches Glas, kann sich genauso eine Zirkulation einstellen. Die größeren CO_2-Bläschen haben jedoch einen so starken Auftrieb, dass die Aufwärtsbewegung der Bläschen aufgrund des Auftriebs schneller ist als die Abwärtsbewegung der Flüssigkeit.

Unwürdiger exponentieller Bierschaum

2002 erhielt der Münchner Physiker Arnd Leike den Ig-Nobelpreis. Der Name ist ein Spiel mit den Wörtern „Nobel" und dem englischen *ignoble* („unwürdig"). Ig ist eine Art Anti-Nobelpreis, der von den Herausgebern der Zeitschrift *Annals of Improbable Research* initiiert wurde und an der Harvard-Universität vergeben wird. Damit werden Forschungen ausgezeichnet, die zum einen „nicht reproduziert werden sollen" und zum anderen „die Leute zuerst zum Lachen und dann zum Nachdenken bringen".

Leike hat den Preis für seine sorgfältigen Experimente mit drei verschiedenen Weißbiersorten erhalten. Er konnte damit zeigen, dass die Abnahme der Höhe h der Schaumkrone durch eine Exponentialfunktion (Kap. 1) beschrieben werden kann:

$$h(t) = h_0 \cdot e^{-\frac{t}{\tau}}$$

h_0 ist die Höhe der Schaumkrone zu Beginn ($t = 0$) und τ eine Zeitkonstante, die von der Biersorte abhängt.

Versuche, diese Gesetzmäßigkeit nachzuvollziehen (trotz der anderweitigen Empfehlung des Ig-Preiskomitees), zeigen, dass die Messung der jeweiligen Höhe der Schaumkrone diffizil ist und die Daten daher große Fehlergrenzen aufweisen. Darum haben andere Forschungsgruppen Messgrößen gewählt, die besser in den Griff zu bekommen sind. Britische und mexikanische Wissenschaftler haben die Masse der Flüssigkeit bestimmt, die sich durch den Zerfall des Schaums bildet. Eine deutsche Gruppe erzeugte sehr feinporigen Schaum, wobei eine Bestrahlung mit Ultraschall das gelöste CO_2 zur Blasenbildung anregte. Gemessen wurde wiederum die abfließende Flüssigkeitsmenge. Beide Gruppen konnten ihre Daten nicht durch eine einfache Formel wie die von Leike wiedergeben. Sie benötigten zwei Exponentialfunktionen und interpretierten dies als Hinweis auf einen zweistufigen Prozess, eine Umordnung der Schaumstruktur (Kap. 17).

Die Didaktikerin Heike Theyßen stellte auch die grundlegende Theorie, die hinter einem Exponentialgesetz (Kap. 1) steht, infrage. Dabei wird analog zum radioaktiven Zerfall argumentiert, dass die Anzahl der pro Zeiteinheit zerfallenden Blasen proportional der Anzahl der noch existierenden Blasen sei bzw. dass alle Blasen mit gleicher Wahrscheinlichkeit platzen. Aber Bierschaum ist nichts Homogenes – warum sollten alle Bläschen, ob weiter oben oder unten, mit gleicher Wahrscheinlichkeit zerfallen, warum sollte jede Blase gleich viel Flüssigkeit erzeugen? Aus einer theoretischen Modellierung leitete Theyßen ein anderes Zerfallsgesetz ab:

$$h(t) = \frac{h_0}{t - t_0}$$

Dass diese Funktion die Daten von Leike ähnlich gut wiedergibt, bezeichnet Theyßen aber eher als zufällig denn beweisführend. Es gibt damit Raum für weitere Studien, die höchstwahrscheinlich aber nicht mehr Ig-preiswürdig sein werden.

„Es gibt ja viele verschiedene Edelsteine. Kann mir wer sagen, was das Besondere an einem Diamanten ist? Weil er so selten ist? So wie bei den Briefmarken, die auch nur dann wertvoll sind, wenn es kaum mehr welche davon gibt?" „Nein. Beim Diamanten sind schon andere Eigenschaften bemerkenswert", geht der Professor auf Norberts Fragen ein. „Die hervorstechendste ist wohl die Härte. Diamanten sind härter als alle anderen Edelsteine."

„Darf ich was Historisches einbringen?" Carmen sitzt wieder ganz eng beim Studenten, was inzwischen auch von Frau Hofrat akzeptiert wird. „Der Name kommt aus dem Griechischen und bedeutet ‚unbezwingbar'. Die Härte hat also schon damals imponiert. Übrigens wurden die ersten Diamanten in Indien gefunden, und Indien und Indonesien waren über viele Jahre Hauptlieferanten für Diamanten. Man maß ihnen magische Kräfte zu, und sie wurden auch als Talismane verwendet. Aufgrund der Härte und um die magischen Kräfte nicht zu zerstören, wurden sie auch nicht bearbeitet."

„Ich kenne Diamanten nur als Schmuck. Da sind sie aber bearbeitet, oder?" Auf diese Frage Karlas antwortet wiederum Carmen: „Ja, in alter Zeit eher poliert als geschliffen. Aber ab dem Mittelalter konnte man Diamanten auch eine neue Gestalt geben, sodass sie die gewünschte Grundlage für Schmucksteine ergaben. Der besondere Brillantschliff wurde allerdings erst Anfang des 20. Jahrhunderts, also relativ spät, entwickelt."

„Wenn der Diamant so hart ist, wie kann man ihn denn dann überhaupt bearbeiten?" „Das ist eine berechtigte Frage", stimmt der Professor Frau Hofrat zu. „Fürs Erste muss man wissen, dass der Diamant eine innere Kristallstruktur hat. An den Oberflächen dieser Struktur, sogenannten Spaltebenen, lassen sich Teile relativ leicht abschlagen, und es entstehen glatte Flächen. Im Prinzip werden Diamanten aber mit anderen Diamanten bearbeitet." „Was soll das wieder heißen? Wird da einer auf Kosten der anderen kaputt gemacht?" Frau Hofrat hat anscheinend Mitgefühl für den unterlegenen Diamanten.

„Nein. Es werden Diamantsplitter verwendet, die auf einer Drehscheibe aufgebracht sind. Die Technik, mit Diamantstaub andere Materialien zu schleifen, ist bereits seit Jahrhunderten bekannt. Man hat z. B. Diamantstaub auf Fäden geklebt und damit Edelsteine geschnitten. Aber erst vor einigen Jahren haben Wissenschaftler des Fraunhofer Instituts in Freiburg den genauen Mechanismus gefunden, warum Diamanten auf diese Art und Weise bearbeitet werden können. Wenn sich die Diamantsplitter schnell an der Oberfläche reiben, bildet sich darauf eine andersartige, weichere Phase des Kohlenstoffs. Außerdem sind die Kohlenstoffatome an der Grenze gegen die

Luft weniger stark gebunden als im Inneren. Darum lässt sich die Oberfläche Schicht für Schicht abtragen. Dieser Effekt ist auch nicht in allen Richtungen gleich stark ausgeprägt.“

„Ich habe vor vielen Jahren wunderschöne Brillantohrringe geerbt.“ Ein leises „Gut für Sie“ Norberts überhört Frau Hofrat, um fortzusetzen: „Leider ist mir nach einiger Zeit ein Stein herausgefallen. Ein Juwelier hat ihn mir ohne Probleme wieder eingefügt. Aber mich hat gewundert, dass ein großer Teil des Brillanten in der Fassung versteckt und nur der kleinere Teil sichtbar war. Ist das nicht eine Verschwendung, oder soll es zu einer besseren Halterung verhelfen? Obwohl er bei mir trotzdem rausgefallen ist.“

„Weder Verschwendung noch Stabilität, gnädige Frau“, antwortet der Professor. „Dieser pyramidenartige Fuß dient zur Leuchtkraft des Brillanten.“ „Das müssen Sie uns aber genauer erklären.“ Nicht nur der Prokurist ist über diese Aussage des Professors überrascht.

„Das Feuer eines Diamanten ist durch die Menge des Lichts gegeben, das von ihm ausgeht. Fällt Licht auf den Brillanten, so wird ein Teil aufgenommen, ein Teil reflektiert. Die Leuchtkraft ist umso größer, je höher der Anteil des reflektierten Lichts ist. Einfallendes Licht kann an der Vorderseite des Brillanten reflektiert werden, aber auch an der Rückseite, der sich in der Fassung befindet. Dabei ist dieser konusartige Teil bewusst so geschliffen, dass möglichst viel Licht wieder zurückgeworfen wird. Eine ebene Rückseite würde mehr Licht durchlassen.“

„Ich habe einmal von den großen vier C eines Brillanten gehört", erinnert sich der Prokurist. „Können Sie mir sagen, was damit gemeint ist?" Auch diese Frage ist an den Professor gerichtet, der vorerst mit der Bestellung eines weiteren Glases Rotwein reagiert. Diese Bestellung wird von Frau Hofrat vorerst leise mit „So genau wollen wir es auch wieder nicht wissen" kommentiert. „Die vier C sind aus dem Englischen entnommen: Carat, Color, Clarity, Cut. Über Cut, den Schliff, haben wir bereits gesprochen. Clarity bedeutet die Reinheit eines Steins. Während der Bildung kommt es immer wieder zu Einlagerungen fremder Atome, die den Diamanten lichtundurchlässiger machen. Je weniger Fremdatome, desto klarer und damit teurer ist der Stein."

„Color bedeutet wohl Farbe. Aber ein Diamant ist ja farblos. Was soll dann diese Angabe?" Diese Frage Norberts beantwortet der Professor mit einer Gegenfrage: „Haben Sie noch nie gesehen, wie ein Diamant in verschiedenen Farben sprühen kann, wenn man ihn im Licht dreht? Das ist mit Color gemeint." „Und wie kommen die Farben zustande?" „Fällt Sonnenlicht auf einen Glaskörper, so kann man manchmal eine Aufspaltung in die Regenbogenfarben sehen. Dies hängt damit zusammen, dass sich Licht verschiedener Wellenlänge unterschiedlich schnell im Glas ausbreitet. Diese Aufspaltung ist im dichten Kohlenstoffverband eines Diamanten noch stärker ausgeprägt. Auch darum ist ein Diamant als Schmuckstein begehrter als ein Stück geschliffenes Glas."

„Jetzt fehlt nur mehr das vierte C, Carat. Da kann ich aber wieder eine historische Bemerkung einbringen." Nach einem aufmunternden Nicken fährt Carmen fort. „Der Name stammt aus dem Arabischen und bezeichnet einen Johannisbrotbaum." „Was hat dieser komische Baum, von dem ich noch nie gehört habe, mit Diamanten zu tun?" Frau Hofrat verabscheut Umwege. „Die Früchte des Baums kennen Sie sicherlich, Frau Hofrat. Sie sind bei uns als Bockshörndl bekannt. Die Samenkörner davon sind erstaunlich ebenmäßig und haben alle eine Masse von ziemlich genau 200 mg. Diese Kerne wurden deshalb im arabischen Raum als Maßangabe für Gold und Diamanten verwendet. Ein Karat ist festgesetzt als 0,2 g."

Bockshörndl

„Wird Ihr Diamant auch geschliffen?" „Dafür wird er, fürchte ich, wohl zu klein ausfallen", meint Frau Hofrat. „Aber eine Besonderheit hat er sicherlich", wirft Renée ein. Auf die fragenden Blicke klärt sie auf: „Die berühmten Diamanten tragen alle einen Namen. Dieser wird der erste Diamant mit dem Namen ‚Frau Hofrat' sein."

Die verschiedenen Facetten eines Diamanten

Struktur

Ein reiner Diamant besteht nur aus Kohlenstoffatomen. Jedes Atom ist mit vier weiteren Kohlenstoffatomen verbunden, wobei jedes Atom ein Elektron zu einem gemeinsamen Elektronenpaar beiträgt. Eine solche Bindung nennt man homöopolare oder kovalente Bindung bzw. Elektronenpaarbindung. Die Atome bilden eine Tetraederform (Abb. 23.1) mit einem Winkel von 109,5° zwischen zwei Bindungen. Der Abstand zwischen zwei Atomen beträgt $1{,}5445 \cdot 10^{-10}$ m bzw. $0{,}15445$ nm.

Dichte

Die Dichte eines Diamanten liegt bei $3{,}52$ g/cm^3. Braune Diamanten aus Brasilien können aufgrund der Einschlüsse auch einen Wert von $3{,}6$ g/cm^3 erreichen.

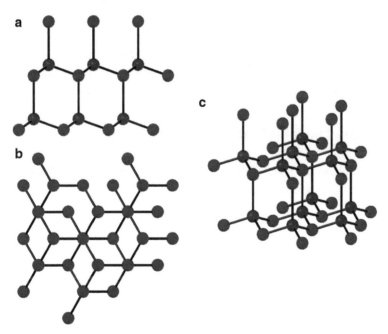

Abb. 23.1 Struktur eines Diamantgitters. Um die Tetraederstruktur besser erkennen zu können, sind einige Kohlenstoffatome anders gefärbt. Das Gitter ist von vorne (**a**), von oben (**b**) und von der Seite (**c**) gezeigt. Die schwarzen Verbindungslinien entsprechen einem gemeinsamen Elektronenpaar, das die Bindung aufbaut

Härte

Die Spitze eines härteren Steins kann eine Fläche eines weicheren anritzen. Dadurch ergibt sich eine Rangordnung der Härte, die sich in der Mohsschen Härteskala widerspiegelt. Opale haben eine Härte von 5,5–6, Quarz 7, Smaragd 7,5, Topas 9, Korund 9 und Diamant 10. Darum werden Diamanten auch zur Bearbeitung anderer Materialien verwendet, indem Diamantsplitter oder -staub auf die Oberfläche von hochwertigen Schleif- und Bohrwerkzeugen aufgebracht wird.

Elastizität

Ein Diamant ist sehr elastisch und springt von einer harten Oberfläche ab wie ein Ball.

Wärmeleitfähigkeit

Die größte Wärmeleitfähigkeit von allen Edelsteinen bewirkt, dass sich ein Diamant immer kalt anfühlt. Er leitet die Wärme des Fingers rascher ab als andere Steine. Die Wärmeleitfähigkeit eines Diamanten ist zehnmal besser als die von Aluminium. Deshalb werden neuerdings Diamantschichten auch als Wärmeableitungen von Halbleiterelementen eingesetzt.

Elektrische Leitfähigkeit

Ein reiner Diamant leitet elektrischen Strom nicht, weil alle Elektronen in den Elektronenpaarbindungen fest verankert sind.

Farbe

Ein reiner Diamant ist farblos durchscheinend. Geringe Einschlüsse von Fremdatomen (etwa 0,2 %) können dem Diamanten jedoch eine intensive Farbe verleihen: Boratome führen zu einer Blaufärbung, die Einlagerung von Stickstoffatomen färbt den Diamanten gelb. Kristalline Verunreinigungen können rötlich braune Farben hervorrufen. Eine grüne Farbe ergibt sich aus Störungen der Kristallstruktur, resultierend aus radioaktiver Strahlung der Umwelt. Eine seltene Form ist der schwarze Diamant. Die dunkle Farbe beruht auf Einlagerungen von hauptsächlich Graphit.

Feuer

Der Diamant hat den höchsten Brechungsindex aller durchsichtigen Natursteine. Ein einfallender Strahl wird also am stärksten von seiner ursprünglichen Bahn abgelenkt. Das Feuer eines Edelsteins wird angegeben als Unterschied der Brechungsindizes für rotes und violettes Licht. Dieser sogenannte Streuungskoeffizient hat beim Diamanten aus der Differenz von 2,408 (rot) und 2,452 (violett) den Wert 0,044.

Größe

Die Größe eines Diamanten wird meist über seine Masse in Karat (0,2 g) bestimmt. Dabei muss man unterschieden zwischen einem Rohdiamanten und einem geschliffenen. Der bislang größte Rohdiamant ist der *Carbonado do Sérgio* mit 3167 Karat, der 1895 in Brasilien gefunden wurde. Die Masse dieses Stücks beträgt mehr als ein halbes Kilogramm und die Größe etwa die eines Tennisballs. Der bekanntere ist jedoch der *Cullinan* (3106 Karat), der 1905 in Südafrika geborgen wurde. Er wurde in 105 Steine aufgespalten; die neun größten sind in den britischen Kronjuwelen eingearbeitet. Der 1980 im Kongo gefundene *Incomparable* wog in Rohform 890 Karat und hat in geschliffener Form immer noch 408 Karat.

Von der Asche zum Diamanten

Abb. 23.2 zeigt, dass der Graphit die Niederdruckphase bzw. der Diamant die Hochdruckphase des reinen Kohlenstoffs ist. Dementsprechend kann Graphit durch Variation von Druck und Temperatur in Diamant umgewandelt werden und umgekehrt.

Bereits 1694 konnten die Italiener Guiseppe Averani und Cipriano Targioni zeigen, dass man einen Diamanten verbrennen kann. Sie richteten den Strahl eines Brennglases auf den Stein und konnten ihn damit zum Verschwinden bringen, weil er bei einer Temperatur von mindestens 800 °C zu Kohlenstoffdioxid verbrennt. Dass ein Diamant aus reinem Kohlenstoff besteht, wurde aber erst zu Beginn des 19. Jahrhunderts vom Engländer Humphry Davy bewiesen.

Der industrielle Prozess der Diamanterzeugung erfolgt in HPHT-Pressen. HPHT steht für High Pressure High Temperature. Darin wird Graphit in einer Wachstumszelle einem Druck von rund $6 \cdot 10^9$ Pa (der 60.000-fache

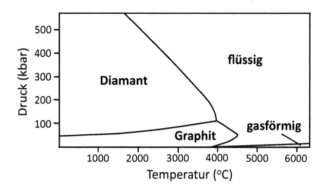

Abb. 23.2 Phasen des Kohlenstoffs in Abhängigkeit von Druck und Temperatur

äußere Luftdruck) und einer Temperatur von 1400–2000 °C ausgesetzt. Metalle, z. B. Nickel, werden als Katalysatoren eingesetzt: Das geschmolzene Metall löst Kohlenstoffatome aus dem Graphit, die sich zuerst an einem Kristallisationskeim und dann am Diamanten anlagern. Das Kristallwachstum geht relativ langsam vor sich (Stunden bis Wochen); die Größe des entstehenden Diamanten hängt von der Dauer des Prozesses ab.

Der menschliche Körper besteht aus knapp 30 % Kohlenstoff bzw. Kohlenstoffverbindungen. Bei der Kremation geht jedoch der meiste Kohlenstoff in CO_2 über, und die Asche enthält lediglich etwa 1–2 % Kohlenstoff. Dieser kann durch mehrstufige chemische Prozesse aus der Asche extrahiert werden. Durch Erhitzen im Vakuum auf 2500–2700 °C wird der amorphe Kohlenstoff in Graphit umgewandelt. Dieser wird dann in der Wachstumszelle der HPHT-Presse zu dem gewünschten Diamanten umgewandelt. Dieser Rohdiamant hat gleichmäßige Oberflächen und kann wie ein Naturdiamant verarbeitet werden.

Brillant

Feuer und Brillanz eines Edelsteins werden durch unterschiedliche natürliche und künstlich geschaffene Eigenschaften bestimmt. Beim Diamant gehören zu den natürlichen die sehr große Brechzahl von 2,4, die eine Totalreflexion erleichtert, und der damit verbundene hohe Streuungskoeffizient, der zum Farbenspiel führt. Je mehr Licht dem Auge des Beobachters zugeleitet wird, desto höher ist die Brillanz, die in eine äußere (Spiegelungen an der Oberfläche) und eine innere (Reflexion und Totalreflexion an den Innenflächen) unterteilt werden kann.

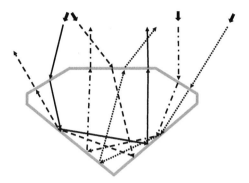

Abb. 23.3 Totalreflexionen in einem Brillanten

Bevor ein Diamant in eine Gold- oder Silberfassung eingepasst wird, ist ein mehrstufiger Arbeitsprozess absolviert worden. Viele Diamantkristalle sind im Rohzustand würfel- oder oktaederförmig. Der Rohdiamant kann durch *Spalten* oder *Zersägen* in Stücke geteilt werden. Das anschließende *Reiben* mit einem anderen minderwertigen Diamanten rundet die Kanten ab und bringt den Diamanten bereits in die ungefähre Form. Durch das *Schleifen* werden die ebenen Oberflächen bzw. Facetten des Brillanten gebildet. Diamantstaub ist dafür auf einer Stahlplatte geklebt, die mit etwa 3000 bis 4000 Umdrehungen pro Minute rotiert. Das abschließende *Polieren* erfolgt ähnlich wie das Schleifen, nur mit weniger hartem Schleifmittel.

Für Diamanten und auch andere Edelsteine haben sich in der Geschichte verschiedene Schliffformen entwickelt. Ein wichtiger Bestandteil bei vielen ist der pyramidenförmige Konus auf der Rückseite, der in die Fassung eingepasst wird (Abb. 23.3). Die Winkel der Flächen dieses Konus sind so gestaltet, dass aus verschiedenen Winkeln einfallendes Licht durch mehrmalige Reflexion wieder durch die sichtbare Oberfläche des Brillanten ausgesandt wird.

Aus diesem Grund sieht man auch nicht „auf den Grund" eines Brillanten, also wie der Stein in die Fassung eingepasst ist. Die Rückseite eines geschliffenen Steins erscheint deshalb dunkel.

In Abb. 23.4 sind verschieden Schliffe in Aufsicht und Seitensicht abgebildet.

Antik (Abb. 23.4a) ist eine Vorform des Brillantschliffs (Abb. 23.4b). Dieser wurde 1919 von dem belgischen Mathematiker Marcel Tolkowsky kreiert und stellt heute den Standard dar. Die 58 Facetten teilen sich auf

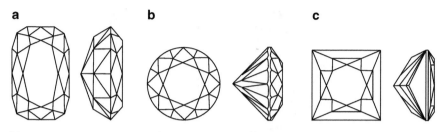

Abb. 23.4 Verschiedene Schliffe für Diamanten. **a** Antik, **b** Brillant, **c** Princess

33 Facetten für die Krone und 25 für den sogenannten Pavillon auf. Der Prinzess-Schliff (Abb. 23.4c) ist nach dem Brillanten der zweitbeliebteste. Er zeigt von allen rechteckigen Formen das meiste Feuer.

24

Schnee und Eis

„Was ist Ihnen denn passiert?" Erschrocken blickt Karla zu Norbert, der sich mühsam zu einem Tisch schleppt. „Und ohne Hut?", rufen der Prokurist und Renée gleichzeitig. Ohne seine traditionelle Kopfbedeckung ist Norbert noch nie aufgetaucht. Nachdem er sich unter Zuhilfenahme beider Hände langsam auf einen Stuhl niedergelassen hat, ächzt Norbert: „Ich bin auf dem Eis ausgerutscht. Es hat mir einfach die Beine weggerissen, und schon bin ich auf dem Gehsteig gelegen. Ich konnte nicht einmal eine Abwehr-bewegung machen." „Haben Sie sich was gebrochen?", ist Karla besorgt. „Nein, glaube ich nicht. Aber beim Sturz ist mein Hut runtergefallen und auf die Straße gerollt. Bevor ich mich aufrappeln konnte, ist die Straßen-bahn gekommen und mit den Rädern über meinen Hut gefahren. Er ist völlig ruiniert." Herr Oskar hat Norbert ohne Bestellung ein Glas Schnaps hingestellt, das dieser wortlos dankend in einem Zug leert.

„Hauptsache, dass Sie sich nichts gebrochen haben. Und der Hut kann ersetzt werden", zeigt sich Frau Hofrat pragmatisch. Norbert blickt sie verständnislos an: „Obwohl heute Werktag ist, habe ich den Sonntags-hut aufgehabt, weil ich noch jemanden treffen wollte. Dieser Hut ist ein wunderbares Stück, aus Hasenhaar und Schafwolle gefertigt, und begleitet mich schon seit meiner Jugend. Der Hirschbart ist ein Erbstück meines Vaters." Nach einer kurzen Pause erinnert er sich wieder an die Aussage von Frau Hofrat, setzt allerdings einen anderen Akzent: „Ein Knochen kann heilen, aber dieser Hut kann nicht ersetzt werden!" Aufgrund dieser funda-mentalen Wahrheit wird ihm von allen ihr Mitgefühl ausgedrückt, sogar von Frau Hofrat.

© Springer-Verlag GmbH Deutschland, ein Teil von Springer Nature 2019
L. Mathelitsch, *Physikalische Melange*, https://doi.org/10.1007/978-3-662-59260-1_24

Wohl auch um Norbert von seinen trübsinnigen Gedanken abzulenken, fragt Renée: „Kann mir wer sagen, warum gerade das Eis so extrem rutschig ist?" „Das scheint mir keine sehr intelligente Frage zu sein", kommentiert Frau Hofrat, „schlichtweg, weil es so glatt ist." „Aber eine Glas- oder Metallplatte ist auch sehr glatt und nicht rutschig", kontert Renée. „Auch ich muss Sie korrigieren, Gnädigste", fügt der Professor hinzu. „Die Frage unserer Sängerin ist sehr wohl berechtigt. Bis vor wenigen Jahren konnte man sie noch gar nicht korrekt beantworten. Es gab lediglich Vermutungen, die sich letztlich als falsch herausgestellt haben." „Jetzt haben Sie uns aber neugierig gemacht. Dass die hohe Wissenschaft nicht einmal weiß, warum Eis rutschig ist, ist schon verwunderlich." Nicht nur der Prokurist blickt gespannt auf den Professor. Lediglich Norbert sinniert in sein Schnapsglas, das Herr Oskar erneut gefüllt hat.

„Rutschig sein bedeutet, dass zwei Körper kaum aneinanderhaften. Die Reibung zwischen den beiden Oberflächen ist extrem gering, wie zum Beispiel beim graziösen und scheinbar mühelosen Gleiten einer Eistänzerin oder der extremen Geschwindigkeit von Eisschnellläufern."

Carmen und der Student waren bereits lange vor Norberts Erscheinen im Kaffeehaus und haben beisammensitzend Zeitungen gelesen. Frau Hofrat kommentierte dieses konversationslose Nebeneinander mit einem leisen „Die verhalten sich bereits wie ein altes Ehepaar". Norberts Unfall hat sie aber auch aus der gemeinsamen Ruhe gebracht, und das Beispiel der Schlittschuhe ruft beim Studenten Erinnerungen wach: „Ich glaube, dass ich in einer Vorlesung gehört habe, dass der Druck der schmalen Kufen das Eis schmelzen lässt und dass der Schlittschuh auf dem Wasser gleitet."

„Das ist eine der falschen Erklärungen, von denen ich gesprochen habe. Aber zu Ihrer Verteidigung muss ich sagen, dass diese Meinung weit verbreitet ist – vielleicht deshalb, weil sie meist mit folgender physikalischen Begründung verbunden ist: Viele Körper werden härter, wenn man sie unter Druck setzt. Eis hat jedoch ein größeres Volumen als dieselbe Menge Wasser, was man daran erkennen kann, dass Eis auf Wasser schwimmt. Deshalb wird Eis unter Druck flüssig." „Dann stimmt es ja, was der Student gesagt hat", entgegnet der Prokurist. „Nein. Weil der Effekt viel zu gering ist. Der Druck eines Eiskunstläufers erhöht die Temperatur unter den Kufen um weniger als ein Grad. Eis ist aber noch bei minus zehn Grad ähnlich rutschig wie bei null Grad. Eine kleine Temperaturerhöhung bringt also nichts."

„Was ist eine andere falsche Erklärung?" Carmen ist offensichtlich mehr an „Fake News" als an Tatsachen interessiert. „Dass die zum Schmelzen des Eises nötige Wärme durch Reibung erzeugt wird. Dieses Argument wird häufig in Zusammenhang mit dem Schifahren vorgebracht. Schier haben ja eine große Fläche, sodass hier noch viel weniger Druck erzeugt wird als bei Schlittschuhen." „Dass das Eis unter den Schiern zu Wasser schmilzt, ist ein schöner Blödsinn." Renée hält nichts von dieser Aussage. „Wenn ich durch eine Wasserlache fahre, bremsen die Schier so stark, dass ich immer Gefahr laufe, nach vorne zu köpfeln." „Das ist richtig", bestätigt der Professor. „Darum wurde so argumentiert: Es entsteht kein geschlossener Wasserfilm, sondern es bilden sich kleine Wasserkügelchen. Die Schier fahren darauf wie auf Kugellagern und haben dementsprechend wenig Reibung." „Ist das nicht genial?", befindet der Student. „Durch Reibung werden Wasserkügelchen gebildet, und durch diese wird die Reibung wiederum kleiner. Was ist daran falsch?" „Einfach, dass man in Experimenten keine Wasserkügelchen gefunden hat."

Nach dieser kurzen, aber definitiven Aussage des Professors fragt der Prokurist aber nun doch nach der richtigen Erklärung. „Die haben deutsche Wissenschaftler erst Ende des vorigen Jahrhunderts gefunden. Sie konnten zeigen, dass sich an der Oberfläche von Eis eine wasserartige Schicht bildet. Um Null Grad ist diese Schicht etwa 50 Nanometer dick beziehungsweise dünn. Ein Nanometer ist ein Millionstel eines Millimeters. Mit abnehmender Temperatur wird diese Schicht noch dünner und verschwindet unter –30 °C völlig. Dann ist Eis rau und nicht mehr rutschig." „Kann man sich dieses Verhalten auch erklären?"

„Es hängt damit zusammen, dass es an der Grenzfläche zwischen Eis und Luft zu einem Wechselspiel zwischen Verdampfung und Sublimierung von Wassermolekülen kommt. Wassermoleküle entweichen also einerseits aus dem Eis in die Luft, andererseits gliedern sich welche aus der Luft wieder in den festen Verband des Eises ein. Eine dünne wasserähnliche Schicht an der Oberfläche ist für diesen Austauschprozess jedoch energetisch günstiger. Nach dem englischen Ausdruck *quasi-liquid layer* wird diese extrem dünne Schicht auch QLL genannt. Darin haben die Wassermoleküle nur kleine Bindungskräfte untereinander und auch gegenüber dem Eis. Diese Schicht ist sehr leicht auf der Oberfläche des Eises verschiebbar und führt zu dem geringen Reibungskoeffizienten von Eis."

„Dieses Oberflächenschmelzen von Eis ist nicht nur für den äußerst kleinen Reibungskoeffizienten verantwortlich", fährt der Professor nach einer kurzen Pause fort, „sondern auch dafür, dass man mit Schnee leicht Bälle formen kann. Das rasche Aneinanderkleben von zwei Eiswürfeln ist ebenfalls dadurch gegeben. Auch die Kristallbildung in Wolken – und damit deren elektrische Aufladung und die Blitzentwicklung – wird von diesem Effekt beeinflusst. Inzwischen wurde Oberflächenschmelzen auch an anderen Festkörpern wie Metallen, Salzen und auch Plastik nachgewiesen."

Karla ist gedanklich immer noch bei Norberts Unfall. „Norbert wäre sicher nicht ausgerutscht, wenn man Sand gestreut hätte." „Oder Salz", ergänzt Frau Hofrat. „Wie passt das Salzstreuen zu der Erklärung von vorhin?", will der Prokurist eine Verknüpfung zu dem neuen Wissen schaffen. „Sehr gut. Salz geht mit Wasser eine Verbindung ein, die einen tieferen Gefrierpunkt hat als Wasser allein. Eine Wasser-Salz-Mischung kann bis zu −21 °C flüssig bleiben und nicht gefrieren. Wie wir gesehen haben, befindet sich an der Oberfläche des Eises ein wasserähnlicher Film, in dem sich das Salz lösen kann. Darunter bildet sich an der Oberfläche aber wiederum ein neuer Film, in dem sich Salz löst. Damit wird das Eis sukzessive in Wasser umgewandelt, und es sieht aus, als ob das Salz gleichsam das Eis auffrisst."

„Ich habe früher manchmal Bier gekühlt, indem ich Eiswürfel mit einem Packerl Salz gemischt und die Bierflaschen hineingestellt habe", erinnert sich der Student. „Das hat wunderbar funktioniert, und ich stelle jetzt dieselbe Frage wie der Herr Prokurist: Wie passt dieses Bierkühlen mit der bisherigen Erklärung zusammen?" „Hier kommt ein anderer Effekt zum Tragen", muss der Professor weiter ausholen. „Zum Auflösen der Salzkristalle wird Energie benötigt, die aus der Umgebung, also dem Eis-Wasser-Gemisch, in Form von Wärme genommen wird. Auch für das Schmelzen des Eises aufgrund des Salzes wird Energie benötigt, das wiederum der Umgebung entzogen wird. Insgesamt kühlt damit das ganze System relativ schnell so weit ab, dass man in kurzer Zeit kaltes Bier genießen kann."

„Der Unfall von Norbert hat uns die negativen Seiten des Winters gezeigt. Aber jetzt hat es so schön zu schneien begonnen. Mich hat das Fallen des Schnees immer schon fasziniert. Und durch frischen Schnee zu stapfen, ist wunderbar, alles ist so schön ruhig." „Ich schließe mich der Schwärmerei Karlas an." Der Student erinnert sich noch an einen weiteren positiven Aspekt: „Als Kind habe ich eine Lupe geschenkt bekommen. Damit habe ich mir unter anderem Schneeflocken angesehen. Die feinen Verästelungen waren einfach wunderbar anzusehen."

„Diese Schönheit bezieht sich auf die sechsstrahligen Kristalle", geht der Professor auf den letzten Satz des Studenten ein. „Aber es gibt aber auch andere Formen, wie längliche Nadeln oder Plättchen, die nicht so spektakulär sind." „Und wovon hängt die Gestalt ab?" „Von verschiedenen Komponenten. Am wichtigsten sind die Temperatur und der Gehalt von Wasserdampf. In den Wolken gibt es auch Aufwinde, sodass die sich bildenden Flocken manchmal mehrere Male auf- und abgetragen werden und dabei nacheinander Zonen verschiedener Temperatur und Feuchtigkeit durchlaufen. Da jede Flocke ihren eigenen Flugweg hat, unterscheiden sich auch die Endprodukte, also das, was auf die Erde rieselt."

Norbert kann der Schönheit der Natur heute einfach nichts abgewinnen. „Auf dem Land haben wir die Flocken nicht bewundert. Als Kinder haben wir Schneemänner und Schneeburgen gebaut. Und wir haben uns Schneeballschlachten geliefert. Einmal haben wir unserem Lehrer sogar seinen Hut …" Hier bricht Norbert seinen Satz ab. Und auch niemand anderer der Gruppe getraut sich, das Gespräch wieder aufzunehmen.

Aus dem Leben einer Schneeflocke

Bereits vor mehr als 400 Jahren hat sich Johannes Kepler Gedanken über die Form von Schneeflocken gemacht und vermutet, dass die sechsstrahlige Symmetrie mit der Gestalt der Bausteine einer Flocke zusammenhängen muss. Um dies zu zeigen, muss man allerdings bis auf die atomare Ebene hinuntersteigen.

In einem Wassermolekül ist das Sauerstoffatom mit zwei Wasserstoffatomen durch Elektronenpaarbindung (kovalente Bindung) verknüpft (Abb. 24.1). Der Sauerstoff zieht die Elektronen dieser Bindung mehr an als der Wasserstoff (man nennt diesen Effekt Elektronegativität). Die unterschiedliche Elektronegativität und die unsymmetrische Anordnung der Wasserstoffatome führen zu einer ungleichmäßigen Ladungsverteilung im Wassermolekül: Die Sauerstoffseite ist mehr negativ, die Wasserstoffseite mehr positiv geladen.

Die ungleichmäßige Ladungsverteilung führt dazu, dass sich Wassermoleküle aneinanderbinden: Zwischen den positiven Wasserstoffenden und dem negativen Sauerstoff bilden sich schwache Wasserstoffbrückenbindungen. Dabei formt sich um jedes Sauerstoffatom eine tetraedrische Struktur aus vier Wasserstoffatomen. Umgekehrt ist jedes Wasserstoffatom mit zwei Sauerstoffatomen verbunden, eines in einem Abstand von etwa 0,1 nm, das andere etwas weniger als 0,2 nm entfernt. Die Tetraeder formen sich zu räumlichen Sechsecken (Abb. 24.2).

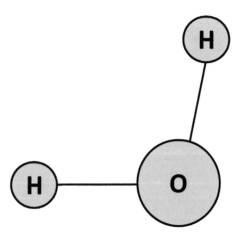

Abb. 24.1 Anordnung der Atome in einem Wassermolekül. Die beiden Wasserstoffatome bilden einen Winkel von 104,45°

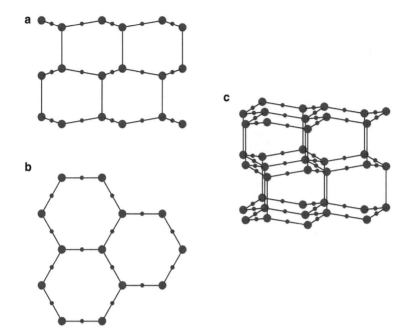

Abb. 24.2 Atomare Struktur des Eises. Sauerstoffatome sind blau, Wasserstoffatome violett eingezeichnet. **a** Ansicht von vorne, **b** von oben gezeichnet, **c** von der Seite

Die in Abb. 24.2 gezeigte Form des Eises hat den Namen Eis Ih (h für hexagonal). Wassermoleküle können sich auch in anderer Weise zu Eis formen, zum Beispiel in kubischer Anordnung zu Eis Ic. Derzeit sind 18 verschiedene Formen von Eis bekannt, die meisten bilden sich jedoch erst bei hohem Druck.

In übersättigtem Wasserdampf in Wolken formen sich um Kondensationskerne, wie etwa Staubteilchen, kleine Wassertröpfchen. Diese frieren meist zu Eiskristallen der hexagonalen Form Ih. An deren Flächen kondensieren in der Folge Wasserdampfmoleküle, oder es lagern sich weitere Wassertröpfchen an. In welcher Art dies geschieht, hängt sehr stark von der Temperatur und der Übersättigung des Wasserdampfs in der Umgebung ab (Abb. 24.3).

Bei relativ trockener Luft bilden sich eher sechseckige Plättchen bzw. Prismen, die innen auch hohl sein können. Bei niederen Temperaturen und höherer Luftfeuchtigkeit können sich auch dünne Nadelstrukturen formen. Bei höherem Wasserdampfgehalt hängt die gebildete Struktur stark von der Temperatur ab: Am eindrucksvollsten sind die verästelten Schneekristalle, die sich zwischen −10 und −20 °C bilden.

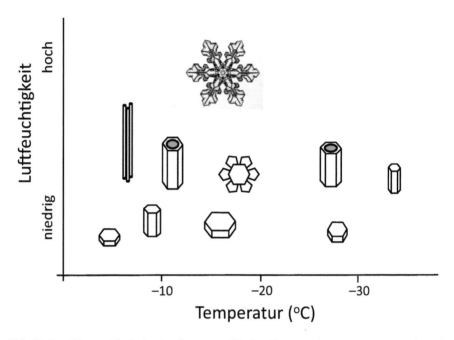

Abb. 24.3 Abhängigkeit der Struktur von Eiskristallen von der Temperatur und Sättigung des Wasserdampfs. Diese Abhängigkeit hat der Japaner Ukichiro Nakaya in den 1930er Jahren in Laborversuchen gezeigt

Ein Schneekristall besteht aus etwa 100 Trill. Wassermolekülen – wie ist es möglich, dass sich diese so wunderbar symmetrisch und fein verästelt anordnen? Die hohe Übersättigung des Wasserdampfs führt zu einer vermehrten Anlagerung am sechseckigen Kondensationskern. Allerdings geht diese nicht gleichmäßig vor sich, sondern bevorzugt an den vorstehenden Ecken, weil hier eine Anlagerung wahrscheinlicher ist (Abb. 24.3). Dadurch wachsen die Ecken nach außen. Diese sich bildenden Äste verstärken aber den Prozess: An den Spitzen ist noch reichlich übersättigter Wasserdampf vorhanden, zwischen den Ästen erschöpft er sich. Man nennt diesen Prozess diffusionsbegrenztes Wachstum (DLA, *diffusion limited aggregation*).

Werden die Seitenarme länger, so kann es an der Oberfläche, z. B. aufgrund von Temperaturunterschieden oder Strömungen, zu unterschiedlichen Bedingungen kommen (Mullins-Sekerka-Instabilitäten). Diese erleichtern eine Anlagerung an bestimmten Punkten im Vergleich zu den Nachbarstellen. Damit ist aber wieder die Ausgangsbedingung für DLA gegeben, und es bilden sich Seitenäste aus.

Da die Umgebungsbedingungen rund um einen Kristall gleich sind, entwickeln sich die Äste praktisch gleichzeitig aus den sechs Ecken eines Plättchens. Auch das weitere Wachstum der Äste verläuft sehr ähnlich. Ähnlich ist aber nicht gleich. Und darum wird man bei genauem Vergleich doch keine zwei exakt gleich gebauten Schneekristalle finden.

Interessante Formen von Eiskristallen können sich auch an Oberflächen bilden, wie zum Beispiel an Seifenblasen (Abb. 24.4).

Abb. 24.4 Eiskristalle an der Oberfläche von Seifenblasen

Schmelzen von Eis durch Druck

Der Schmelzpunkt von Eis sinkt mit wachsendem Druck. Im Gegensatz zum Siedepunkt, der stark vom äußeren Druck abhängt, ändert sich der Schmelzpunkt jedoch nur, wenn sehr hohe Drücke ausgeübt werden. Der schwache Zusammenhang zwischen Druckänderung Δp und Änderung des Schmelzpunkts ΔT_{sch} zeigt sich in der kleinen Proportionalitätskonstante:

$$\Delta T_{Sch} \approx -7 \cdot 10^{-8} \Delta p$$

Um den Gefrierpunkt um 1 °C zu senken, muss man einen Druck von etwa 14.000 kPa ausüben; das ist das 140-Fache des mittleren Luftdrucks.

Nehmen wir als Beispiel eine Eisläuferin, die mit einer Masse von $m = 60$ kg nur auf einer Kufe steht, die $l = 10$ cm lang und $b = 3$ mm breit ist. Der Druck ergibt sich aus dem Verhältnis von Kraft, also dem Gewicht, und Fläche, sodass der Druck auf die Kufe

$$p = \frac{m \cdot g}{l \cdot b} = \frac{60 \cdot 9{,}81}{0{,}1 \cdot 0{,}003} Pa \approx 2000 \text{ kPa}$$

etwa das 20-Fache des Luftdrucks ist. Der Schmelzpunkt wird dadurch nur um 0,1–0,2 °C gesenkt.

Schmelzen von Eis durch Druck

Der Schmelzpunkt von Eis sinkt mit wachsendem Druck. Im Gegensatz zum Siedepunkt, der stark vom äußeren Druck abhängt, ändert sich der Schmelzpunkt jedoch nur, wenn sehr hohe Drücke ausgeübt werden. Der schwache Zusammenhang zwischen Druckänderung Δp und Änderung des Schmelzpunkts ΔT_{Sch} zeigt sich in der kleinen Proportionalitätskonstante:

$$\Delta T_{Sch} \approx -7 \cdot 10^{-8} \Delta p$$

Um den Gefrierpunkt um 1 °C zu senken, muss man einen Druck von etwa 14.000 kPa ausüben, das ist das 140fache des mittleren Luftdrucks.

Nehmen wir als Beispiel eine Eisläuferin, die mit einer Masse von $m = 60$ kg nur auf einer Kufe steht, die $l = 10$ cm lang und $b = 3$ mm breit ist. Der Druck ergibt sich aus dem Verhältnis von Kraft, also dem Gewicht, und Fläche, sodass der Druck auf die Kufe

$$p = \frac{m \cdot g}{l \cdot b} = \frac{60 \cdot 9{,}81}{0{,}1 \cdot 0{,}003} Pa \approx 2000 \text{ kPa}$$

etwa das 20fache des Luftdrucks ist. Der Schmelzpunkt wird dadurch nur um 0,1 bis 0.

Schmelzen von Eis durch Reibung

Durch Reibung zwischen zwei Körpern wird Wärme frei. Ist μ der Reibungskoeffizient zwischen Eis und Kufe, so berechnet sich die erzeugte Wärme W durch das Gleiten der Kufe der Länge l aus der Formel:

$$W = \mu \cdot m \cdot g \cdot l$$

Der Wert des Reibungskoeffizienten von Metall auf Eis ist mit $\mu = 0{,}005$ sehr gering, sodass sich damit nur eine Wärme von $W = 0{,}3$ J ergibt. Diese Wärme erhöht die Temperatur von Kufe, Eis und umgebender Luft. Wieviel Eis wird erwärmt? Die Eindringtiefe t in Eis ist gering, unter der Kufe etwa $t = 0{,}15$ mm. Damit ergibt sich ein erwärmtes Eisvolumen von

$$V = l \cdot b \cdot t = 5 \cdot 10^{-8} \ \text{m}^3.$$

Der Zusammenhang zwischen Wärmeaufnahme und Temperaturerhöhung ist durch die Relation

$$W = c \cdot \rho \cdot V \cdot \Delta T$$

gegeben. c ist die spezifische Wärmekapazität des Eises und ρ seine Dichte. Nimmt man an, dass die Hälfte der Wärme auf das Eis übertragen wird, ergibt sich mit $\rho = 920$ kg/m^3 und $c = 2.220$ Jkg^{-1}K^{-1} eine Temperaturerhöhung von $\Delta T = 1{,}5$ °C.

Dieser Effekt ist also um einiges stärker als die Temperaturerhöhung durch Druck, er kann die gute Gleitfähigkeit auf Eis bis unter -20 °C jedoch auch nicht erklären.

25

Finales Feuerwerk

„Heute am letzten Tag des Jahres sind wir eine große Runde", bemerkt der Prokurist, „und besonders freut es uns, dass Herr Kuno wieder einmal bei uns ist." „Auch ich genieße das Hiersein", stimmt der Handlungsreisende zu, „aber ihr wisst ja, dass ich mich aus Berufsgründen in die westlichen Bundesländer verändert habe. Und aus Tirol oder gar aus Vorarlberg kommt man nicht so rasch in ein Wiener Kaffeehaus. Auch die holografische Konferenz funktioniert noch nicht." Herr Kuno erinnert damit an eine zurückliegende Diskussion, die zudem nicht zur Zufriedenheit aller geendet hatte.

Herr Oskar zwängt sich mit gequältem Gesichtsausdruck durch die engen Tisch- und Sesselreihen. „Silvester ist wie immer ein starker Tag, und prompt ist ein Kollege ausgefallen. Das hat gerade noch gefehlt. Lange mache ich da nicht mehr mit!"

Norbert geht nicht auf die Klagen Oskars ein, sondern wendet sich an die Frau Hofrat: „Was haben Sie heute noch vor, Gnädigste?" „Gar nichts. Ich werde früh zu Bett gehen und morgen in aller Frische das neue Jahr begrüßen." „Dann schauen Sie sich gar nicht das grandiose Feuerwerk an? Da entgeht Ihnen aber etwas." Diesem Vorschlag Karlas kann Frau Hofrat gar nichts abgewinnen. „Das ist nicht meins. Es ist laut, hunderttausend Leute auf der Straße. Meine Nachbarn haben zwei Hunde, die jaulen. Und nach dem Herumballern stinkt es derart, dass man die Fenster nicht öffnen kann."

„Aber es ist ja nur einmal im Jahr. Und wunderschön, wenn die verschiedenen Farben in unterschiedlichen Formen den Himmel erhellen. Ich freue mich schon. Auch deswegen, weil einige meiner Nichten und Neffen deswegen in die Stadt kommen und bei mir übernachten. Höchstwahrscheinlich werden sie aber ohnehin nur wenig Zeit im Bett verbringen."

© Springer-Verlag GmbH Deutschland, ein Teil von Springer Nature 2019
L. Mathelitsch, *Physikalische Melange*, https://doi.org/10.1007/978-3-662-59260-1_25

„Gibt es Feuerwerke nicht schon sehr lang?" Diese Frage ist vom Prokuristen Richtung Carmen gerichtet.

> „Ja, Pyrotechnik ist uralt. Aber man muss unterscheiden, ob sie für kriegerische Zwecke oder zum Vergnügen eingesetzt wurde. Brandsätze wurden in Kämpfen schon viele Jahrhunderte vor Christus verwendet. Feuerwerke auf Basis von Raketen zur friedlichen Ergötzung von Herrscher und Volk sind seit 1100 unserer Zeitrechnung in China bekannt. Diese Kunst wurde dann von den Arabern übernommen. Anfang des 16. Jahrhunderts gab es in Deutschland bereits das Lehrbuch *Fürwerckbuch,* wobei Nürnberg das Zentrum der Pyrotechnik war."

„Bei uns auf dem Land hat es in meiner Jugend keine Feuerwerke gegeben. Der Jahreswechsel oder andere freudige Gelegenheiten wie Hochzeiten wurden von Böllern begleitet", erinnert sich Norbert. „Leider ist es nicht immer gut ausgegangen. Ich kannte einige Leute, denen Finger gefehlt haben, weil sie nicht fachgerecht zu Werke gegangen sind." „Obwohl Böller häufig wie kleine Kanonen sehr einfach gebaut sind und es eigentlich nur auf die Erzeugung eines möglichst lauten Knalls ankommt, kann unsachgemäßes Hantieren dennoch gefährlich werden", ergänzt der Professor. „Feuerwerksraketen sind weit komplexer: Sie müssen ja zuerst in die Höhe geschossen und dann noch zur Detonation gebracht werden. Chemische Grundlage für beide ist jedoch meist Schwarzpulver."

„Stimmt es, dass das Schwarzpulver von einem Mönch namens Schwarz erfunden wurde?" „Also erfunden ist sicherlich falsch", beantwortet Carmen Norberts Frage. „Wie ich schon gesagt habe, wurde die Wirkung von Schwarzpulver bereits von den Chinesen viel früher erkannt und genutzt. Es geht also höchstens um eine Zweitentdeckung."

„Da fällt mir eine Geschichte ein – ja, eine kurze und auch passende", fügt der Prokurist in Richtung Frau Hofrat hinzu. „Der Franziskanermönch Berthold Schwarz soll um 1350 in einem Mörser Salpeter, Holzkohle und Schwefel gemischt haben, und der Stößel soll so heftig nach oben geflogen sein, dass man ihn nicht aus dem Gebälk entfernen konnte. Selbst mit Berührung von Reliquien der heiligen Barbara ist dies nicht gelungen. Darum soll Barbara auch die Schutzheilige der Artilleristen sein." „Ich kenne diese Legende auch", fügt Carmen hinzu, „aber es ist nicht belegt, dass Berthold Schwarz überhaupt ein Mönch war. Die Namensgebung geht eher auf die schwarze Farbe des Pulvers zurück als auf Berthold Schwarz."

„Nun möchte ich aber schon gerne wissen, wie ein solches Feuerwerk wirklich funktioniert." „Das ist ein enges Zusammenspiel von Physik und Chemie." Auf die fragenden Blicke führt der Professor aus:

> „Zuerst einmal gibt es zwei verschiedene Varianten des Abschusses. Bekannt sind die Raketen, die man kaufen und selbst in die Luft schießen kann. Dabei wird eine Zündschnur verwendet, die Treibladung befindet sich in der Rakete und verbrennt im Laufe des Flugs. Bei professionellen Feuerwerken werden kaum Raketen verwendet, sondern Feuerbomben. Sie werden durch Rohre, ähnlich einer Kanone, abgeschossen. Die Zündung dieser Ladung erfolgt meist elektrisch; im Inneren der Bombe ist ein Verzögerungszünder, der diese dann in der Luft explodieren lässt."

„Kann ich diesen Unterschied auch heute Nacht sehen?" „Das können Sie relativ leicht", antwortet der Professor. „Sie müssen nur die Form der Lichter beachten. Wenn sie in Gestalt einer Kugel erscheinen, sind sie ziemlich sicher aus einer Bombe hervorgegangen. Bei einer Rakete werden die Leuchtkörper meist nach oben geschossen und fallen dann in einem Bogen nach unten."

„Und wie kommen diese wunderbaren Figuren zustande?" Frau Hofrat wird ungeduldig. „Sowohl in Raketen als auch in Bomben sind kleine Pulvermengen in Paketen, sogenannten Sternen, in bestimmter geometrischer Anordnung verteilt. Durch Zündung einer Zerlegerladung wird die Bombe gesprengt, und gleichzeitig werden die Sterne entzündet. Bei Raketen wird die Zerlegerladung durch die Treibladung selbst gezündet, bei Bomben ist ein Zeitzünder installiert. Dieser ist auf die Flugzeit und Flughöhe abgestimmt."

„Und die verschiedenen Farben ergeben sich wohl aus verschiedenen chemischen Elementen, die in den Sternen verpackt sind?", vermutet der Prokurist. „Genau. Wobei selten reine Elemente, sondern Verbindungen, meist Metallsalze, verwendet werden. Strontiumsalze geben rote und Kalziumsalze orange Farben, Natriumverbindungen bringen gelbes Licht hervor, auf Barium basieren grüne und auf Kupfer blaue Lichterscheinungen. Silbrige Funken entstehen etwa durch Beigabe von metallischem Magnesium oder Aluminium."

„In Zusammenhang mit Feuerwerk fällt mir als Künstlerin natürlich immer die *Feuerwerksmusik* von Georg Friedrich Händel ein", assoziiert Renée. „Diese Musik wurde für einen besonderen Anlass geschrieben", setzt Carmen fort. „Und zwar für den Aachener Friedensschluss, der 1748 den Österreichischen Erbfolgekrieg beendete. Ein Jahr darauf wurde das Stück als Auftragswerk des englischen Königs Georg II. im Green Park in London uraufgeführt, begleitet von einem gigantischen Feuerwerk. Allerdings sind dabei die monumentalen Kulissen, die einen Palast darstellten, abgebrannt."

Nach einer kurzen Weile fährt Carmen fort: „Auch bei unserer Hochzeit wird ein Feuerwerk dabei sein." Dem auffordernden Blick Carmens antwortet der Student mit einem „Natürlich". „Hoppala", meint Norbert, „ist es denn schon bald so weit?" „Ja", antworten beide unisono, „am 24. Mai." Nach einer überraschten und herzlichen Gratulation meint Frau Hofrat eher feststellend als fragend: „Und Renée wird auf eurer Hochzeit singen!?" „Natürlich. Aber wir werden auch hier im Kaffeehaus eine kleine Hochzeitsfeier abhalten, zu der Sie natürlich alle eingeladen werden."

Die Chefin gesellt sich zur Runde, in ihrem Gefolge Herr Oskar mit einem Tablett gefüllter Champagnergläser. „So stoßen wir heute nicht nur auf das gut vorbeigegangene alte und auf ein hoffentlich ebenso gutes neues Jahr an, sondern auch ganz besonders auf unser Brautpaar." Nachdem allgemein zugeprostet wurde, fährt die Chefin fort: „Neben dem Champagner habe ich aber auch persönliche Wünsche an und für Sie mitgebracht. Diese wurden gemeinsam mit Herrn Oskar formuliert, weil er Sie doch noch besser kennt als ich." Die Chefin spricht unsere nun schon wohlbekannte Runde der Reihe nach an:

„Frau Karla: Wir wünschen noch zahlreiche Treffen innerhalb Ihrer großen Familie. Sie sollen uns auch noch weitere nette Verwandte kennenlernen lassen!

Der Herr Prokurist: Auch in Zukunft mögen Ihnen noch viele gute – aber nicht zu lange – Geschichten einfallen!

Herr Norbert: Der neue Hut soll Ihnen genauso ans Herz wachsen wie der alte!

Der Handlungsreisende Kuno: Sie sollen sobald als möglich wieder nach Wien versetzt werden!

Der Professor: Sie mögen auch weiterhin so geduldig erklären und damit diese Runde bereichern!

Renée: Ihren gelungenen Auftritten auf Festen und Begräbnissen sollen genauso erfolgreiche Engagements auf Bühnen folgen!

Carmen und der Student: Neben vielen interessanten Artikeln in Ihrer Zeitung und einem großen Erfolg der Sesselkollektion gelten die Wünsche natürlich zuerst der bevorstehenden Hochzeit!

Frau Hofrat: Auf den Diamanten ‚Frau Hofrat‘ sollen wir noch recht, recht lange warten müssen!"

Nach einem weiteren fröhlichen Zuprosten meldet sich die Chefin wieder zu Wort. „Ich möchte meine Wünsche aber auch an meine Mitarbeiter fortsetzen:

Der Maestro: Mögen Sie nie wieder verstimmt sein – Ihr Bösendorfer wird für immer in der Mitte des Kaffeehauses platziert sein.

Marcel: Verbleiben Sie als mein Chef de Cuisine in diesem Kaffeehaus und fahren Sie nicht mehr in die Welt hinaus.

Herr Oskar: Bitte nicht kündigen!"

Nach diesen letzten, etwas egoistischen Wünschen beschließt Karla den Reigen und wendet sich an die Chefin: „Vorerst möchten wir für Champagner und Wünsche danken." Um dann fortzufahren, wobei sich wie bei der Chefin eigene Wunschvorstellungen hinzugesellen: „Möge das Kaffeehaus weiterhin gut florieren. Und zwar dermaßen gut, dass keine Veränderungen notwendig werden. Wir wollen nämlich dieses wunderbare und uns so lieb gewordene Ambiente aus sehr guter Küche, perfekter Bedienung und einer fein abgewogenen Balance zwischen Physik und Melange nicht missen."

Schwarz- und andere Pulver

Schwarzpulver besteht aus etwa 75 % Kalisalpeter (KNO_3, Sauerstoff-lieferant), 15 % Holzkohle (C, Brennstoff) und 10 % Schwefel (S, Brenn- und Zündstoff). Es wird in verschiedenen Formen hergestellt, fein vermahlen oder in unterschiedlicher Körnigkeit gepresst (Abb. 25.1).

Die Hauptgleichungen der Verbrennung von Schwarzpulver lauten:

$$S + 2\,KNO_3 \rightarrow K_2SO_4 + 2\,NO$$
$$3\,C + 2\,KNO_3 \rightarrow K_2CO_3 + N_2 + CO_2 + CO$$
$$KNO_3 + C \rightarrow KNO_2 + CO$$
$$2\,KNO_2 + 2\,S \rightarrow 2\,KSNO_2 \rightarrow K_2S_2O_3 + N_2O$$

Dabei werden die Gase CO, NO und NO_2 in einem kritischen Volumen-verhältnis von 31:21:7 gebildet. Die eigentliche Explosion erfolgt durch die folgenden Reaktionen:

$$NO + CO \rightarrow 0,5\,N_2 + CO_2$$
$$N_2O + CO \rightarrow N_2 + CO_2$$

Die Explosionsgeschwindigkeit beträgt nur 300–600 m/s, sodass genau genommen von einer Deflagration statt einer Detonation gesprochen werden muss. Ist das Schwarzpulver dicht gepackt, so kann es mit einer Geschwindigkeit von nur 1 cm/s verbrennen und ist damit ideal für Treib-sätze von Feuerwerkskörpern. Im Gegensatz dazu hat Nitroglycerin eine Explosionsgeschwindigkeit von 5000–7000 m/s.

Die Zündtemperatur beträgt etwa 270 °C, die Verbrennungstemperatur zwischen 2000 und 3000 °C. Aus 1 kg Schwarzpulver entstehen bei Normaltemperatur etwa 350 l Gas, bei der Verbrennungstemperatur jedoch etwa 3000 l. Da 1 l Schwarzpulver eine Masse zwischen 1,2 und 1,5 kg hat, nimmt das Volumen um mehr als einen Faktor 2000 zu!

Abb. 25.1 Schwarzpulver

Tab. 25.1 Farben bzw. chemische Verbindungen, die in Feuerwerken eingesetzt werden, um diese Farben zu erzeugen

Farbe	Verbindung	Chemische Formel
Rot	Strontiumnitrat, Lithiumkarbonat	$Sr(NO_3)_2$, Li_2CO_3
Orange	Kalziumchlorid	$CaCl_2$
Gelb	Natriumchlorid	$NaCl$
Grün	Bariumchlorid, Bariumnitrat	$BaCl_2$, $Ba(NO_3)_2$
Blau	Kupferchlorid	$CuCl$

Schwarzpulver brennt in den Raketen ab und treibt sie in die Höhe. In Mörsern entwickelt es die Energie am Boden und schießt die Feuerwerkskugeln in den Himmel. Mit dem Schwarzpulver werden aber auch noch weitere Aktionen ausgelöst:

- Es bringt die Raketen bzw. Bomben zur Explosion.
- Es beschleunigt die Pakete mit den verschiedenen Farbladungen in gewünschte Richtungen.
- Es aktiviert die physikalischen Reaktionen, die zur Farbentfaltung führen.

Die Farbgebung beruht auf der Anregung von meist metallischen Atomen, die in chemischen Verbindungen wie Salzen gebunden sind. Durch die hohe Energie der Explosion werden Elektronen von niederen in höhere Energiezustände gehoben. Beim darauffolgenden Übergang in den ursprünglichen Zustand, entweder direkt oder über einen oder mehrere Zwischenzustände, wird die freiwerdende Energie in Form von Licht ausgesandt. Je nach Höhe der abgegebenen Energie ergibt sich die Frequenz der ausgesandten Lichtteilchen und damit die Farbigkeit. In Tab. 25.1 sind häufig eingesetzte Chemikalien zusammengestellt.

Ab in die Luft

Feuerwerksraketen werden im Allgemeinen mit einem Holzstab in eine Halterung gegeben und mit einer Zündschnur gezündet. Der Schub des Treibsatzes beschleunigt die Rakete in die Höhe. Der Holzstab hat außerdem die Funktion einer Stabilisierung der Flugbahn. Der oberste Teil der Treibladung zündet die Zerlegerladung und auch die Effektladung, in die die sogenannten Sterne, die kleinen Pakete mit den farbgebenden Chemikalien, eingebettet sind (Abb. 25.2).

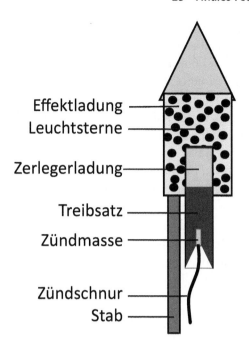

Abb. 25.2 Aufbau einer Feuerwerksrakete

In Raketen der Kategorie F2, die von Erwachsenen gekauft und abgefeuert werden dürfen, sind 4–50 g Schwarzpulver erlaubt, meist werden weniger als 10 g verwendet. Die sich entwickelnde Schubkraft beträgt für die Masse bis 10 g etwa 4–10 N (Newton). Dies führt, je nach Gewicht der Rakete, zu Flughöhen bis zu 100 m.

Der Aufstieg einer Rakete beruht auf dem physikalischen Prinzip der Impulserhaltung. Diese resultiert aus dem dritten Newtonschen Gesetz, dass Kräfte immer paarweise auftreten: Übt ein Körper eine Kraft auf einen zweiten aus, so übt dieser die gleich große, aber entgegengesetzt gerichtete Kraft auf den ersten Körper aus. Die Rakete wird mit der gleichen Kraft nach oben gehoben, mit der die Gase nach unten ausgestoßen werden. Bezüglich des Impulses, also des Produkts aus Masse und Geschwindigkeit, bedeutet diese Gleichsetzung

$$m_g \cdot v_g = m_r \cdot v_r,$$

wobei m_g und m_r die Massen von Gas und Rakete sind. Die Geschwindigkeit v_r der Rakete ergibt sich mit der Geschwindigkeit v_g des Gases damit zu

$$v_r = \frac{m_g}{m_r} \cdot v_g.$$

Dabei ist eingegangen, dass die Masse der Rakete gleich bleibt. Dies stimmt in guter Näherung bei Feuerwerksraketen, weil die Treibladung nur einen kleineren Bestandteil des Gewichts der Rakete ausmacht.

Nehmen wir an, dass eine Masse von 10 g mit einer Geschwindigkeit von 300 m/s ausgestoßen wird, so ergibt dies bei einer Raketenmasse von 100 g eine Startgeschwindigkeit der Rakete von etwa 30 m/s, also 100 km/h. Diese bewegt die Rakete auf eine Flughöhe von 50–100 m.

Mit dem Prinzip der Impulserhaltung werden aber nicht nur Feuerwerkskörper in die Luft geschossen, sondern auch Raketen in Umlaufbahnen um die Erde und darüber hinaus befördert. Mit solchen Raketen werden Menschen wiederum zum Mond fliegen, höchstwahrscheinlich auch zum Mars. Sie werden dort möglicherweise permanente Stützpunkte oder Kolonien aufbauen und bewohnen.

Aber Neuankömmlinge in diesen Kolonien werden sicher kein Kaffeehaus, wie wir es in diesem Buch kennengelernt haben, vorfinden. Im Vorwort des Buches wurde Stefan Zweig zitiert, der ein Wiener Kaffeehaus als eine spezielle Institution bezeichnet hat – und Institutionen dieser Art lassen sich nicht verpflanzen, weder in ein anderes Land und schon gar nicht auf den Mars.

Abbildungsnachweis

Kapitel 1
Abb. 1: Sandra Mathelitsch
Abb. 2: https://pixabay.com/de/kaffeepause-kaffee-kaffee-haferl-1880389/
Abb. 1.1–1.5: Leopold Mathelitsch

Kapitel 2
Abb. 1: https://pixabay.com/de/parf%C3%BCm-parfum-flacon-glasflasche-2142817/
Abb. 2: Claudia Strunz
Abb. 3: Sandra Mathelitsch
Abb. 2.1: Leopold Mathelitsch
Abb. 2.2: Wolfgang Schweiger

Kapitel 3
Abb. 1–2: Mit freundlicher Genehmigung von L. Bösendorfer Klavierfabrik GmbH
Abb. 3.1–3.2: Ivo Verovnik

Kapitel 4
Abb. 1: Claudia Strunz
Abb. 2: https://pixabay.com/de/sonne-abendrot-morgenrot-209495/
Abb. 3: Maximilian Mathelitsch
Abb. 4.1: Leopold Mathelitsch

© Springer-Verlag GmbH Deutschland, ein Teil von Springer Nature 2019
L. Mathelitsch, *Physikalische Melange*, https://doi.org/10.1007/978-3-662-59260-1

Abb. 4.2: Leopold Mathelitsch. Nach http://www.dwd.de/DE/forschung/
wettervorhersage/num_modellierung/05_verifikation/verifikation_node.
html)
Abb. 4.3: Leopold Mathelitsch

Kapitel 5
Abb. 1–2: Maximilian Mathelitsch
Abb. 5.1: Leopold Mathelitsch
Abb. 5.2: Christian Strunz

Kapitel 6
Abb. 1: https://de.wikipedia.org/wiki/Redshirt, CC BY-SA 2.0, Creative Commons, hochgeladen von Derek Springer - Flickr: Star Trek 005
Abb. 2: a) Leopold Mathelitsch
b) http://www.publicdomainpictures.net/view-image.php?image=24025&jazyk=DE
Abb. 3: https://pixabay.com/de/baby-ank%C3%BCndigung-m%C3%A4dchen-schuhe-2577062/
Abb. 6.1: Leopold Mathelitsch
Abb. 6.2: Christian Strunz
Abb. 6.3: Leopold Mathelitsch

Kapitel 7
Abb. 1: Mit freundlichen Genehmigungen:
FK Austria Wien/Köhler
SK Rapid Christian Hofer, www.fotobyhofer.at
Abb. 2: https://pixabay.com/de/ball-fu%C3%9Fball-fussball-sport-kugel-65471/
https://pixabay.com/de/w%C3%BCrfel-sterben-spiel-gl%C3%BCcksspiel-152179/
Abb. 7.1: https://pixabay.com/de/ball-fu%C3%9Fball-fussball-sport-kugel-65471/
https://pixabay.com/de/strahlung-symbol-gefahr-kernenergie-646214/

Kapitel 8
Abb. 1: Josef Pilaj
Abb. 2: Claudia Strunz
Abb. 8.1–8.7: Leopold Mathelitsch

Kapitel 9
Abb. 1: Hans Eck
Abb. 2: https://pixabay.com/de/trinken-sekt-champagner-glas-3615177/
Abb. 9.1: https://commons.wikimedia.org/wiki/File:Buchner_1907_W%
C3%BC.jpg
Quelle: http://www.br.de/themen/wissen/nobelpreis-chemie-deutsche100-_
image-9_-679275d66594ab39ebf9b5fd5dac56d5314056be.html
Bild: picture-alliance/dpa
Abb. 9.2–9.3: Leopold Mathelitsch

Kapitel 10
Abb. 1: https://pixabay.com/de/astrologie-weissagung-diagramm-993127/
Abb. 2: https://pixabay.com/de/christmas-tree-weihnachten-1796131/
Abb. 3: https://upload.wikimedia.org/wikipedia/commons/5/51/Kepler-
Wallenstein-Horoskop.jpg
Abb. 10.1: Leopold Mathelitsch

Kapitel 11
Abb. 1: https://pixabay.com/de/billard-billardtische-bar-pub-1677103/
Abb. 2–3: Leopold Mathelitsch
Abb. 11.1–11.3: Leopold Mathelitsch
Abb. 11.4: Leopold Mathelitsch; Figuren von
https://pixabay.com/de/hase-kaninchen-grau-cartoon-comic-155674/
https://pixabay.com/de/fuchs-geht-gehend-j%C3%A4ger-wald-
tier-1237982/

Kapitel 12
Abb. 1: Mit freundlicher Genehmigung von OeNB
Abb. 2: https://pixabay.com/de/wein-rotwein-glas-kelch-trinken-2160516/
Abb. 3: https://pixabay.com/de/wellenkreise-wasser-wellen-kreise-695658/
Abb. 4: https://commons.wikimedia.org/wiki/File:Dennis_Gabor_1971b.jpg
Abb. 12.1–12.2: Christian Strunz
Abb. 12.3: Leopold Mathelitsch

Kapitel 13
Abb. 1–2: Maximilian Mathelitsch

Kapitel 14
Abb. 1: Hans Eck
Abb. 2–4: Sandra Mathelitsch
Abb. 14.1–14.2: Leopold Mathelitsch

Kapitel 15

Abb. 1: https://pixabay.com/de/antennen-mobilfunk-mobilfunkantennen-55912/

Abb. 2: Claudia Strunz

Abb. 3: https://pixabay.com/de/handy-telefon-technologie-reflexion-3604111/

Abb. 4: https://pixabay.com/de/rennbahn-spielen-autorennbahn-240625/

Abb. 15.1: https://pixabay.com/de/strommast-spannung-hochspannung-3304946/

https://pixabay.com/de/ukw-am-radio-nostalgie-musik-2829784/

https://pixabay.com/de/fernseher-schauen-fussball-1271650/

https://pixabay.com/de/mikrowelle-ofen-ger%C3%A4t-k%C3%BCche-heizt-29056/

https://pixabay.com/de/farben-spektrum-element-design-35763/

https://pixabay.com/de/sonnenuntergang-abend-romantisch-2180346/

https://pixabay.com/de/hand-r%C3%B6ntgen-r%C3%B6ntgenbild-maus-1366938/

Kapitel 16

Abb. 1: Claudia Strunz

Abb. 2–4: Maximilian Mathelitsch

Abb. 5: https://pixabay.com/de/bezaubernd-polarfuchs-tier-1853508/

https://pixabay.com/de/w%C3%BCstenfuchs-fuchs-afrika-tier-1645903/

Abb. 6: https://pixabay.com/de/gullivers-reisen-arthurs-rackham-1731861/

Abb. 16.1: https://pixabay.com/de/hymenoptera-ameise-leiter-rossa-1037434/

https://pixabay.com/de/sport-leichtathletik-hochsprung-659659/

Abb. 16.2–16.3: Leopold Mathelitsch

Kapitel 17

Abb. 1: https://pixabay.com/de/salzburger-nockerl-%C3%B6sterreich-387201/

Abb. 2: https://pixabay.com/de/eiwei%C3%9Fschnee-eischnee-schlagsahne-232650/

Abb. 3: https://pixabay.com/de/bier-trinken-glas-erfrischung-3622228/

Abb. 4: Sandra Mathelitsch

Abb. 17.1–17.2: Bernd Thaller

Abb. 17.3: Leopold Mathelitsch

Kapitel 18

Abb. 1: https://pixabay.com/de/schaufenster-dekoration-223391/

Abb. 2: https://pxhere.com/de/photo/524387

Abb. 3: https://pixabay.com/de/wolken-cumulus-himmel-natur-2329680/

Abb. 4: Leopold Mathelitsch

Abb. 5: https://pixabay.com/de/wasserfloh-daphnie-3d-mikroskop-1832201/
https://pixabay.com/de/seidig-haie-hai-neugierig-marinen-541863/

Abb. 18.1: Leopold Mathelitsch

Abb. 18.2: https://pixabay.com/de/rote-blutk%C3%B6rperchen-mikrobiologie-3188223/

Kapitel 19

Abb. 1: Josef Pilaj

Abb. 2: Leopold Mathelitsch

Abb. 3: https://pixabay.com/de/nacht-blitz-yal%C4%B1kavak-945954/

Abb. 4: https://pixabay.com/de/jupiter-rom-r%C3%B6misch-gott-gottheit-718850/
https://pixabay.com/de/statue-gott-thor-stockholm-himmel-3534492/

Abb. 5: https://pixabay.com/de/benjamin-franklin-1767-62846/

Abb. 19.1: Leopold Mathelitsch. Unter Verwendung von: https://pixabay.com/de/gewitter-wolken-blitz-regen-sturm-154856/

Abb. 19.2: Leopold Mathelitsch. Unter Verwendung von: https://pixabay.com/de/natur-himmel-superzelle-unwetter-3178566/

Abb. 19.3–19. 4: Leopold Mathelitsch

Kapitel 20

Abb. 1: Leopold Mathelitsch

Abb. 2: Mit freundlicher Genehmigung: @ Thonet

Abb. 3: https://pixabay.com/de/mammutbaum-wald-redwood-274158/

Abb. 4: Sandra Mathelitsch

Abb. 20.1–20.3: Leopold Mathelitsch

Kapitel 21

Abb. 1: https://pixabay.com/de/teddy-pullover-herz-figur-liebe-3705864/

Abb. 2: https://pixabay.com/de/louvre-paris-statue-museum-2775429/

Abb. 3: By Gernek – Own work, CC BY-SA 2.5, https://commons.wikimedia.org/w/index.php?curid=1801568

Abb. 4: Hans Eck

Abb. 5: Theodor Duenbostl

Abb. 21.1: a) Leopold Mathelitsch, b) https://pixabay.com/de/blase-seifenblasen-bunt-schillernd-1891638/

Abb. 21.2: Leopold Mathelitsch

Abb. 21.3: https://pixabay.com/de/northernlights-nordlichter-aurora-2812374/

Abb. 21.4: Leopold Mathelitsch
Abb. 21.5: © Historic Images / Alamy / mauritius images
Abb. 21.6: Norbert Welsch
Abb. 21.7: Leopold Mathelitsch

Kapitel 22
Abb. 1: https://pixabay.com/de/bier-bierkrug-schaum-der-durst-1669298/
Abb. 2: https://pixabay.com/de/bier-trinken-glas-erfrischung-3622242/
Maximilian Mathelitsch
Abb. 22.1: Christian Lang
Abb. 22.2: Leopold Mathelitsch
Abb. 22.3: Leopold Mathelitsch. Unter Verwendung von
https://als.wikipedia.org/wiki/Datei:NRW-Flasche_neutral.jpg
Abb. 22.4: Leopold Mathelitsch

Kapitel 23
Abb. 1: https://de.wikipedia.org/wiki/Diamant#/media/File:Udachnaya_
pipe.JPG
Stepanovas, CC BY-SA 3.0
Abb. 2: https://pixabay.com/de/wertvolle-diamant-schmuck-teuer-1199183/
Abb. 3: https://commons.wikimedia.org/w/index.php?curid=1321113
Chixoy, CC BY-SA 3.0
Abb. 23.1: Christian Strunz
Abb. 23.2: Leopold Mathelitsch
Abb. 23.3: Leopold Mathelitsch. Nach http://www.thomas-wilhelm.net/arbei-
ten/algodoo.htm
Abb. 23.4: Leopold Mathelitsch

Kapitel 24
Abb. 1: Sandra Mathelitsch
Abb. 2: https://pixabay.com/de/schlittschuhe-eiskunstlauf-kunsteis-2176562/
Abb. 3: Bernd Thaller
Abb. 4: https://commons.wikimedia.org/wiki/File:Fritz_Freund_-_Schneeball-
schlacht_II.jpg
Abb. 24.1: Leopold Mathelitsch
Abb. 24.2: Christian Strunz
Abb. 24.3: Leopold Mathelitsch. Unter Verwendung von:
https://pixabay.com/de/bleistiftzeichnung-schneeflocke-450634/
Abb. 24.4: Bernd Thaller

Kapitel 25
Abb. 1: Bernd Thaller
Abb. 2: https://commons.wikimedia.org/wiki/File:Bertold_Schwarz.jpg, James Steakley
Abb. 3: https://pixabay.com/de/feuerwerk-pyrotechnik-227383/ https://pixabay.com/de/feuerwerk-feier-urlaub-1885571/
Abb. 25.1: https://de.wikipedia.org/wiki/Schwarzpulver, Oliver H.
Abb. 25.2: Leopold Mathelitsch

Literatur

Physikalische Melange

Heering KH (2016) Das Wiener Kaffeehaus. Insel, Berlin
Kospach J (2017) Wiener Melange. Metro, Wien

Kapitel 1

Gruber W (2006) Unglaublich einfach. Einfach unglaublich. Physik für jeden Tag.
    Ecowin, Salzburg

Kapitel 2

Einstein A (1905) Über die von der molekularkinetischen Theorie der Wärme
    geforderte Bewegung von in ruhenden Flüssigkeiten suspendierten Teilchen.
    Annalen der Physik 17: 549. http://www.physik.uni-leipzig.de/~kroy/materials/
    einstein1905.pdf. Zugegriffen: 10. Febr. 2019
Renn J (2005) Die atomistische Revolution. Oder: Wie Einstein die Brownsche
    Bewegung erfand. Phys J 4(3):53
Romanszuk P, Couzin ID, Schimansky-Geier L (2009) Collective motion due to
    individual escape and pursuit response. Phys Rev Lett 102:010602

© Springer-Verlag GmbH Deutschland, ein Teil von Springer Nature 2019
L. Mathelitsch, *Physikalische Melange*, https://doi.org/10.1007/978-3-662-59260-1

Kapitel 3

Mathelitsch L, Verovnik I (2013) Stimmiges Klavier. Phys unserer Zeit 44(6):302

Kapitel 4

Wostal T (2006) Mythos Bauernregeln. Pichler, Wien
Deutscher Wetterdienst (2019) https://www.dwd.de/DE/forschung/wettervorhersage/wettervorhersage_node.html. Zugegriffen: 12. Febr. 2019

Kapitel 5

http://www.wurstakademie.com/blog/physik-warum-platzt-wurst-immer-der-laenge-nach. Zugegriffen: 12. Febr. 2019

Kapitel 6

Krauss LM (1997) Die Physik von Star Trek. Heyne, München
Tolan M (2016) Die STAR TREK Physik. Piper, München

Kapitel 7

Heuer A (2012) Der perfekte Tipp: Statistik des Fußballspiels. Wiley-VCH, Weinheim
Mathelitsch L, Thaller S (2006) Fußball mit Wissenschaftlichem Maß. Phys unserer Zeit 37(3):122
Tolan M (2010) Manchmal gewinnt der Bessere. Piper, München

Kapitel 8

Mathelitsch L, Friedrich G (1995) Die Stimme. Springer, Berlin

Kapitel 9

Liger-Belair G (2006) Entkorkt. Elsevier, München
Rädle K (2009) Champagner. Pro BUSINESS, Berlin
Roth K (2010) Chemische Köstlichkeiten. Wiley-VCH, Weinheim, S 42

Spratt KS, Lee KM, Wilson PS (2018) Champagne acoustics. Physics Today, August, 56

Wilhelm T (2011) Sekt oder Selters? Prax Naturwiss – Phys Schule 60(8):28

Kapitel 10

Carlson S (1985) A double-blind test of astrology. Nature 318:419

Culver RB, Ianna PA (1984) Astrology: true or false? Prometheus Books, New York

Hamel J (1988) Astrologie – Tochter der Astronomie. Urania, Leipzig

Kapitel 11

Ruelle D (1994) Zufall und Chaos. Springer, Berlin

Schuster HG (1994) Deterministisches Chaos. VCH, Weinheim

Kapitel 12

Bammel K (2005) Fälschungssicher mit Holographie. Phys J 4(1):42

Fouquier A (2000) Holografie. www.holografie.com/Fouquier.pdf. Zugegriffen: 24. Febr. 2019

Kapitel 13

Mayr W, Sedlaczek R (2001) Das große Tarockbuch. Perlen Reihe, Wien

Mayr W, Sedlaczek R (2015) Die Kulturgeschichte des Tarockspiels. edition atelier, Wien

Kapitel 14

Lobkovsky A, Gentges G, Li H, Morse D, Witten TA (1995) Scaling properties of stretching ridges in a crumpled elastic sheet. Science 270:1482

Alava M, Niskanen K (2006) The physics of paper. Rep Prog Phys 69:669

Kapitel 15

Dengler R (2011) Mobilfunk im naturwissenschaftlichen Unterricht. Prax Naturwiss Phys Schule 60(7):35

Glaser R (2008) Heilende Magnete – strahlende Handys. Wiley-VCH, Weinheim, Kapitel 20

Plotz T (2017) Mobile phone radiation and cancer. Phys Teach 55:210

Kapitel 16

Rodewald B, Schlichting HJ (1988) Wenn Wasser schlüpfrig und Luft klebrig wird. Prax Naturwiss – Phys 37(5):22

Schlichting HJ, Rodewald B (1988) Von großen und kleinen Tieren. Prax Naturwiss – Phys 37(5):1

West G, Brown JH (2004) Universal scaling laws. Physics Today, September, 36

Kapitel 17

Drenkhan W (2008) Physik für Schaumschläger. Phys J 8:29

Morsch O (2005) Sandburgen, Staus und Seifenblasen. Wiley-VCH, Weinheim, Kapitel 2

Weaire D, Phelan R (1996) The physics of foam. J Phys: Condens Matter 8:9519

Kapitel 18

Colicchia G, Künzl A, Wiesner H. Druck, Atmung, Blutkreislauf, Didaktik der Physik, LMU München. http://www.didaktik.physik.uni-muenchen.de/archiv/inhalt_materialien/phy_med_druck/index.html. Zugegriffen: 17. Febr. 2019

Schlichting HJ (2011) Wenn Shampoo Sprünge macht. Spektrum der Wissenschaft, Juni, 48

Kapitel 19

Dwyer JR, Uman MA (2014) The physics of lightning. Phys Rep 534:147

Glaser R (2008) Heilende Magnete – strahlende Handys. Wiley-VCH, Weinheim, Kapitel 15 „Vom Blitz und anderen Entladungen"

Saunders C (2008) Charge separation mechanisms in clouds. Space Sci Rev 137:335

Kapitel 20

Holbrook NM, Zieniecki MA (2008) Transporting water to the tops of trees. Physics Today, January, 76

Niemz P, Sonderegger WU (2017) Holzphysik. Hanser, München
Susman K, Razpet N, Cepic M (2011) Water transport in trees – an artificial laboratory tree. Phys Educ 46(3):340

Kapitel 21

Schlichting HJ (2011) Eingebildete Farben. Spektrum der Wissenschaft, November, 44

Kapitel 22

Lee WT, Kaar S, O'Brien SBG (2018) Sinking bubbles in stout beer. Am J Phys 86(4):250
Remfort R (2017) Methodisch korrektes Biertrinken. Ullstein, Berlin
Rodriguez-Rodriguez J, Casado-Chacon A, Fuster D (2014) Physics of beer tapping. Phys Rev Lett 113:214501
Shafer NE, Zarc RN (1991) Through a beer glass darkly. Physics Today, October, 48
Theyßen H (2009) Mythos Bierschaumzerfall. PhyDid 2(8):49
Wilhelm T, Ossau W (2011) Bierschaumzerfall – Modelle und Realität im Vergleich. MNU 64(7):408

Kapitel 23

Schwarz U (2000) Diamant: naturgewachsener Edelstein und maßgeschneidertes Material. Chem unserer Zeit 34(4):212
Wilhelm T, Zang M (2011) Das Glitzern der Brillanten. Prax Naturwiss – Phys Schule 60(8):12

Kapitel 24

Barrett JW, Garcke H, Nürnberg R (2012) Numerical computations of faceted formation in snow crystal growth. Phys Rev E86(1):011604
Libbrecht KG (2005) The physics of snow crystals. Rep Prog Phys 68:855
Schlichting HJ (2014) Glatt daneben. Spektrum der Wissenschaft, Februar, 61
Schlichting HJ (2017) Anhänglicher Schnee. Spektrum der Wissenschaft, Februar, 58

Kapitel 25

Bammel K (2005) Ein Feuerwerk der Effekte. Phys J 4(12):58

Harrison T, Shallcross D (2011) Smoke is in the air: how fireworks affect air quality. Science in School 21:47. https://www.scienceinschool.org/2011/issue21/fireworks. Zugegriffen: 13. Febr. 2019. Deutsche Übersetzung in: https://www.scienceinschool.org/de/2011/issue21/fireworks. Zugegriffen: 13. Febr. 2019

Stichwortverzeichnis

© Springer-Verlag GmbH Deutschland, ein Teil von Springer Nature 2019
L. Mathelitsch, *Physikalische Melange*, https://doi.org/10.1007/978-3-662-59260-1

Ihr kostenloses eBook

Vielen Dank für den Kauf dieses Buches. Sie haben die Möglichkeit, das eBook zu diesem
Titel kostenlos zu nutzen. Das eBook können Sie dauerhaft in Ihrem persönlichen, digitalen
Bücherregal auf **springer.com** speichern, oder es auf Ihren PC/Tablet/eReader herunter-
laden.

1. Gehen Sie auf **www.springer.com** und loggen Sie sich ein. Falls Sie noch
   kein Kundenkonto haben, registrieren Sie sich bitte auf der Webseite.
2. Geben Sie die eISBN (siehe unten) in das Suchfeld ein und klicken
   Sie auf den angezeigten Titel. Legen Sie im nächsten Schritt das eBook über
   eBook kaufen in Ihren Warenkorb. Klicken Sie auf **Warenkorb und zur Kasse
   gehen.**
3. Geben Sie in das Feld **Coupon/Token** Ihren persönlichen Coupon ein, den
   Sie unten auf dieser Seite finden. Der Coupon wird vom System erkannt
   und der Preis auf 0,00 Euro reduziert.
4. Klicken Sie auf **Weiter zur Anmeldung.** Geben Sie Ihre Adressdaten ein
   und klicken Sie auf **Details speichern und fortfahren.**
5. Klicken Sie nun auf **kostenfrei bestellen.**
6. Sie können das eBook nun auf der Bestätigungsseite herunterladen und auf
   einem Gerät Ihrer Wahl lesen. Das eBook bleibt dauerhaft in Ihrem digitalen
   Bücherregal gespeichert. Zudem können Sie das eBook zu jedem späteren
   Zeitpunkt über Ihr Bücherregal herunterladen. Das Bücherregal erreichen
   Sie, wenn Sie im oberen Teil der Webseite auf Ihren Namen klicken und dort
   Mein Bücherregal auswählen.

EBOOK INSIDE

eISBN	978-3-662-59260-1
Ihr persönlicher Coupon	mcH32ZTyRztaSb9

Sollte der Coupon fehlen oder nicht funktionieren, senden Sie uns bitte
eine E-Mail mit dem Betreff: **eBook inside** an **customerservice@springer.com**.

Printed by Printforce, the Netherlands